财政部规划教材
全国高等院校财经类专业规划教材

碳交易与碳市场工具

张　云　王向进　董庆喜　主编

中国财经出版传媒集团
中国财政经济出版社
· 北京 ·

图书在版编目（CIP）数据

碳交易与碳市场工具 / 张云，王向进，董庆喜主编.
北京 ：中国财政经济出版社，2025. 4. -- （财政部规划
教材）（全国高等院校财经类专业规划教材）. -- ISBN
978-7-5223-3774-6

Ⅰ. X511

中国国家版本馆CIP数据核字第2025H3D456号

责任编辑：苏小珺　　　　责任校对：胡永立
封面设计：兰卡绘世　　　　责任印制：党　辉

碳交易与碳市场工具
TANJIAOYI YU TANSHICHANG GONGJU

中国财政经济出版社 出版

URL：http：//www.cfeph.cn

E－mail：cfeph@cfeph.cn

社址：北京市海淀区阜成路甲28号　邮政编码：100142

营销中心电话：010－88191522

天猫网店：中国财政经济出版社旗舰店

网址：https：//zgczjjcbs.tmall.com

涿州汇美亿浓印刷有限公司印刷　各地新华书店经销

成品尺寸：185mm×260mm　16开　17.25印张　321 000字

2025年4月第1版　2025年4月河北第1次印刷

定价：68.00元

ISBN 978－7－5223－3774－6

（图书出现印装问题，本社负责调换，电话：010－88190548）

本社质量投诉电话：010－88190744

打击盗版举报热线：010－88191661　QQ：2242791300

前　言

2020年9月22日，中国宣布力争2030年前二氧化碳排放达到峰值，努力争取2060年前实现碳中和目标（简称碳达峰碳中和目标或“双碳”目标）。2021年《关于完整准确全面贯彻新发展理念做好碳达峰碳中和工作的意见》和《2030年前碳达峰行动方案》等重要文件相继出台，共同构建了中国碳达峰碳中和“1+N”政策体系的顶层设计，而重点领域和行业的配套政策也陆续出台。2023年中央金融工作会议明确将“绿色金融”作为建设金融强国的五篇大文章之一，并希望优化资金供给结构，把更多金融资源用于促进科技创新、先进制造、绿色发展和中小微企业。加快建设与高质量发展相适应的绿色金融体系，通过绿色金融助力企业加快科技创新、实现绿色低碳转型，是我们为应对生态环境不断变化，实现经济社会可持续发展的重要途径。许多国家先后构建自己的绿色金融体系，培育绿色金融市场，优化资源配置，助力经济社会可持续发展。碳交易市场是绿色金融体系的重要组成部分，在应对气候变化、实现“双碳”目标等方面具有重要的作用。与全球较为成熟的碳交易市场相比，我国碳交易市场处于初级发展阶段，试点碳交易所积极围绕碳排放权交易开展碳金融业务，部分交易所业务涉及碳基金、绿色存款、碳债券等绿色金融业务。2024年《碳排放权交易管理暂行条例》正式发布和实施，意味着经过十年试点运行，全国碳市场即将迎来新的时代。

2021年，中共中央、国务院印发《关于完整准确全面贯彻新发展理念做好碳达峰碳中和工作的意见》，明确要求建设碳达峰、碳中和人才体系，这为高等院校培养具备扎实的基础科学素养、具有交叉学科创新能力、能解决经济发展实际低碳问题的“双碳”人才提出了新标准。2022年，教育部印发《加强碳达峰碳中和高等教育人才培养体系建设工作方案》，部署九大重点任务为实现碳达峰碳中和目标提供坚强的人才保障和智力支持；同年印发《绿色低碳发展国民教育体系建设实施方案》，要求构建绿色低碳发展国民教育体系，引导青少年牢固树立绿色低碳发展理念，为实现碳达峰碳中和目标奠定坚实思想和行动基础。可见，我们有必要将绿色低碳发展理念融入高等教育体系，培养践行绿色低碳理念、适应绿色低碳社会、引领绿色低碳发展的新一代青年，发挥好教育系统人才培养、科学研究、社会服务、文化传承的功能，为实现“双碳”目标作出教育行业的特有贡献。

在此背景下，我们联系多个高校和行业企业的专家、学者和老师，开展调研、咨询和研讨交流，如复旦大学、河海大学、上海对外经贸大学、浙江工商大学、长沙理工大学、上海立信会计金融学院、上海环境能源交易所、北京绿色交易所、重庆市气象局、重庆知翰合众科技有限公司等。随后，编写团队通过辛勤工作，完成《碳交易与碳市场工具》编写，希望通过对碳交易与碳市场工具发展现状、基础知识、政策规则、产品创新等进行系统梳理，助力绿色金融课程体系建设，服务碳金融市场碳交易领域人才培养。

本书共分七章，主要内容包括碳市场基础、碳市场政策与机制、碳市场交易规则与市场运行、碳市场工具、碳市场法律风险与合规、碳市场能力建设和碳交易实验实训。其中第一章至第六章对碳市场发展历程、对气候变化政策贡献、碳市场政策背景、碳市场交易运行规则与机制、各种碳市场工具运用和产品创新、碳市场法律框架和风险合规要点以及碳市场参与能力要求和网络资源等进行详细梳理，为读者切实掌握碳交易与碳市场工具相关理论夯实基础。第七章是实验实训内容，该部分结合碳交易系统讲解碳交易详细步骤，并结合案例分析帮助读者更深刻理解碳交易和碳市场工具运用实务操作过程。

本书具体分工如下：第一章由张云和杨凌霄等负责；第二章由田原和王向进等负责；第三章由田原和王向进等负责；第四章由杨凌霄、张云和董庆喜等负责；第五章由刘娜和王向进等负责；第六章由王向进和张云等负责；第七章由董庆喜、张云、杨凌霄和蔡磊等负责。本书还得到多位专家学者的指导和帮助，凝聚了高校学者、企业专家、政策制定者等多方的共同努力，希望可以成为政产学研合作的典型成果。本书编写过程中借鉴了同行专家、学者和研究机构的大量文献资料及研究报告，我们在此表示诚挚谢意！在本书出版之际，特别感谢中国财政经济出版社编辑的大力支持与辛苦付出。因水平经验有限，书中难免存在疏漏与不当之处，恳请广大师生和读者朋友提出宝贵意见和建议，后续将继续修改完善。

编　者

2025 年 2 月

目录 Contents

第一章　碳市场基础

学习目标

1. 理解碳市场概念及经济学原理。
2. 掌握碳市场要素与类型。
3. 掌握碳市场功能及其在气候变化政策中的贡献。
4. 了解全球碳市场与典型市场的发展历程。

本章导读

碳市场是应对气候变化的市场化政策工具，通过碳排放权交易优化资源配置，培育和发展绿色低碳转型动力。各国碳市场发展处于不同阶段，我国已初步形成强制碳市场与自愿碳市场相互补充的碳市场体系，在激发减排转型意识、形成长期碳价预期、促进绿色投资发展、助力碳减排目标实现等方面发挥着重要作用，正在成为实现“双碳”目标的关键抓手。

第一节　碳市场的概念、类型和功能

气候变化正在威胁人类福祉和地球健康。在《联合国气候变化公约》框架下，公约缔约方自 1995 年开始每年召开联合国气候变化大会，评估应对气候变化的进展并共同制定气候问题策略。1997 年签署的《京都议定书》开创性地引入了市场化机制进行全球气候治理，催生了碳排放权交易市场（简称碳市场）。

一、碳市场相关概念

作为一种全新的环境经济政策工具，碳市场通过“市场化”方式形成合理碳价，通过碳排放权交易优化资源配置，推动社会资本向低碳领域流动，激发企业开发低碳技术和应用低碳产品，带动生产模式和商业模式转型升级，为培育和发展低碳经济提供动力。

（一）碳市场及其经济学原理

碳市场是以二氧化碳（CO_2）等温室气体排放权作为交易对象的市场体系。从经济学视角来看，碳市场产生的主要目的在于解决温室气体排放的外部性问题。二氧化碳等温室气体排放及累积导致全球气候变暖，而排放这些温室气体的主体虽然给外部带来危害，但是没有承担任何成本或支付任何补偿，由此产生市场失灵，无法对企业排放行为形成约束，排放成本最终转嫁到全社会承担，这即是经济学中的负外部性问题。要解决负外部性问题，就需要推动实现环境成本内部化。

传统上实现碳排放内部化方法有两类：第一类方法是行政管制，政府通过制度直接约束企业的排放量；第二类方法是统一征税，政府对排放主体征收所谓的庇古税（Pigovian Tax），即根据污染所造成的危害程度对排污者征税，用税收来弥补排污者生产的私人成本和社会成本之间的差距，使两者相等，由英国经济学家庇古最先提出。但是，采取这两种方法会出现管制一刀切及税率欠缺弹性等问题，从适度和均衡标准来看，未能对企业减排形成有效的激励和约束。

科斯等经济学家提出了产权理论，为解决温室效应等环境负外部性问题提供了新的思路。科斯定理指出，如果产权界定清晰，人们可以有效地选择最有利的交易方式，使交易成本最小化，从而通过交易来解决各种问题。基于此，“总量与交易”（Cap - and - Trade）理论应运而生，即政府根据环境容量及稀缺性理论设定污染物排放上限（总量），以配额的形式分配或出售给排放者，作为一定量特定排放物的排放权。1968 年，美国经济学家戴尔在“总量与交易”理论基础上率先提出了排放权交易体系（ETS）。ETS 最初的成功应用案例是美国 1995 年开始实施的著名的“酸雨计划”。后来，在《京都议定书》的谈判过程中，ETS 被用于解决全球变暖问题，确立了国际排放贸易（IET）、联合履约（JI）和清洁发展机制（CDM）三种碳交易机制，IET 是总量控制下的配额交易体系，JI 和 CDM 两种项目产生的减排量可以用于抵消部分配额，三者共同形成了独特的碳交易市场。

整体而言，碳税与碳市场都是通过两步走的方式推动减排。一是确定碳价，将碳排放的外部成本转为企业的生产成本；二是企业根据碳价调整自身生产经营行为，推动企业减排。其中，碳税即政府直接为外部性定价，碳税即碳价，属于价格手段。碳市场则是政府通过设定减排目标及排放总量，令市场为碳排放定价，属于数量手段。具体如图 1-1 所示。

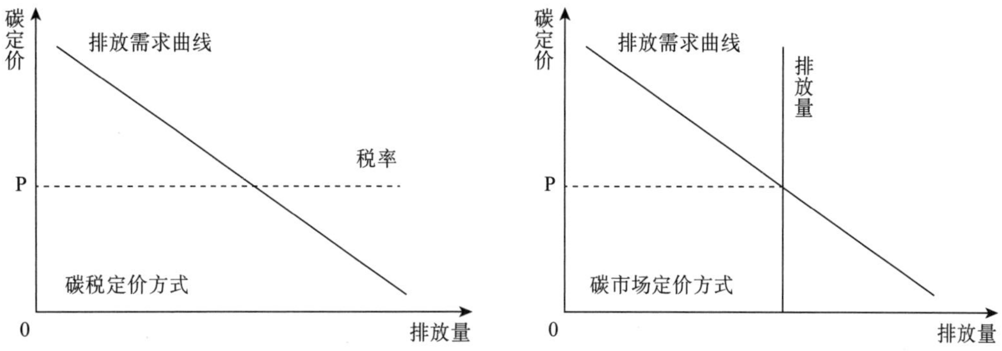

图 1-1 碳税定价方式与碳市场定价方式示意图

（二）碳市场要素

碳市场的构成要素包括覆盖范围、配额总量、配额分配、抵消机制、履约监督五个部分。

1. 覆盖范围

覆盖范围包括控制排放的温室气体种类、地理范围、行业范围及控排主体门槛。覆盖的参与主体和排放源越多，碳市场减排潜力越大，减排成本的差异性越强，碳市场整体减排成本也越低。但并不是覆盖范围越大越好，因为覆盖范围越大，对排放的监测报告和核查（MRV）的要求也越高，加大了碳交易的监管难度。

2. 配额总量

配额总量是指行政部门或组织机构根据覆盖范围内的历史排放情况及总体减排目标确定未来一定时段的排放总量。通过设定配额总量确保碳排放权的“稀缺性”是碳交易的前提。配额总量决定了碳市场上的配额供给，进而影响配额价格。通常情况下，配额总量越多则碳价越低，总量越少则碳价越高。

配额总量设定方法主要包括“自上而下法”和“自下而上法”两种。前者是指按照碳排放强度和碳排放总量逐年降低的要求，结合经济发展水平制定碳配额总量，其优势在于可以根据国家减排目标调节碳交易体系的松紧度；后者是指根据控排企业的年排放量综合估算出碳配额总量，其优势在于考虑了参与者的具体情况，但是需要有高质量的分行业数据作支撑。现阶段，我国碳市场是在综合考虑经济发展要求和温室气体控排目标的基础上，结合企业历史排放数据，采用“自上而下”与“自下而上”相结合的方法，并遵循“适度从紧”和“循序渐进”的原则设定碳市场总量。全国配额总量设定方法如图 1-2 所示。

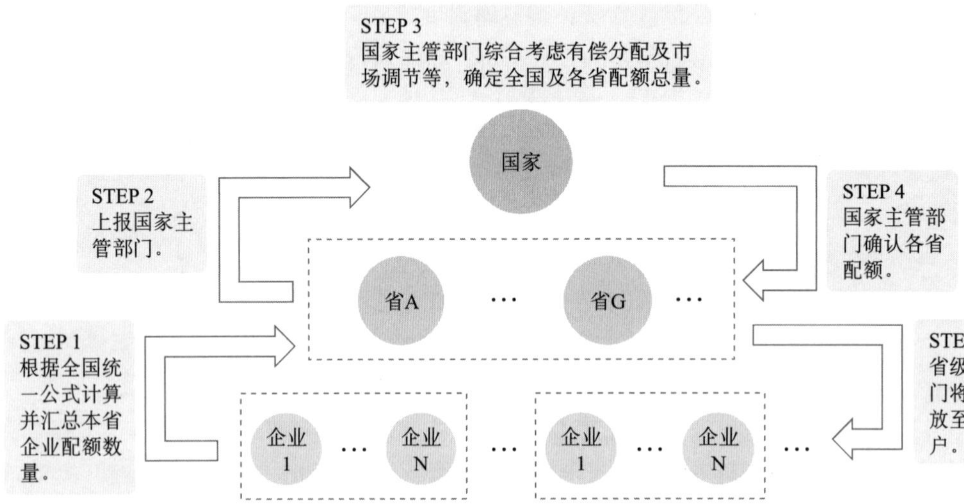

图 1－2　全国配额总量设定方法示意图

3. 配额分配

配额分配是指将核定的排放总量分派给覆盖范围内的控排企业。获得配额后，控排企业可根据自身排放需求，对碳配额进行交易；周期末，控排企业需上缴与自身排放等量的碳配额，否则将面临罚款等处罚。

配额分配主要包括免费分配和有偿分配两种方式，各自特点如表 1－1 所示。其中，常用的免费分配方法包括历史排放法、历史强度法和基准线法。历史排放法是根据企业自身历史排放情况发放配额；历史强度法要求企业年度碳排放强度比自身的历史碳排放强度有所降低；基准线法是以行业的能效基准来确定企业配额分配，通常能效越高的企业可以获得越多的免费配额。有偿分配分为拍卖和固定价格出售两种，前者由购买者竞标决定配额价格，后者由出售者决定配额价格。尽管有偿分配是理论上的最优分配方法，但在实际操作过程中，尤其是在碳市场启动初期会面临较大阻力。因此，在启动初期通常会采用免费分配，随着市场日趋成熟再逐步加大有偿分配比例。

表 1－1　配额分配方法的特点

免费分配			有偿分配
历史排放法	历史强度法	基准线法	理论最优方法
数据基础相对简单		数据要求质量高	最有效的碳价发现手段
容易出现“鞭打快牛”的不公平现象		最大程度发挥公平原则	拍卖收入可以用来补贴受碳交易影响的企业或个人
核算边界一致性难以保证		过程复杂且难度大，人为主观因素大	
将配额免费发放给控排企业，最容易实施、可有效避免碳泄漏			企业承担减排成本高，接受程度低
可能有分配不均衡的问题，降低碳交易体系效率			

4. 抵消机制

在实行总量控制的碳交易体系中通常会引入抵消机制。抵消机制是指允许采用特定自愿减排项目产生的减排量抵消控排主体的部分排放，以减轻控排企业的履约成本，同时鼓励自愿减排，具体包括项目类型、范围及抵消比例等。碳抵消使用的减排量来源于碳交易市场覆盖范围以外排放源产生的碳减排或碳封存，具有显著的“额外性”和“自愿性”。这一机制可增加碳市场制度和工具的灵活性与多样性，提供更多的低成本履约指标来源，并且对减排类项目提供支持，有助于实现气候目标。

各大碳市场的碳抵消机制主要差异在于减排活动的地理范围和管理机制。在地理范围上，抵消机制可以分为国内抵消机制和国际抵消机制。国内抵消机制仅限于司法管辖区内的碳减排或封存活动，可以提高辖区内减排水平，降低履约、监测和执法负担；而国际抵消机制则包括碳市场司法管辖区外产生的抵消，可以极大程度扩充潜在供给量并获得更多低成本减排机会。在管理机制上，减排项目本身可能由碳市场政策制定者设计和管理，也可能在不同程度上依赖已有的减排机制。根据依赖程度和机制设置的考量因素不同，利用外部管理的减排机制可分为完全依赖、设置门槛、外包和间接依赖四种情景模式。不同的抵消机制适用于不同的政策目标和成本效益控制，政策制定者可以根据需要选择适合的机制来实现其减排目标。

同时，政策制定者通常会采用质量和数量双重标准来防范抵消机制的潜在风险，并减轻对碳排放交易体系的负面影响。在质量限制条件层面，政策制定者会考虑以下因素：行业、部门、温室气体或活动的减排潜力，监测、报告和核证（MRV）能力，低减排成本，低交易成本，额外性，永久性以及无碳泄漏的高度确定性。在数量限制条件层面，抵消机制通常会规定用于抵消额度的上限，例如，设定用于抵消履约义务的减排指标的比例，以避免大量抵消额度涌入市场造成的价格冲击风险。

专栏 1-1　案例

采纳国际减排指标的 ETS 案例

欧盟和新西兰在 2005 年和 2008 年建立了各自的碳市场后，均将《京都议定书》的灵活性机制纳入自身碳排放交易体系中。在多方因素的共同作用下，国际减排指标的引入对欧盟和新西兰碳排放交易体系的运行都产生不同程度的消极影响。

欧盟碳市场对于国际减排指标的接纳和限制措施是分阶段调整的，且目前 EU ETS 内已不允许国际抵消机制的使用。在第一阶段（2005—2007 年），EU ETS 仅以质量标准限制国际减排指标的使用；第二阶段（2008—2012 年）后，EU ETS 开始逐步设立针对不同行业控排实体使用的数量限制标准。第三阶段（2013—2020 年），在巩固前两个阶段质量和数量限制措施的基础上，EU ETS 进一步优化对国际减排指标的管理。第四阶段以来（2021—2030 年），欧盟禁止了清洁发展机制 CDM 和联合履约机制 JI 等国际减排指标在 EU ETS 内的使用，但对于 ETS 未涵盖的农业、建筑、运输等部门，仍然具备一定可使用减排指标的灵活性。

由于缺乏对核证减排量 CER 履约数量限制等原因，国际减排指标对新西兰碳排放交易体系以及国内气候目标的实现构成了重大挑战。自 2015 年 6 月 1 日起，国际减排指标彻底退出了新西兰市场，仅允许本土履约指标参与碳市场交易。但是，考虑到新西兰较为清洁的电力结构以及碳排放主要集中在土地利用领域，因此其面临有限的国内减排潜力和高成本的挑战，国际抵消制度仍然具备成为新西兰碳市场的补充机制和实现减排目标的有效手段的潜力。

5. 履约监督

为了保证配额分配公平、项目减排量真实及履约严肃性，必须设计合理的履约监督机制，对控排企业的排放情况及自愿项目的减排情况进行严格的监测、报告与核查（MRV），并对违反报告及履约义务的控排主体给予处罚。监测报告和核查（MRV）是自下而上确定总量目标的基础，也是配额分配的基础。可监测、可报告、可核查是国际社会对温室气体排放和减排监测的基本要求。监测（M）是指确定计量的排放边界、种类和水平，报告（R）是对排放的核算与结果输出的过程，核查（V）是对监测和报告的检查、取证和确认的过程。监测和报告的承担主体为控排企业，为避免相关利益方的干扰，核查通常由具有专业资质的第三方核查机构完成（见图 1－3）。

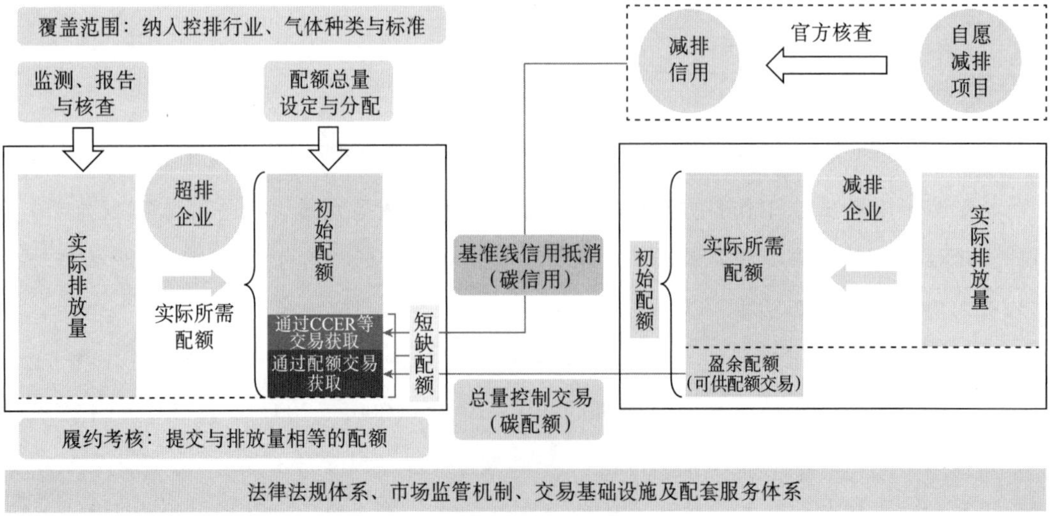

图 1－3　碳市场基本要素与框架

（三）碳市场的运行机制

1. 交易主体

碳市场的交易主体主要包括控排企业、投资机构和个人。虽然控排企业是碳交易的重要主体，但仅以履约为目的的交易量通常很小，参与交易的控排企业数量也有限。目前在中国，年排放量超过2.6万吨CO_2e的企业会被纳入全国碳市场。其中，电力行业的2000余家企业作为第一批纳入的企业，其总排放量达到了中国年排放总量的40%。投资机构以盈利为目的，在创造市场流动性方面则发挥了重要作用。与传统证券等金融市场相比，碳市场准入门槛较高，且流动性偏低、风险较高，因此参与碳市场的个人较少。

2. 交易对象

碳交易对象可以分为碳现货和衍生品。碳现货主要是指碳排放权配额或碳减排信用。其中，碳减排信用即基于项目的减排量，起源于清洁发展机制（CDM），通过CDM得到的减排量CER，可供欧盟碳市场的控排企业用于履约。服务于中国碳市场的补充机制是自愿减排机制，其对应的减排量是CCER。但是减排量是辅助机制，碳市场一般会设置一个可用比例，欧盟碳市场最初是100%，后来改成了10%。中国八大碳交易试点地区的减排量可用比例在1%—10%。碳衍生品是从现货派生而来，价值由现货的价格和交割日期决定，主要的衍生品交易产品，包括碳期货、碳期权、碳远期、碳掉期等。

3. 交易方式

碳排放权的交易方式主要有场内交易（也称为公开交易、挂牌交易）和场外交易（也称为协议转让、大宗交易）两种类型。场内交易是指交易双方将碳配额的供需意向通过交易所的交易系统进行申报，经系统撮合与符合条件的对手达成交易的方式。场外交易是指交易双方通过询价、招投标等场外协商方式确定交易对手方（机构或其他企业）并达成一致，提前签订合同后经交易所确认成交的方式，具有谈判空间大、条款灵活、手续费低等特点，适合配额需求量大、谋求建立长期合作关系的交易方。

为了降低交易风险，碳交易所多数采用“T+n”交易周转制度，即完成交易后配额和资金都需要等待n个工作日方可解冻。若企业买入配额是为履约，还需将配额划转至配额注册登记账户才能进行履约操作。

二、碳市场的类型

（一）强制碳市场与自愿碳市场

碳市场可以分为强制碳市场和自愿碳市场两大类型（见图1-4）。

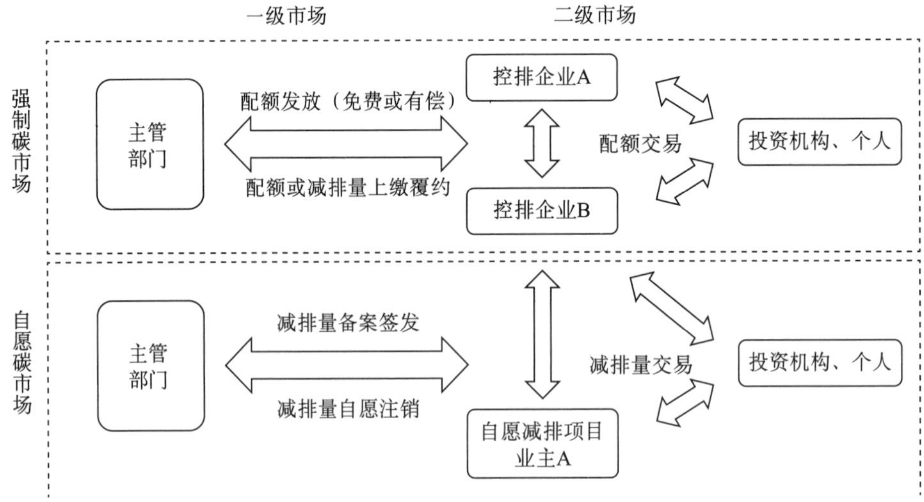

图 1－4　碳市场类型示意图

强制碳市场，也称履约型碳市场，是指基于国际、国家或地区的强制性碳减排制度创建的碳交易市场，交易对象主要是普通碳配额或排放权。政府或监管机构会对企业碳排放设定一个上限，并根据一定的标准将碳排放配额分配给高碳排放行业的企业。企业碳排放若超出上限，需购买额外的配额或其他补充机制下的碳信用，否则将面临处罚。而节能减排技术先进的企业，可以将自己尚未使用的碳排放配额出售给其他碳排放超标企业，从而实现整体减排的目标。强制性碳市场起源于《京都议定书》，全球逐渐发展出了区域和全国层面的具有法律效力的强制碳市场，如欧盟碳市场（EUETS）、美国区域温室气体减排行动（RGGI）、韩国碳市场（KETS）、新西兰碳市场（NZETS）以及中国全国碳排放权交易市场（CNETS）等。

自愿碳市场是指个人、公司、政府、非政府组织以及其他公共或私有行为人出于社会责任感、品牌建设、社会效益等非履约目标，在监管或强制碳定价工具之外主动签发、购买和出售碳信用的市场。自愿碳市场目前主要由三部分组成：各国国内自愿机制、国际碳减排机制（包括清洁发展机制 CDM 和国际航空碳抵消和减排计划 CORSIA）以及第三方独立自愿减排机制（包括核证减排标准 VCS、黄金标准 GS、美国碳注册登记处 ACR、美国气候行动储备方案 CAR 等）。这两类市场的差异如表 1－2 所示。

表 1－2　强制碳市场与自愿碳市场的差异

类型	强制碳市场	自愿碳市场
运行机制	市场通过碳排放配额的交易来实现减排目标。碳排放配额由政府根据所辖区域的减排目标来进行分配	市场由认同国际气候共识的主体自愿参与和建立。遵循自愿原则，通过碳信用的供求与交易来实现减排

续表

类型	强制碳市场	自愿碳市场
规章制度	市场依据法律而创建，由国家或地区各级政府监管	市场依据《国际法》《京都议定书》《巴黎协定》的原则建立，由各国际组织、企业等参与者共同形成减排共识
市场规模	目前国际上运用最为普遍的碳排放权交易市场。市场规模以单一国家或联盟地区为主，当地政府会对价格进行内测调节	是强制碳排放市场的重要补充。市场为全球市场，价格由市场交易机制自主调节
参与主体	个人无法参与	公司、政府、非政府组织和个人均可参与
发展意义	促进区域及行业的低碳转型。企业通过市场交易，使自身碳排放量满足法律或监管制度的限额要求	企业通过市场交易，实践自身气候保护理念，提升品牌形象，履行社会责任

（二）碳一级市场与碳二级市场

根据交易流程，碳交易市场可分为一级市场和二级市场。

一级市场是创造碳排放权配额和项目减排量两类基础碳资产（碳信用）的市场，主要完成总量的设定、碳配额的分配以及核证减排量的备案。政府对碳排放空间使用权的完全垄断，使一级市场的卖方只有政府一家，买方包括下级政府和履约企业，政府对碳排放权的价格有着极强的控制力。

二级市场主要进行碳配额和核证减排量的交易，还可以通过引入各类碳金融交易产品及服务，提高市场流动性，为参与者提供对冲风险和套期保值的途径。一级市场是二级市场的基础，一级市场投放的碳资产种类和数量，直接决定着二级市场上现货流转的规模和结构。二级市场交易活动之外还存在融资服务市场与支持服务市场，提供碳资产定价、流转和变现渠道，虽然交易规模和流动性与二级市场相去甚远，但仍具有无可替代的重要性。碳市场层级如表 1－3 所示。

表 1－3　　碳市场层级

市场	主要活动	主要交易工具	主要参与者
一级市场	配额分配/拍卖	碳配额	控排企业及政府主管部门
	项目减排量签发	CCER	进行减排活动的非控排企业及政府主管部门

续表

市场	主要活动	主要交易工具	主要参与者
二级市场	场内交易	碳现货（碳配额、CCER）、碳期货、碳期权、碳掉期、碳指数交易产品、碳资产证券化等	控排企业、碳抵消非控排企业、其他金融机构、个人投资者
	场外交易	场外碳掉期、碳远期、场外碳期权等	控排企业、碳抵消非控排企业、其他金融机构
融资服务市场	资金服务	碳质押、碳回购、碳托管、碳基金等	控排企业、商业银行
支持服务市场	各类支持服务	碳指数、碳保险、碳保理等	控排企业、保险公司、咨询公司等

专栏1－2　知识拓展

CitiCap项目：芬兰居民交通碳交易市场

居民部门碳排放量占比高，且涵盖的能源种类与消费场景庞杂，靠传统的宣传教育或政策激励可能难以保障效率，需要借助市场的力量引导居民主动调整生活、消费方式。

居民部门碳交易是较早被广泛研究的居民部门碳金融方案。自2008年起，以英国为代表的诸多欧洲国家开展了一系列居民部门碳排放交易系统（Personal Carbon Trading，PCT）的相关研究，希望通过碳交易的经济奖惩、排放意识、社会效应等手段，推动居民部门尽可能减少化石能源消费量，进而减少碳排放。各国PCT的涵盖范围略有差别，但设计思路大致相同，共分为四部分：（1）个人或家庭定期免费获得碳配额；（2）根据其消费活动计算碳配额的扣减量；（3）允许碳配额交易；（4）个人或家庭可获得的碳配额总量通常逐年减少，以推动减排。但是，由于PCT会对居民消费行为产生影响，同时运转成本过高，面临较大的社会道德及法律阻碍。所以，全球范围内尚无国家推行大范围的PCT计划。

近年来居民碳市场开始尝试新的模式：第一，聚焦少量数据易获取的领域，而非全部居民碳排放领域；第二，在进行碳配额分配时，进行更加灵活的调整。其中，芬兰城市拉赫蒂（Lahti）上线的CitiCAP即为代表之一。

2018年芬兰城市拉赫蒂上线了公民共创的上限及交易系统（Citizen’s cap and trade co－created，CitiCAP）的试用版。CitiCAP是拉赫蒂城市交通计划（SUMP）的一部分，主要通过邀请居民使用CitiCAP这一应用软件，监测参与者的日常交通方式，通过激励措施推动参与者使用可持续的城市交通工具。

CitiCAP的设计思路主要有五个特色：（1）碳配额方面，CitiCAP中的碳配额并非人均等额分配，而是在等额分配的基础上根据生活情况进行调整，如行动不便或居住地离基础设施较远的居民可以获得更多的碳配额，碳配额的发放每周一次。（2）数据收集方面，参与者的交通方式及碳排放被APP自动记录，CitiCAP主要通过GPS感测元件所测量的行进速度为依据，判断居民使用何种交通工具。（3）碳交易方面，参与者在试用版中不能直接相互交易他们所获得的碳配额，而是直接与后台数据库进行交易，系统充当中央对手方作用。参与者每周的交通数据将会被折算成为该名参与者的实际碳排放总额，若实际总额低于该参与者的碳排放配额，盈余配额将自动出售给系统并兑换成虚拟欧元；若实际总额高于参与者的配额，损失部分将导致参与者的虚拟欧元扣除。（4）碳价格方面，碳价仍然根据供需环境变化而波动。虚拟欧元价格受到碳配额总量的供需影响，所有参与者的盈余越多，则碳价越低，反之越高。（5）激励机制方面，试用版期间参与者只会获取激励，无须承担损失。参与者碳账户每四周将结算一次，净赚取虚拟欧元的参与者可以在APP内使用虚拟欧元购买小礼品，如咖啡券、游泳卡等；而虚拟欧元净亏损的参与者无须为亏损付费（见图1－5）。

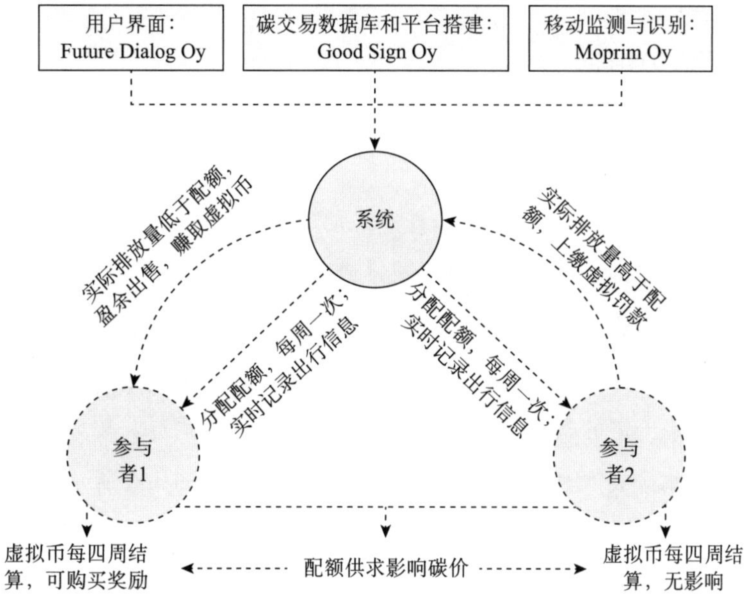

图1－5 CitiCAP设计示意图

CitiCAP项目自2019年起开始筹备，2020年5—10月正式运行，运行期间创建了2500个用户ID，其中有100—350个活跃用户，主要用户画像为50岁以下、高教育水平、高收入群体。此外，约有 150 名参与者被划分入对照组，用以考察 CitiCAP 下的 PCT 机制是否能够有效激励用户改变交通通勤行为。

结果显示，CitiCAP 的碳价机制对参与者交通方式的影响幅度有限，但排放意识及社会效应对参与者的减排行为有较好影响。主要表现如下：(1) 从居民的实际出行数据来看，2020 年 CitiCAP 上线运行以来，参与者对私家车的使用确实有所下降，这将推动碳排放的减少。(2) 然而，出行方式的改变最有可能是受到了新冠疫情的影响，一个佐证是参照组的居民在出行方式上与 CitiCAP 的主要参与者们有着相同的趋势。(3) 试点最初的碳配额价格为 0.1 欧元/$kgCO_2$，而在部分时期碳价一度涨至 0.7 欧元/$kgCO_2$，但是高碳价并没有对参与者的行为产生影响，甚至在最后的调查访谈中，仅有 37% 的用户注意到了碳价的高昂。这表明碳价对居民的激励作用实际是相当有限的。(4) 约有 36% 的调查者表示，使用 CitiCAP 后由于希望完成减排行动，因此他们的交通活动变得更环保了，这说明排放意识及社会效应在居民部门减排中发挥了作用。

资料来源：平安证券．个人碳金融实践：启动节能减排的 C 端力量 [R]，2022.5.

三、碳市场的功能

（一）形成有效碳价

碳市场机制下，控排企业将根据边际减排成本作出交易决策，并形成最终碳价。边际减排成本低于碳价的企业，倾向于增加减排技术投入，形成碳配额供给；边际减排成本高于碳价的企业，则需要通过购买碳配额的方式支持生产，形成碳配额需求。在边际减排成本递增、碳配额总量给定的条件下，供需双方最终能够达成均衡，确定碳价。理想状态下的碳价，应能实现减排成本最小化与社会福利最大化，如图 1－6 所示。在实践中，碳市场建设有助于形成相对合理和稳定的碳价，平稳企业对碳价预期，既不因碳配额供给过少、碳价过高产生过大的负面效果，如大幅增加企业经营压力、损害经济发展等；又不因碳配额供给过多、碳价过低导致企业忽视减排，损害减排效果。

（二）促进低碳转型

碳市场既能够将温室气体控排责任压实到企业，又能够为碳减排提供相应的经济激励

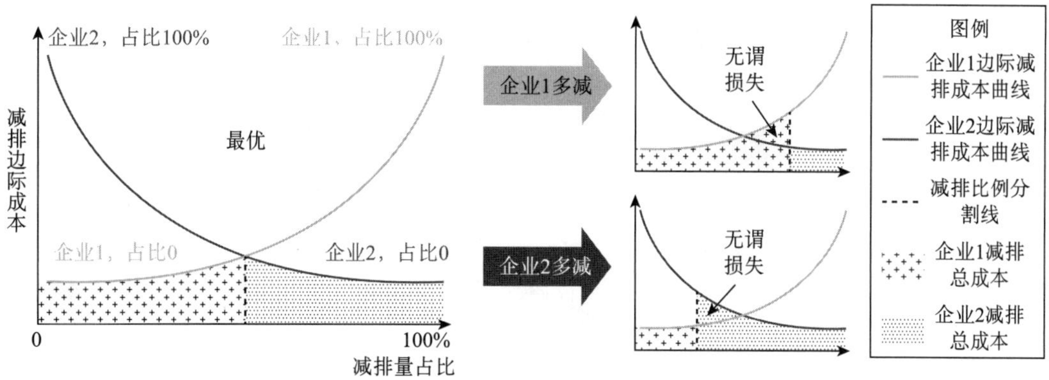

图1－6　碳定价机制

机制，为行业、区域绿色低碳发展转型，实现碳达峰、碳中和提供投融资渠道，引导资金流向减排潜力大的行业企业，促进绿色低碳技术创新，推动前沿技术创新突破和高排放行业的绿色低碳发展的转型，为处理好经济发展和碳减排的关系提供有效的工具。碳市场抵消机制也有助于促进林业碳汇与可再生能源的发展，助力区域协调发展和生态保护补偿。同时，碳市场发展也会对大众消费行为产生重要的影响，倡导绿色低碳消费方式，能够促进低碳生活方式的形成，推动我国社会全面低碳转型。

第二节　碳市场的发展历程与现状

随着《联合国气候变化框架公约》的签订，国际社会开始探索应对气候变化的市场机制。1997 年《京都议定书》首次提出了“排放权交易”的概念，允许国家在遵守总量控制的前提下，通过市场交易来调整各自的减排成本。此后，欧洲排放交易体系（EU ETS）作为首个大型区域性碳市场于 2005 年正式启动。此后，各地区碳市场开始逐步发展。

一、全球碳市场的发展现状

当前，碳市场已经成为全球应对气候变化的重要工具。根据国际碳行动伙伴组织（ICAP）2024 年《全球碳市场进展报告》，截至 2024 年 1 月底，全球共有 36 个碳交易体系生效，另有 14 个碳市场正在建设中，12 个司法管辖区开始考虑碳市场在其气候变化政策组合中可以发挥的作用。全球碳市场体系如图 1－7 所示，目前正在运行的碳市场共覆

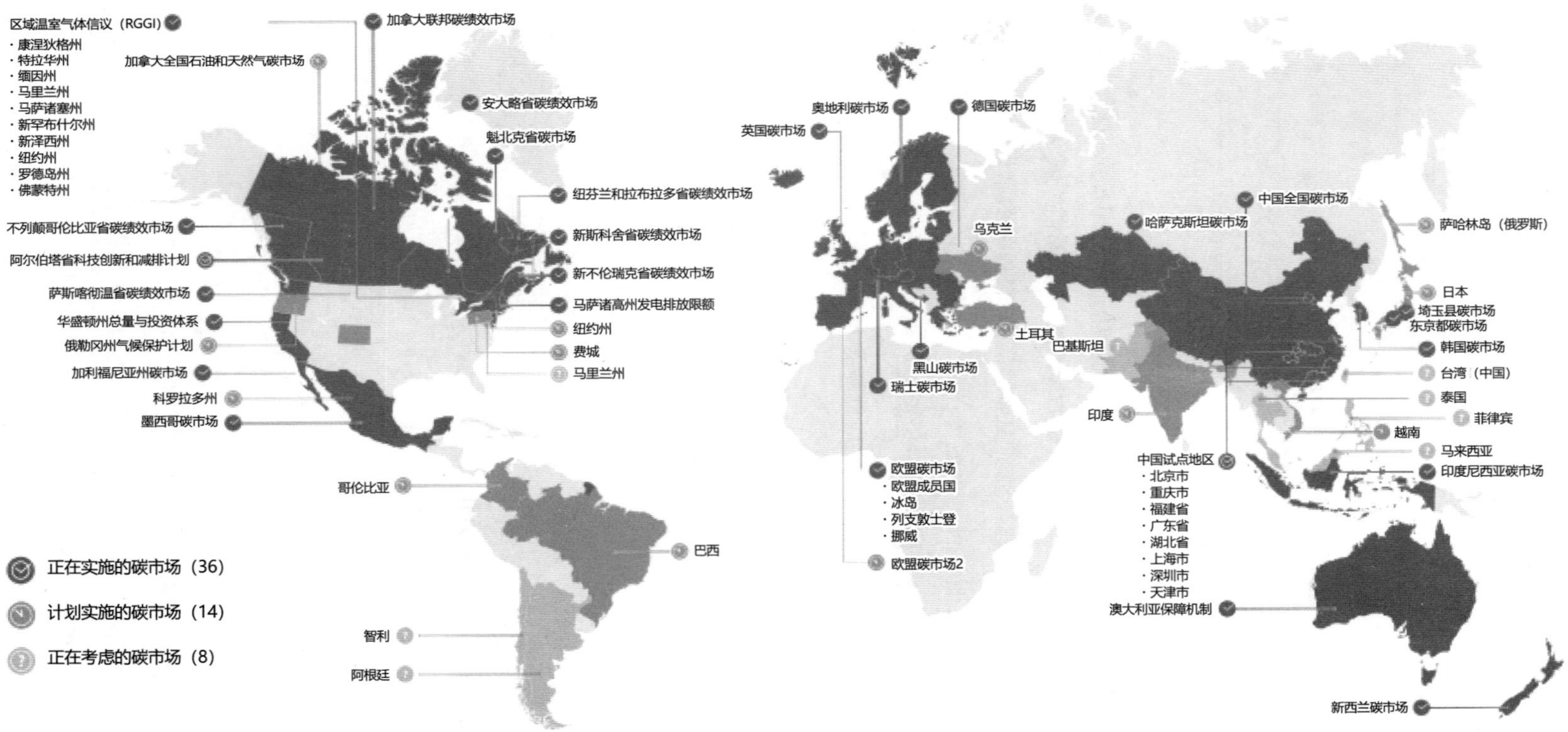
区域温室气体倡议（RGGI）
·康涅狄格州
·特拉华州
·缅因州
·马里兰州
·马萨诸塞州
·新罕布什尔州
·新泽西州
·纽约州
·罗德岛州
·佛蒙特州
加拿大全国石油和天然气碳市场
加拿大联邦碳绩效市场
安大略省碳绩效市场
魁北克省碳市场
纽芬兰和拉布拉多省碳绩效市场
新斯科舍省碳绩效市场
新不伦瑞克省碳绩效市场
马萨诸塞州发电排放限额
纽约州
费城
马里兰州
不列颠哥伦比亚省碳绩效市场
阿尔伯塔省科技创新和减排计划
萨斯喀彻温省碳绩效市场
华盛顿州总量与投资体系
俄勒冈州气候保护计划
加利福尼亚州碳市场
科罗拉多州
墨西哥碳市场
哥伦比亚
巴西
智利
阿根廷
正在实施的碳市场（36）
计划实施的碳市场（14）
正在考虑的碳市场（8）
英国碳市场
奥地利碳市场
德国碳市场
乌克兰
土耳其
黑山碳市场
瑞士碳市场
欧盟碳市场
·欧盟成员国
·冰岛
·列支敦士登
·挪威
欧盟碳市场2
哈萨克斯坦碳市场
中国全国碳市场
巴基斯坦
印度
中国试点地区
·北京市
·重庆市
·福建省
·广东省
·湖北省
·上海市
·深圳市
·天津市
澳大利亚保障机制
萨哈林岛（俄罗斯）
日本
埼玉县碳市场
东京都碳市场
韩国碳市场
台湾（中国）
泰国
菲律宾
越南
马来西亚
印度尼西亚碳市场
新西兰碳市场

图 1－7　全球碳市场体系

盖了全球温室气体排放量的18%，相较于2005年EU ETS启动时扩大了2倍。这些正在运行碳市场的司法管辖区占全球国内生产总值的58%，将近1/3的人口生活在有碳市场的地区。实施碳交易的地区逐步从发达国家拓展至发展中国家，从欧洲、北美拓展至拉美、东亚等地，对于高质量实现区域减排目标发挥着日益重要的作用。

（一）全球碳市场地域发展趋于均衡

经过多年发展，全球碳市场在地域分布方面已经呈现出新兴经济体与发达经济体双轮驱动的态势。一方面，拉美地区和亚太地区的新兴经济体正成为碳市场扩展的新动力。例如，印度尼西亚2023年启动了覆盖发电行业的全国碳排放权交易体系；印度已建立包括强制碳市场和碳抵消机制在内的碳市场框架；巴西碳排放权交易体系相关法律草案（PL 412/2022）预计将于2024年正式获得批准。另一方面，欧美等发达经济体通过扩大碳排放权交易体系覆盖范围、创新体制机制设计等方式，引领碳排放权交易体系的纵深发展。例如，欧盟宣布将于2027年启动覆盖建筑、道路交通等部门的独立的碳排放权交易体系；加拿大联邦政府针对石油天然气行业推出碳排放权交易体系方案。

（二）全球碳市场覆盖范围持续扩大

从覆盖范围来看，各司法管辖区的碳市场因经济发展水平和减排诉求不同而呈现差异化特征。就发达经济体而言，韩国、魁北克、加利福尼亚等地碳排放权交易体系所覆盖的温室气体排放量均达到管辖区内温室气体排放总量的75%以上，反映出发达经济体力图通过碳排放权交易体系从源头控制温室气体排放的决心。欧盟作为全球碳排放权交易体系的先行者，覆盖约38%的温室气体排放。随着航运、建筑等高排放行业的纳入，这一比例有望进一步攀升。与之相比，作为世界最大的发展中经济体，中国全国碳市场覆盖的电力行业占全国碳排放总量的40%左右。各市场覆盖温室气体占比如表1-4所示。

表1-4　全球碳排放权交易体系占各管辖区温室气体排放比例

碳排放权交易体系	覆盖温室气体排放比
韩国碳市场	89%
魁北克省总量控制与交易体系	79%
加利福尼亚州总量与交易体系	76%
华盛顿州总量与投资体系	70%
阿尔伯塔省技术创新与减排计划	62%
新布伦瑞克省总量控制与交易计划	52%
新西兰碳市场	48%

续表

碳排放权交易体系	覆盖温室气体排放比
哈萨克斯坦碳市场	47%
中国全国碳市场	40%
墨西哥碳市场	40%
德国全国碳市场	39%
欧盟碳市场	38%
纽芬兰和拉布拉多省总量控制与交易计划	38%
澳大利亚减排保障机制	26%
安大略省排放绩效标准	26%
英国碳市场	25%
埼玉县碳市场	18%
东京总量控制与交易体系	18%
区域温室气体倡议	14%
瑞士碳市场	12%
加拿大总量控制与交易计划	9%
马萨诸塞州发电排放限额	9%

在行业覆盖范围方面，电力行业的覆盖频次最高，据统计，已有 25 个碳排放权交易体系将火电、热电等发电行业排放纳入核心覆盖范畴，借助碳定价机制引导能源结构低碳化转型。工业部门紧随其后，这是因为碳排放数据相对完备、核算标准日趋成熟，被纳入碳排放权交易体系的细分门类不断扩大。欧盟碳排放权交易体系将钢铁、水泥等高耗能制造业纳入总量管控体系，加州碳市场覆盖了水泥、玻璃等大型工业设施。建筑、交通领域纳入碳排放权交易体系的趋势正逐步扩大，加利福尼亚—魁北克碳排放权交易体系、韩国碳排放权交易体系等已将交通领域纳入碳排放权交易体系总量管控框架，韩国、东京等地率先将大型商业建筑作为管控对象。而农业、林业、废弃物管理等领域的布局尚处于起步阶段。这一梯次化的行业覆盖格局，既反映了各行业温室气体排放特征和数据基础的差异，也体现了全球碳排放权交易体系发展的阶段性特点。

（三）全球碳价稳步提升且成效梯状分布

近期全球碳价整体延续温和上行趋势，呈现出鲜明的阶梯式分布特征，反映出不同经济体碳排放权交易体系发展阶段和减排诉求的差异。2023 年各碳排放权交易体系配额价格均值整体上扬，尽管金融市场波动及能源危机扰动了碳价的短期走势，但强劲的政策驱动力使得碳价整体保持韧性。如图 1－8 所示，约 2/3 的碳市场覆盖排放配额的 2023 年平均碳价低于 10 美元/吨，这反映出受制于经济发展阶段和结构调整压力，广大新兴市场和发展中国家的碳定价水平尚难以在短时期内大幅抬升。约 1/6 的碳覆盖排放配额的平均价格处于每吨 10 美元至每吨 70 美元。约 1/6 的碳覆盖排放配额对应的市场均价高于 70 美元/吨。特别是欧盟碳排放权交易体系以 90 美元/吨的均价处于领先地位，甚至突破 100 美元/吨大关，这既源于其雄心勃勃的减排目标对碳配额形成的稀缺预期，也得益于其经济结构和产业布局更适于承受较高的碳成本（见图 1－8）。

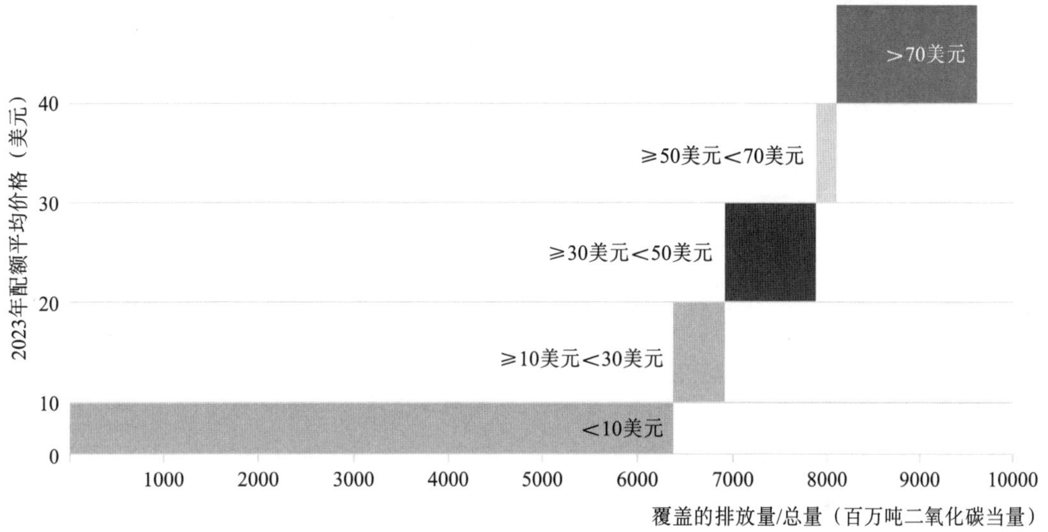

图 1－8　全球碳价区间

得益于碳价总体保持高位运行以及拍卖制度的日益普及，全球碳排放权交易体系总收入 2023 年再创新高，达到 737.89 亿美元。其中，欧盟碳排放权交易体系以 470.98 亿美元的总收入居于全球之首，德国、英国分别贡献了 115.60 亿美元和 52.24 亿美元的收入，北美地区总收入突破 88 亿美元。而碳排放权交易体系收入在支持气候行动、维系公众支持等方面的作用日益凸显。

二、欧盟碳排放交易体系 EU ETS 的发展历程

欧盟碳排放交易体系 EU ETS 于 2005 年 1 月 1 日正式运行，是世界上第一个在公共法律框架下运行的碳排放交易体系，借助市场的力量将环境转化为一种有偿使用的生产要素，通过建立排放配额（EUA）交易市场，实现在气候环境受到保障下的企业经营成本最小化。2005—2023 年，EU ETS 覆盖行业的碳排放量减少了约 47%，最高碳价达到 100.34 欧元/吨，最高碳交易量在 2021 年第四季度达 31.2 亿吨。2023 年，EU ETS 交易价值约为 7700 亿欧元，较上一年增长 2%，占全球总价值的 87%。EU ETS 的碳价和成交量情况如

图 1－9 所示。

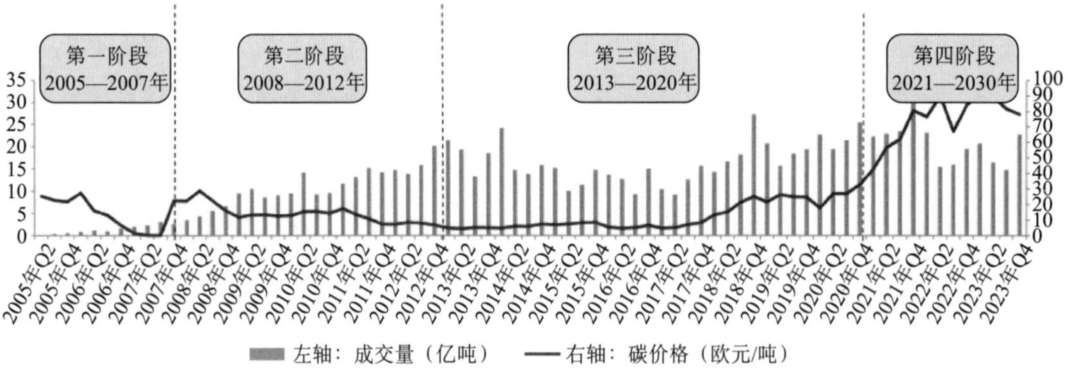

图 1－9　EU ETS 成立至今的碳价格和成交量

截至目前，EU ETS 发展经历了四个阶段（见表 1－5）：

表 1－5　EU ETS 各阶段的主要信息

阶段（时间）	配额总量	配额分配方法	配额拍卖比	覆盖行业	覆盖气体
第一阶段 2005—2007 年	20.96 亿吨	历史法为主，基准线法为辅	不超过 5%	电力、石化、钢铁、建材、造纸等	二氧化碳 CO_2
第二阶段 2008—2012 年	20.49 亿吨	基准线法为主	不超过 10%	新增航空业	新增氧化氮 N_2O 全氟碳化物 PFC
第三阶段 2013—2020 年	20.84 亿吨，每年减少 1.74%	基准线法	57%，部分成员国电力行业 100% 拍卖	新增 CCS 设施，电解铝、硝酸等化工行业	新增甲烷 CH_4 氢氟碳化物 HFCs、硫六氟化物 SF_6
第四阶段 2021—2030 年	15.72 亿吨，每年减少 2.2%	基准线法	27%	增加海运业，未来将扩大至建筑、供暖和道路交通行业	保持不变

1. 第一阶段（2005—2007 年）

这一阶段是欧盟排放交易体系的实验期，市场仅涵盖来自发电和能源密集型行业的二氧化碳排放量，总配额由每个欧盟成员国的国家分配计划自下而上确定，设定的二氧化碳上限为 20.96 亿吨，几乎所有的配额都免费提供给企业。然而，免费配额的发放意味着 EUA 价格在 2007 年实际上跌至零。在第一阶段中，EU ETS 可以无限使用 CDM 和 JI 的碳排放信用额度，但在实际操作中，第一阶段并未使用对应的碳信用。同时第一阶段和第二阶段之间的配额银行是不可能的，即排放者无法在第二阶段使用第一阶段发放的配额。这一阶段逐步修正了总量设置和配额分配问题，为后续碳市场的发展奠定基础。

2. 第二阶段（2008—2012 年）

第二阶段二氧化碳排放量限额为 20.49 亿吨，并将甲烷等六种温室气体纳入交易体系。覆盖范围有所拓展，将冰岛、列支敦士登和挪威纳入总量控制和贸易区域，并将航空业纳入覆盖行业范围。市场机制方面，碳配额分配方式与第一阶段类似，90% 的碳配额是免费分配的。引入了联盟登记系统，取代国家登记，用于跟踪配额的所有权。同时，第二阶段因受到 2008 年经济危机的影响，欧盟企业的碳排放量大幅下降，造成了大量的配额过剩，也压低了整个阶段的碳价格。

3. 第三阶段（2013—2020 年）

第三阶段显著改变了欧盟排放交易体系。实施二氧化碳排放量线性递减的要求，即每年减少 1.74% 的二氧化碳排放量，相当于每年减少 3830 万吨的碳配额。到 2020 年，二氧化碳排放量上限为 18.16 亿吨。行业覆盖范围扩增了碳捕获、碳封存、有色金属和黑色金属的生产等。市场机制方面，分配配额的拍卖系统正式化，约 57% 的碳配额为拍卖，剩余 43% 按照基准免费发放。允许配额银行业务，使公司可以在第三阶段使用第二阶段的配额。强化信用抵消机制。至关重要的是，市场稳定储备机制（MSR）于 2019 年 1 月推出，以处理前两个阶段出现的配额过剩。该系统调整拍卖量并改变流通中的配额总量（TNAC），使碳配额价格更高、更稳健，有效推动减排进程。

4. 第四阶段（2021—2030 年）

EU ETS 目前处于其第四阶段，将持续到 2030 年。这一阶段目标是在 2021 年实现欧盟范围内 15.72 亿吨二氧化碳排放量限额，且每年减少 2.2% 的二氧化碳排放量上限，这也意味着每年会减少 4300 万个配额，且上限会在 2030 年继续下降。电力行业的碳配额全部通过拍卖进行。这一阶段也引入现代化基金和创新基金两个低碳基金机制，前者将会被用作支持提升能源效率的投资以及低收入成员国能源部门现代化，而后者将会提供财政支持给能源密集型行业使用再生能源、碳捕捉和存储等创新技术。同时，加强 MSR 和更有针对性的碳泄漏规则以加速脱碳。

专栏 1-3　知识拓展

2023 年 EU ETS Ⅰ改革

欧盟于 2020 年 9 月提出《欧洲气候法》的立法提案，于 2021 年 4 月达成政治一致。《欧洲气候法》将框定未来 30 年欧盟的减排目标：到 2030 年将温室气体净排放量在 1990 年水平上减少至少 55%；到 2050 年在全欧盟范围内实现碳中和，到 2050 年之后实现负排放。为了实现这一新的、更雄心勃勃的目标，欧盟委员会提出了“Fit for 55”

一揽子新规则和立法提案，其中包括欧盟排放交易体系的更新。经过谈判，欧洲议会、欧盟理事会成员国政府和欧盟委员会于2022年12月达成协议，改革现有碳排放交易体系，并引入EU ETS Ⅱ。最终法案于2023年签署。

2023年EU ETS改革的主要变化包括：

（1）与2005年相比，2030年ETS排放量新目标为－62%（之前为－43%）。

（2）新的线性折减系数：2024—2027年为4.3%，2028—2030年为4.4%。

（3）成员国应将其全部排放交易收入用于气候相关活动。

（4）航运排放将被纳入欧盟排放交易体系的范围内。虽然从欧盟以外抵达或驶往欧盟以外港口的船舶排放量仅覆盖一半，但欧盟内部海上运输的任何排放量均由ETS覆盖。欧盟同意逐步引入航运公司缴纳配额的义务：从2024年起，核实排放量为40%，2025年为70%，从2026年起为100%。目前，只有5000总吨及以上的大型近海船舶将被纳入核定排放量。

（5）自由分配并与碳边界调整机制（CBAM）互动：获得免费排放配额的公司的规则将发生变化，到2034年逐步取消属于碳边界调整机制（CBAM）范围内的产品，例如，水泥、钢铁和化肥（2026年：2.5%、2027年：5%、2028年：10%、2029年：22.5%、2030年：48.5%、2031年：61%、2032年：73.5%、2033年：86%、2034年：100%）。从2026年起，排放配额的免费分配应以提高能源效率和减少排放的技术投资为条件。

（6）欧盟排放交易体系适用于欧洲内部航班：欧盟机构同意逐步取消对飞机运营商的免费配额，并在2026年之前转向全面拍卖配额，以发出更强的价格信号。此外，所谓的航空非二氧化碳影响将从2025年起纳入ETS Ⅰ，最初是通过监测，后来可能还包括放弃配额的义务。为了处理往返第三国的欧洲以外航班，全球国际航空碳抵消和减排计划（CORSIA）将纳入ETS。

（7）将从2024年起监测废物燃烧排放，并可能从2028年起纳入ETS（成员国可以将其推迟到2030年）。

（8）市场稳定储备改革：所有ETS配额的24%将继续存入市场稳定储备。这一机制一方面旨在减少配额的历史盈余，另一方面使EU ETS Ⅰ能够更灵活地应对未来的供需冲击。根据流通配额总量，将配额退出市场或通过调整后续年份的拍卖量进行分配。

（9）德国环境署发布了有关改革的报告，欧洲气候变化和可持续转型圆桌会议（ERCST）在其2023年欧盟排放交易体系状况报告中解释了这些变化。

资料来源：华夏气候.2023年EU ETS Ⅰ改革有哪些新内容?

专栏 1－4　知识拓展

运输和建筑行业的新交易系统 ETS Ⅱ

作为 Fit for 55 改革的一部分，欧盟决定实施 EU ETS Ⅱ：一个新的排放交易体系，涵盖道路运输和建筑以及其他工业部门的燃料分配，该系统将独立于现有的欧盟排放交易体系运行。ETS Ⅱ的运行目标为：到 2030 年，排放量比 2005 年减少 42%。

ETS Ⅱ在 2025 年开始监测和报告排放量，到 2027 年全面投入运营，如果石油和天然气价格异常高，可能会推迟到 2028 年。ETS Ⅱ涵盖建筑物和道路运输部门以及 ETS Ⅰ未涵盖的工业活动对应的其他部门中用于燃烧的燃料，限额与交易系统类似于 ETS Ⅰ，但涵盖上游排放，即将适用于供应燃料的分销商（而非家庭或司机），这些供应商必须“根据其已释放用于消费的燃料数量，为其经核实的排放量提供配额”。

ETS Ⅱ没有免费配额，“因为建筑和道路运输部门受到的来自联盟外部的竞争压力相对较小或根本不存在，并且不会面临碳泄漏的风险”。如果国家二氧化碳价格等于或高于新的 ETS Ⅱ价格，成员国可以在 2030 年前豁免供应商。ETS Ⅱ设置价格稳定机制：如果 ETS Ⅱ中的配额价格在前三年内上涨至 45 欧元以上，则可以释放额外的配额。

成员国必须将收入用于气候行动和社会措施，部分收入将用于欧盟社会气候基金，以支持弱势家庭和微型企业。

德国已经存在类似的运输和取暖燃料碳定价体系，研究人员警告称，当欧盟体系全面生效时，价格可能会上涨。由于配额在市场上交易，目前还不清楚 ETS Ⅱ中每吨二氧化碳的价格。

资料来源：华夏气候．运输和建筑行业的新交易系统 ETS Ⅱ是什么？

三、中国碳市场的发展历程

作为世界上最大的碳排放国之一，中国自 2011 年起开始在国内部分省市试点碳排放权交易，逐步探索适合国情的碳市场建设路径。2021 年 7 月，全国碳排放权交易市场正式启动上线交易，标志着中国碳市场进入了一个新的发展阶段。

（一）中国碳市场相关政策演进

2007 年 6 月，我国政府发布了《中国应对气候变化国家方案》，这是发展中国家第一个应对气候变化的国家级方案，并在同月成立了“国家应对气候变化领导小组”，推动我国应对气候变化的顶层制度设计。2011 年 10 月，国家发展改革委下发《关于开展碳排放权交易试点工作的通知》，批准在北京、天津、上海、重庆、湖北、广东和深圳等七个省市开展碳排放权交易试点工作。与此同时，我国政府在多个重要国际会议场合不断强化减排承诺，特别是 2020 年 9 月，国家主席习近平在第七十五届联合国大会一般性辩论上表示，中国将提高国家自主贡献力度，采取更加有力的政策和措施，力争于 2030 年前实现“碳达峰”，努力争取到 2060 年前实现“碳中和”。在这一过程中，中央及地方层面相继出台多项政策文件，通过开展碳排放权交易试点、推进全国碳排放权交易体系落地等措施鼓励碳金融市场的发展和创新，助力碳中和目标实现，充分表现出构建人类命运共同体中的大国担当。相关重要政策文件如表 1 – 6 所示。

表 1 – 6　　中国碳市场相关政策

文件名称	发布时间	出台部门	相关内容
中国应对气候变化国家方案	2007. 06	中央政府	明确了到 2010 年中国应对气候变化的具体目标、基本原则、重点领域及其政策措施
关于开展低碳省区和低碳城市试点工作	2010. 08	国家发展改革委	运用市场机制推动实现减排目标
关于加快培育和发展战略性新兴产业的决定	2010. 09	国务院	建立和完善主要污染物和碳排放交易制度
关于开展碳排放权交易试点工作的通知	2011. 10	国家发展改革委	批准京津沪渝粤鄂深七省市 2013 年开展碳排放权交易试点
温室气体自愿减排交易管理暂行办法	2012. 06	国家发展改革委	对 CCER 项目开发、交易与管理进行了系统规范
碳排放权交易管理暂行办法	2014. 12	国家发展改革委	对全国统一碳排放权交易市场发展方向、思路、组织架构及相关基础要素设计提出规范性要求
生态文明体制改革总体方案	2015. 09	国务院	深化碳排放权交易试点，逐步建立全国碳排放权交易市场
全国碳排放权交易市场建设方案（发电行业）	2017. 02	国家发展改革委	将发电行业的重点排放企业作为初期交易主体。后期成熟后逐步扩大至高耗能、高排放和资源性行业。适时增加符合交易规则的其他机构和个人参与交易。明确了重点排放单位的定义和界定标准

续表

文件名称	发布时间	出台部门	相关内容
全国碳排放权交易管理办法（试行）	2020.11	生态环境部	重点排放单位为全国碳排放权交易市场覆盖行业内年度温室气体排放量达到2.6万吨二氧化碳当量及以上的企业或者其他经济组织。重点排放单位可使用国家核证自愿减排量（CCER）或生态环境部另行公布的其他减排指标，抵消其不超过5%的经核查排放量
气候投融资试点工作方案	2021.12	生态环境等九部门	有序发展碳金融。指导试点地方积极参与全国碳市场建设，研究和推动碳金融产品的开发与对接，进一步激发碳市场交易活力。鼓励试点地方金融机构在依法合规、风险可控前提下，稳妥有序探索开展包括碳基金、碳资产质押贷款、碳保险等碳金融服务，切实防范金融风险，推动碳金融体系创新发展
要素市场化配置综合改革试点总体方案	2021.12	国务院	探索建立碳排放配额、用能权指标有偿取得机制，丰富交易品种和交易方式
中共中央、国务院关于加快建设全国统一大市场的意见	2022.04	国务院	依托公共资源交易平台，建设全国统一的碳排放权、用水权交易市场，实行统一规范的行业标准、交易监管机制
温室气体自愿减排交易管理办法（试行）	2023.10	生态环境部、市场监管总局	对自愿减排交易及其相关活动的各环节作出规定，明确了项目业主、审定与核查机构、注册登记机构、交易机构等各方权利、义务和法律责任
碳排放权交易管理暂行条例	2024.02	国务院	国内落实气候变化公约的第一部严格意义上的行政法规，对碳交易的全流程进行了综合性的规定，引入了自愿交易和强制交易相结合的体系

专栏1－5　知识拓展

碳排放权交易管理暂行条例

《条例》首次以行政法规形式明确了碳排放权交易及相关活动制度，细化了国家和地方生态环境主管部门在重点排放单位名录确定、排放数据报送与年度报告核查、配额分配和清缴、市场交易等环节的重点管理事项，厘清了重点排放单位、注册登记机构、交易机构以及第三方技术服务机构等在支撑保障市场运行中的作用，明确了对未按期足额清缴配额、碳排放数据弄虚作假等行为的罚则，为全国碳排放权交易市场健康发展夯实了法治基础。

《条例》坚持问题导向，按照强化全流程管理、保持适度弹性、严惩重罚违法违规行为的基本思路，构建碳排放权交易管理基本制度框架。一是覆盖范围不留盲区。《条例》对碳排放权交易的主要环节和各类参与主体作了明确规定，对违法违规情形明确了法律责任。二是重点环节有的放矢。对于碳排放数据核算报告和核查、配额清缴、市场交易等全国碳排放权交易市场重点管理环节，分门别类制定了管理要求和具体罚则，对于性质严重的违法行为，加大惩处力度，形成有效法律震慑。三是处罚手段丰富多样。《条例》对相关违法违规行为，规定了多种行政处罚手段，包括罚款、没收违法所得、责令停产、禁止从业、取消资质等。

资料来源：生态环境部．全国碳市场发展报告（2024），2024.7.

（二）中国碳市场发展历程

我国碳金融市场是在借鉴国际先进经验、并根据自身情况逐渐摸索建立的，发展历经三个阶段：

1. 前期探索阶段（2005—2011 年）

2005 年我国开始借助《京都协定书》建立的清洁发展机制（CDM）参与欧盟碳排放交易市场，首次开展的 CDM 项目为与荷兰合作的辉腾锡勒风电场项目，预测二氧化碳每年减少量为 51429 吨，标志着我国首个风力 CDM 项目的开端。当时的运行机制下，欧盟允许企业从发展中国家购买减排量以支持双方的能源转型。2005—2011 年，我国 CDM 项目数量呈现稳步上升趋势，且在 2012 年达到峰值。2012 年我国 CDM 注册项目为 1819 个，占 CDM 总数的 46.93%。2008—2012 年《京都议定书》第一承诺期期间，我国成为全球规模最大的 CDM 项目供应国。项目结构以风力和水电为主，两类 CDM 项目占比约为 75%，区域分布呈现西部地区多、东部地区少的局面。与此同时，相关部门、专业机构也积累了丰富的经验，为我国碳市场奠定了建设基础。

2. 区域试点阶段（2011—2017 年）

受欧盟 CDM 项目限制影响，这一阶段暂停国际 CDM 项目，尝试推动构建国内碳交易市场。一方面，借鉴欧盟碳市场（EU ETS）推出碳排放交易试点市场（ETS），2011 年 10 月 29 日，国家发展改革委发布《关于开展碳排放权交易试点工作的通知》，同意北京、上海、天津、重庆、湖北、广东、深圳等七个省市开展碳排放权交易试点。2013 年 6 月，深圳试点率先启动，2016 年 12 月，福建省试点正式启动，自此三省五市的八大试点全部启动运行。同时，全国碳市场筹备工作也提上了日程。另一方面，借鉴《京都议定书》中的

CDM 推出自愿核证减排机制（CCER），企业除了配额之外还可以用国家核证自愿减排量（CCER）抵消碳排放配额要求。在这一机制下，碳排放强度较高的控排行业有机会购买更多的 CCER 来抵消部分碳排放。碳排放强度较低的控排行业和非控排行业也可以选择购买 CCER，并将其再次售卖给碳排放强度较高的控排行业，以帮助后者实现减排目标。自 2012 年 3 月 CCER 开始至 2017 年 3 月暂停，我国累计公示项目审定 2852 个，项目备案 1047 个，减排量备案 254 个，累计完成 CCER 减排量备案共计 5300 万吨。这一阶段碳排放交易试点市场和自愿核证减排机制双轨进行态势逐渐形成。

3. 全面推进阶段（2017 年至今）

2017 年 12 月，国家发展改革委发布《全国碳排放权交易市场建设方案（发电行业）》，全国碳市场开启建设。2021 年 7 月全国碳排放权交易市场正式启动，与其他八大试点并行。首批纳入的 2162 家发电企业年碳排放量约为 45 亿吨，是全球覆盖排放规模最大的碳市场。全国碳市场的建立后，不再新增地方市场，现有的八大试点碳市场仍然保留，未来一段时期内将与全国市场并行。根据《碳排放权交易管理办法》的相关规定，我国碳市场的覆盖范围在未来会逐渐扩大，最终将覆盖发电业、石化业、化工业、建材业、钢铁业、有色金属业、造纸业以及国内民用航空业等八个行业。2024 年 1 月，全国温室气体自愿减排交易市场启动，开始重新审理温室气体自愿减排项目，短期内会增加市场供给，改变目前市场 CCER 供不应求的情况。至此，我国已形成“强制碳配额 + 自愿碳减排”两个相互关联、相互补充的碳市场体系，标志着我国市场化碳减排进入新阶段，对我国“双碳”目标的实现具有重要意义。我国碳市场交易框架如图 1－10 所示。

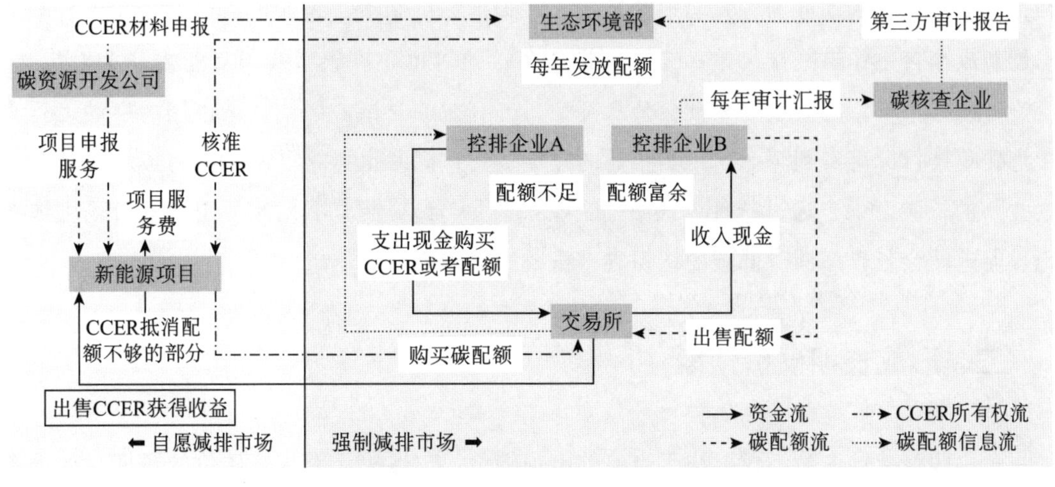

图 1－10 中国碳市场交易框架

同时，全国温室气体自愿减排交易市场启动之后，交易活跃度逐步提升。根据最新交易数据（2024 年 1 月 22 日），CCER 成交量 37.5 万吨，成交价 65.3 元/吨，对碳配额价格形成了短期倒挂（同期碳配额成交价为 56 元/吨）。《中国碳市场建设成效与展望（2024）》预测未来全部行业将纳入市场且继续以 5% 抵消限额测算，短期内 CCER 每年的市场容量至少为 5 亿吨，市场容量广阔。预测长期 CCER 价格将与碳配额保持相类似的上涨趋势，到 2030 年底，CCER 成交均价预计升至 150 元/吨，全国碳市场配额成交均价预计突破 200 元/吨，展示了我国碳市场的巨大潜力和发展前景。

第三节 碳市场对气候变化政策的贡献

气候变化是人类生存和发展面临的严峻挑战。减少碳排放，应对气候变化推广绿色低碳的生产和生活方式已成为全世界的广泛共识。中国政府提出的“碳达峰、碳中和”目标是对世界的庄严承诺，也将推动一场广泛而深刻的经济社会变革。碳市场作为实现“双碳”目标的重要政策工具，也被证明是推进绿色低碳转型和温室气体减排的有效手段。

一、激发减排转型意识

长期以来，命令—控制型手段在我国碳减排政策中发挥着主要作用，往往通过向地方和企业下指标、压任务的方式实现减排目标。碳市场机制下，企业可以通过对比碳价与技术创新成本自主作出减排决策、完成减排任务，同时也允许碳减排项目业主和金融机构、投资者参与市场，这对企业和社会公众都是新鲜有益的尝试。因此，碳市场的启动运行直接将碳减排目标落实到企业，压实企业的减碳责任，同时也树立了“排碳有成本、减碳有收益”的低碳意识，通过这种方式激励企业主动参与减碳行动，对唤醒企业的市场主体意识、促进社会各界加深对低碳的认识具有重要的作用。

二、形成长期碳价预期

企业调整减排决策不仅取决于当前的市场碳价，也取决于对未来碳价的预期。如果碳价大幅波动，企业无法确定是进行减排投入还是购买碳配额以支持生产，甚至无法确定应生产还是停工，碳市场的减排作用也难以发挥。完善碳市场机制以形成合理且稳定的碳价有助于引导社会形成强大预期。以 EU ETS 为例，随着 2019 年 12 月欧盟宣布到 2050 年实现气候中和的战略目标，欧盟碳市场价格一路由 25 欧元上升至超过 100 欧元。碳市场价格上升，有助于吸引更多投资人进入市场，并为市场带来充足资金，也显示了未来配额的稀缺性，激发企业更重视减排工作。我国“碳达峰、碳中和”是比欧盟绿色新政更具雄心、更具紧迫性的战略任务，需要将碳市场价格与“双碳”目标形成有效衔接，通过有效碳价引导应对气候变化的长期预期。

三、有效促进绿色投资

碳市场是推动绿色投资可持续运行的有效措施。根据 ICAP《全球碳市场进展报告 2024》，2027 年以来，全球碳市场累计收入达 3030 亿美元，这些收入用于可持续发展的多项领域，其中包括资助气候变化减缓和支持低碳技术创新，成为清洁能源实现跨越发展的重要基础，同时也向个人、家庭和企业提供援助，以及支持实现教育和卫生等其他可持续发展目标。碳市场通过设定碳排放权交易价格，也为开展气候投融资、碳资产管理、配额质押等活动提供了基准价格，撬动了更多的绿色低碳投资。我国各碳交易试点均开发了碳质押、碳托管等金融业务，积极为企业争取绿色资金支持，对我国的绿色投资起到了促进作用。

四、助力碳减排目标实现

碳市场的运行有助于地区碳减排目标的实现。一方面，碳市场机制有助于能效提升和能源结构的调整，根据 BP 全球能源统计数据显示，为应对碳减排带来的压力，欧盟企业不得不选择其他替代型能源，由此使得过去 10 年间欧盟煤炭、石油、天然气消费分别下降了 43%、19% 和 10%。与此同时，以风电、光伏为代表的清洁能源则实现了跨越式发展。美国 RGGI 的九个成员州电力行业从 2005—2013 年的 CO_2 排放量由 1.63 亿吨降低到 0.92 亿吨（吴大磊等，2017）。同时通过手机参与低碳减排活动、垃圾分类、“光盘行动”等碳普惠机制，也可以充分发挥个人碳账户作用，促进了个人和社会的环保行为。这些措施共同作用，推动了气候变化的积极应对和绿色低碳高质量发展的实现。

思考与练习

（1）什么是碳市场？

（2）碳市场怎样解决温室气体排放的负外部性？

（3）碳市场由什么要素构成？

（4）简述碳市场的类型。

（5）碳市场有什么功能？

（6）简述全球碳市场的发展现状和问题。

（7）简述欧盟碳排放交易体系的特征及改革方向。

（8）简述我国碳市场发展现状与问题。

（9）碳市场对应对气候变化政策有什么贡献？

推荐阅读材料和网站

（1）国际碳行动伙伴组织 ICAP. 全球碳排放权交易：ICAP 2023 年进展报告［R］. 2023. 3.

（2）国际碳行动伙伴组织 ICAP. 全球碳排放权交易：ICAP 2024 年进展报告［R］. 2024. 7.

（3）平安证券．中国特色的碳市场：独辟蹊径，行远自迩［R］. 2022. 5.

（4）平安证券．个人碳金融实践：启动节能减排的 C 端力量［R］. 2022. 5.

（5）生态环境部．全国碳市场发展报告（2024）［R］. 2022. 7.

（6）申万宏源证券．发展完善碳市场，推动市场化减排［R］. 2022. 2.

（7）亿欧智库．2022 中国碳金融市场研究报告［R］. 2023. 7.

（8）中诚研究．国内碳市场发展特征与碳信托业务展望［R］. 2021. 12.

（9）中信建投证券．中国碳市场：从启动到突破，探索碳价破百之路［R］. 2024. 5.

（10）苗苏．芬兰拉赫蒂成为世界首个试行“个人碳交易市场”的城市［R/OL］. 新华网．2019.

（11）庞心睿：2023 年全球碳排放权交易体系进展及展望［EB/OL］.（2023－01－13）［2024－04－10］. https：//iigf. cufe. edu. cn/info/1012/8769. html.

（12）庞心睿：全球碳抵消机制的应用情况与展望［EB/OL］.（2023－04－18）［2024－06－18］. https：//iigf. cufe. edu. cn/info/1012/6740. htm.

（13）田丹宇，欧洲应对气候变化立法进展及启示［EB/OL］.（2021－07－13）［2022－11－18］. https：//m. gmw. cn/baijia/2021－07/13/34989942. html.

（14）参见：全球碳抵消机制的应用情况与展望．https：//iigf. cufe. edu. cn/info/1012/6740. html.

（15）British Petroleum. BP Statistical Review of World Energy. July 2021［DB/OL］. http：//www. bp. com/statisticalreview.

第二章　碳市场政策与机制

学习目标

1. 掌握碳市场政策的背景和发展过程。
2. 熟悉碳排放权交易市场的基本原理和关键要素。
3. 了解国内外碳市场的政策框架和实际操作机制。
4. 分析碳配额分配的方法和影响因素，理解其在不同行业中的应用。

本章导读

本章主要探讨了碳市场的政策背景、机制以及国内外的实际操作经验。碳市场作为应对气候变化的重要工具，已经在全球范围内逐渐发展成熟。通过对碳市场政策背景、机制原理和具体操作案例的分析，学生将深入理解碳交易市场的运作方式，以及其在推动节能减排、应对气候变化中的关键作用。本章还探讨了中国碳市场的发展历程和未来趋势，为学生提供全面的碳市场知识储备。

第一节　国内外碳市场政策背景和政策框架

一、国外碳市场政策背景和政策框架

欧盟是全球应对气候变化问题的积极推进者，其自身很早就开始以环境治理为出发点

着手解决气候变化问题。之后全球气候变化问题越发严峻，加之国际关系变幻莫测，欧盟为解决能源依赖问题、建立技术优势、引领全球经济发展、加强欧盟内部一体化、获取国际政治利益，持续积极推动内部以及国际上的碳减排进程。

（一）萌芽时期（1990年以前）：以污染治理为出发点，辅以能源结构调整

欧盟减碳政策最初由环境保护运动发展而来，早期举措集中在环境污染防治方面，能源结构调整为辅。由于欧洲各国为了经济的快速发展而忽视了重工业以及能源消耗给环境造成的剧烈变化，产生了严重的环境污染问题，给欧洲各国的社会发展造成了阻碍，由此欧洲环境污染问题开始被学术界和政界所关注，早期的环境政策举措落在控制环境污染、改善能源结构。这些举措并未直接针对碳排放，却在实际执行过程中对减少欧盟碳排放起到了一定作用。

在《环境行动计划》中，提出要制定污染物排放标准以评估企业生产排放情况，更重要的是确定了“污染者付费”原则。“污染者付费”原则在其提出之际就有了明确的定义，即由法律规定的自然人或法人，如果对环境污染负有责任，那么必须采取相应的措施或支付费用以消除或减少造成的污染。“污染者付费”原则将污染治理的责任进行落实，推动各成员国落实污染治理制度，逐渐提高环境污染的成本，倒逼企业采取相应措施减少排放，从而达到污染治理的目的。

在这一过程里，高碳排放、环境污染型产品的成本不断上升，一方面会促使企业主动采取减产、优化生产技术、应用污染物吸收技术等减排措施来减少污染物的排放，以此降低企业成本；另一方面，这些企业面对欧盟与发展中国家不同的环境规制水平，有动力将能源密集型产业转移至发展中国家，降低企业的生产成本。

此外，欧盟还将“奖惩结合”原则作为补充，对有利于环境污染治理、节能减排的产品与服务提供税收优惠，以此支持企业开发与应用减排技术。如德国于1976年制定并实施了《德国排污费法》，对向公共水域排放污水者征收费用，并逐步提高排污费价格，同时对符合规定的排放者将排污费降低50%，既增加企业或个人的污染成本，又对符合规定的企业或个人进行支持，推动了企业与个人层面上的环境保护。

与此同时，受石油危机问题以及化石能源消耗带来污染问题的影响，欧盟逐渐重视可再生能源的发展，1986年提出的《能源政策》将开发利用可再生能源视为改善欧盟能源结构的发展方向，使能源发展的目光从核能转移至可再生能源，为欧盟能源政策奠定了基础。如瑞典自1975年开始每年补贴生物质燃烧与转换技术的研发，德国在1985年之前就开始推行可再生能源发电，并在1989年提出风电计划。在欧盟（欧共体）于1988年发表的《能源内部市场》报告中，提出要对天然气与电力部门进行一体化发展，从而推动天然

气对煤炭以及石油的替代并提高欧盟内部能源利用效率，以各成员国合力推动欧盟整体能源产业转型，从而实现欧盟能源结构调整、能源使用效率提高、维护能源安全的目标（见表 2-1）。

表 2-1　萌芽时期欧盟主要政策

年份	政策	主要内容与作用
1973 年	第一个《环境行动计划》	提出要减少环境破坏，标志着欧盟（欧共体）开始从环境保护角度讨论气候方面的举措
1986 年	《能源政策》	奠定欧盟能源政策法律基础，且提出将开发利用可再生能源
1987 年	《单一欧洲法令》	对欧盟环境政策作出了规定，将环境问题的重要程度与其他领域的问题统一
1988 年	《能源内部市场》报告	要求构建欧盟（欧共体）一体化的天然气与电力市场
1990 年	欧共体减排要求	将 2000 年的二氧化碳总排放量控制在 1990 年的水平

从政策效果来看，环境污染防治与可再生能源的利用在一定程度上减缓了二氧化碳排放的增长。欧盟 1973—1989 年的二氧化碳排放平均增长速度为 1.88%，低于 1946—1972 年的 5.19%。但是由于相关政策并未将碳减排作为主要目标，这一时期内欧盟的二氧化碳减排效果不够理想，二氧化碳排放总量呈现上升趋势。

（二）探索发展时期（1991—2017 年）：从能源角度出发延伸至各部门，利用碳交易促进节能减排

在初步提出减排目标之后，欧盟主要从发展新能源、调整能源结构角度出发进行减碳政策的制定与实施。环境污染治理取得一定效果之后，欧盟也更加重视气候变化问题，同时为解决能源依赖问题，欧盟的减碳政策重心转移至发展新能源方面。

1992 年《马斯特里赫特条约》签署后，欧盟正式成立，同时环境政策被正式确立，其政策的重点落在能源、土地整治与利用、水资源管理等领域。在 2000 年，欧盟提出了第一个欧洲气候变化计划，大力开发利用新能源，同时发展碳排放交易市场，推动欧盟各成员国的碳减排。2007 年 3 月，欧洲理事会提出《2020 年气候和能源一揽子计划》，提出了"20—20—20 计划"目标，首次将气候与能源在同一个战略计划中形成战略关联，共同推进碳减排，使减碳政策呈现出以应对气候变化为目标，以能源改革为重点推动各部门节能减排，同时发展负排放技术促进减排，提高欧盟经济竞争力的政策发展趋势。与此同时，2005 年欧盟开始构建欧盟碳排放交易体系，争夺金融话语权的同时也优化市场资源配置，调动市场积极性，共同推动碳减排项目的开发（见表 2-2）。

表 2-2　　探索发展时期欧盟主要政策

年份	政策	主要内容与作用
1992 年	《马斯特里赫特条约》	欧盟正式成立，同时其在减碳政策方面的重点落在能源、土地整治与利用、水资源管理等领域
1995 年 1997 年 1998 年	《欧盟能源政策白皮书》 《未来能源：可再生能源——共同体战略与行动计划》 《能源行动框架计划》	对欧盟整体的能源政策的实施进行了规划，要求大力支持可再生能源技术的研发和利用，提出可再生能源发展的具体目标
2000 年	第一个欧洲气候变化计划	要求通过碳排放交易、热电联产、可再生电力等方面开展应对气候变化的行动
2006 年	《可持续、竞争和安全的欧洲能源战略的绿皮书》	要求统一欧盟内部电力与天然气市场；要求通过能源调整应对气候变化
2007 年	《2020 年气候和能源一揽子计划》	将“20—20—20 计划”作为减碳目标，提出提高可再生能源的利用、减少各部门碳排放、扩展欧盟碳排放交易体系以及发展碳捕获及封存技术
2011 年	《2050 年迈向具有竞争力的低碳经济路线图》 《2050 年能源路线图》	提出相比 1990 年，在 2050 年将碳排放量减少 80%—95%
2012 年	第七个环境行动计划	提出开展气候变化政策立法、提高能源利用效率、投资绿色创新等，要求将减碳融入各部门中
2014 年	《2030 年气候与能源政策框架》	提出减少碳排放、提高可再生能源占比、提高能源效率的相关目标；要求推动欧盟能源结构的转变、各部门的节能减排
2017 年	《强化欧盟地区创新战略》	提到要以创新技术推动欧盟脱碳
2005 年至今	欧盟碳排放交易体系	优化市场资源配置

欧盟一直在积极推动减碳政策的发展与实施，探索发展时期内主要从推动新能源的开发利用、发展碳排放交易体系优化市场资源配置、补贴新能源项目、推动碳汇技术创新等方面开展了一系列的具体举措，以此推动欧盟整体碳减排，并取得了一定的效果。这一阶段内欧盟主要通过财政措施、碳排放权交易机制等方面着手推动各成员国相应减碳政策的实施。

在财政措施方面，一是各成员国根据“污染者付费”原则提出了碳税、能源税等环境税措施，以此提高企业生产过程中的碳排放成本，进而刺激企业自主寻求减排方法。同时根据“奖惩结合”原则对减排产品与服务提供税收优惠，在企业层面推行自愿碳减排模式。在实际执行中，探索发展阶段内最直接体现“污染者付费”原则的措施是部分成员国设立了碳税，直接提高企业碳排放成本。

理论上来讲，碳税的实施通过影响微观企业行为而产生作用，其作用渠道可以分为三个方面（见图2－1）。第一，促使企业提高产品与服务的价格，从而将成本转嫁至消费者，推动消费者提高产品使用效率或购买低碳低价产品，使市场从需求端形成低碳产品需求，促进碳减排。第二，提高企业生产产品与提供服务的成本，促使企业采取减排技术进行生产端的碳减排，同时对减排项目的税收减免措施会进一步推动减排技术的开发与利用。第三，减排成本大幅上升会导致企业将生产部门转移至其他碳排放规制水平低的国家，产生了“避难所”效应，从而使欧盟碳排放下降。实际执行上，如丹麦、芬兰、德国、荷兰自1990年起陆续征收碳税，之后爱尔兰、法国、葡萄牙也开始正式征收碳税，并取得了一定减碳效果。芬兰从1990年实施碳税起至1998年碳税改制，碳排放量共减少了7%。

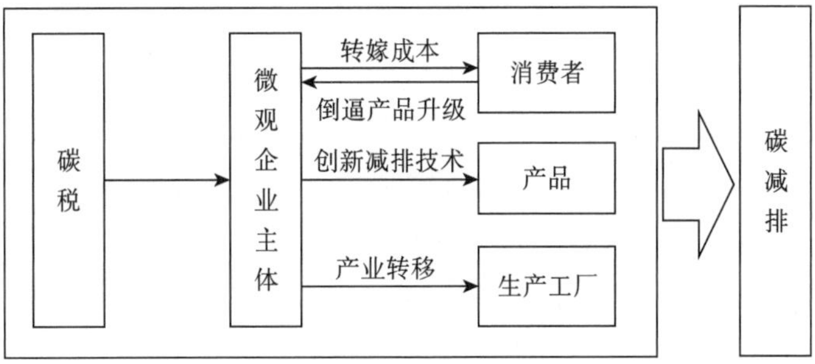

图2－1　碳税等碳排放规制措施作用路径图

二是利用补贴激励手段推进新能源项目与减碳项目的开发与应用，如对绿色能源开发与利用补贴、拨款支持碳捕集技术类项目开发、成立气候基金以投资绿色产业，进而调动企业积极性，使其自愿投入进碳减排行动中，形成低碳发展模式。例如，德国《可再生能源法》规定年用电量超过10亿千瓦时的大型企业需要建立起能源管理体系，获取相关证书后才能够享受税收减免政策。早在2009年，欧盟就批准了6个全流程CCS项目，资助金额达10亿欧元。之后欧盟还投入2100万欧元推动LEILAC项目，以发展直接分离煅烧技术，能够减少水泥和石灰生产过程中60%的碳排放。荷兰自2012年开始设立了SDE（SDE＋）资助计划，用以支持可再生能源生产、减排技术发展。2017年联合国气候大会召开时，法国等20个国家联合美国的两个州共同成立了弃用煤炭发电联盟，旨在逐渐淘汰煤炭发电，净化电力结构。这些措施促使企业使用新能源、应用创新技术，推动了电力、交通、建筑等部门能源消费结构转型，从而实现碳减排。

在碳排放权交易机制方面，欧盟对碳排放进行了限制，使碳排放权成为稀缺资源，具备了进入市场中进行交易的基础，赋予碳排放权以流通性，让欧盟能够利用市场机制调节碳排放量。在欧盟碳排放交易体系中，企业可以通过免费分配、拍卖或混合方式获取碳排放配额，随后企业可以根据自身碳排放情况对碳排放配额进行交易，能够卖出配额获取额外的经济利益或购入配额满足碳排放需求。

碳排放权交易机制就是通过市场的调节机制调动企业积极性，进一步将减排责任与企业利益相挂钩，惩罚碳排放未达标企业的同时，提高因采取了有效减排措施而有多余排放权企业的经济效益，利用奖惩机制推动企业开发碳减排项目，从而使企业努力减排以达到欧盟碳减排的目的。

碳排放权交易的实际执行过程中，不同类型企业面对碳排放权交易采取的措施会存在一定区别。对配额不足的高碳排放企业而言，碳排放权交易体系的实施使其面临着碳排放配额约束的压力以及碳排放减少带来的市场激励，因此，一般有两种实现碳减排目标的途径：一是降低产量；二是采取新技术降低产品服务碳排放或投资碳汇项目。对配额足够的低碳排放企业而言，碳排放权交易体系更多的是起着市场激励作用，因此主要是通过开发与应用清洁技术或投资碳汇项目获取额外的配额，以在碳排放权交易中获益。

在这一时期内，欧盟取得了较好的减排效果，完成了之前设定的减排目标。欧盟2018年碳排放量为33.3亿吨，相比1990年减少了约22%。能源结构方面，欧盟整体上表现为清洁能源占比逐步提高、化石燃料占比逐渐降低，自2009年开始欧盟化石能源占比就保持在80%以下，水能、风能与生物质能的使用开始增多。进一步从化石能源使用结构来看，煤炭使用量大幅降低，天然气占比大幅提高，这减少了煤炭燃烧产生的碳排放。

在能源结构调整的作用下，欧盟于1990年实现碳达峰，碳排放与经济增长开始脱钩，碳排放量呈现缓慢下降趋势，特别是在2008—2014年，这是由于在这一阶段内水能、风能与生物质能的使用快速增加，电力与供热部门碳排放快速降低。但是经济的发展以及居民生活水平的不断提高使交通运输部门的碳排放并未出现明显的下降，甚至在2014年之后又呈现出上升趋势。而且在2015年和2016年，欧盟疲于应对难民危机、债务危机，为了推动经济增长难以保持对减碳政策的强力推进状态，导致化石能源使用在2015年和2016年出现了反复，使碳排放形成小幅反弹。

（三）成型时期（2018年至今）：提出碳中和目标，多领域合力推动碳减排

2018年11月28日，欧盟通过了《欧盟2050战略性长期愿景》，提出到2050年建成现代化、有竞争力、繁荣且气候中性的经济体这一目标，自此欧盟减碳政策进入成型时期。2020年3月4日《欧洲气候法》被提出，并于2021年6月28日获得通过，从法律层面推动欧盟实现碳中和。《欧洲气候法》的出台旨在确保欧盟的所有政策，都能围绕着减排、绿色技术投资和保护自然环境开展，以确保欧盟国家整体实现温室气体净零排放这一目标。随后《Fit for 55》对碳交易、碳泄漏、能源效率、替代燃料、气候基金等多方面作

出调整（见图 2－2）。计划进一步对欧盟碳中和路径进行了阶段性规划，并将能源税作为主要政策举措。

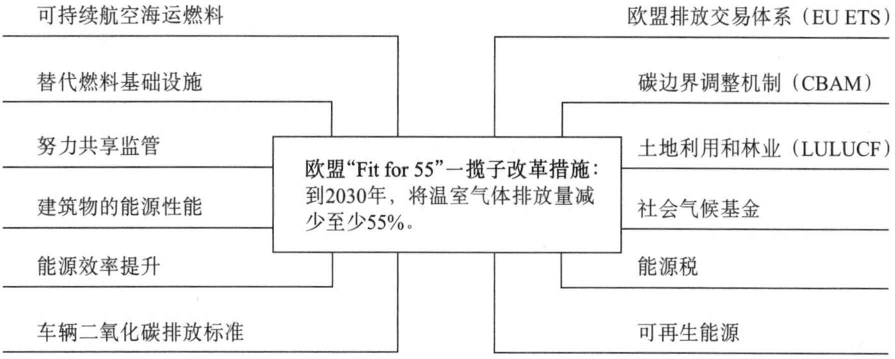

图 2－2 欧盟“Fit for 55”一揽子改革措施

2023 年 4 月 25 日，随着五项立法提案最终被欧盟理事会通过，“Fit for 55”相关提案正式通过。“Fit for 55”提出了具有里程碑意义的碳市场改革，将碳市场置于欧盟脱碳议程的核心，其核心调整可以归纳为以下五个方面：

（1）提高碳市场减排目标，收紧年度配额总量。EU ETS 根据欧盟宏观减排目标设置各阶段配额总量，通过调整配额年度折减因子确保配额总量与宏观减排目标相匹配。EU ETS 第三阶段（2013—2020 年）的目标是在 1990 年基础上减排 20%，配额年度折减因子为 1.74%。第四阶段（2021—2030 年）的目标是在 1990 年的基础上减排 40%，折减因子提高至 2.2%。为了与 55% 的减排目标相匹配，EU ETS 覆盖行业到 2030 年，较 2005 年的减排目标由原 43% 提高到 62%，2024—2027 年折减因子由 2.2% 提高到 4.3%，2028—2030 年将进一步提高至 4.4%，配额总量明显收紧。此外，改革包括两次一次性的配额调整，在 2024 年减少 9000 万吨配额，2026 年再减少 2700 万吨。

（2）将海运纳入碳交易体系，计划建立“第二”碳市场。海运约占欧盟二氧化碳排放总量的 3%—4%，欧盟在《巴黎协定》中承诺减少海运排放。此次改革计划将海运部门分阶段纳入 EU ETS，2024 年海运公司清缴配额的比例为核实排放量的 40%，2025 年增至 70%，2026 年达到 100%。EU ETS 将涵盖在欧盟内部航行和欧盟港口内海运的全部排放量，以及往返非欧盟国家/地区航行 50% 的排放量。多数大型船舶将从一开始就被纳入 EU ETS，而近海船舶等其他船舶将首先被纳入监测、报告、核查体系（MRV），时机成熟后再纳入 EU ETS。此外，EU ETS 自第二阶段起便纳入发电、工业、民航等行业。但截至目前尚未纳入建筑、道路交通和其他小型工业企业。此次改革旨在为建筑、道路交通和其他部门建立一个新的、独立运行的碳交易体系（EU ETS Ⅱ），将未纳入 EU ETS 且难以脱碳的行业全部纳入，确保这些行业履行减排职责且获得减排激励。鉴于能源危机的影响，EU ETS Ⅱ预计于2027年至2028年生效。

（3）完善市场调节制度，修订市场稳定储备机制。市场稳定储备机制是欧盟为了应对需求侧冲击和配额过剩引入的调整机制，通过调整待拍卖配额供应，将一定比例的配额转入该机制，提高碳市场应对重大冲击的能力。此次改革提高了该机制参数以强化调节作用。在2019—2023年，当EU ETS中的流通配额总数高于8.33亿时，配额转入该机制的比例由12%提高至24%，且将其中可持有的配额数量限制为4亿吨，任何盈余量将被永久取消。

（4）调整配额分配机制，逐步取消航空免费配额。EU ETS采取免费与有偿拍卖相结合的配额分配方法，配额免费发放比例逐年递减，且不同行业的免费配额比例不同。当前EU ETS大约60%的配额以拍卖的形式有偿发放，发电行业已实现100%拍卖，航空业仍有约85%的配额免费发放。此次改革将逐步降低航空业免费配额的比例，2024年航空免费配额比例将下降至75%，2025年下降至50%，2026年将取消免费配额，航空业配额全部拍卖。改革将适用于欧洲内部航班（包括从英国和瑞士起飞的航班）。此外，自2026年起，碳边界调整机制涵盖的特定行业将逐步取消免费配额，并按计划逐步适用碳关税。

（5）完善收入使用途径，设立社会气候基金。配额有偿发放所取得的收益通常用于设立碳市场风险基金以平抑市场价格，或设立碳市场建设基金用于相关项目的拨款补助。此次改革进一步完善了有偿分配收益的使用途径，计划将EU ETS Ⅱ的收益设立社会气候基金，以减轻受能源价格上涨影响最大的家庭、小微企业和交通用户的财务负担，基金预计于2026—2032年正式成立（见表2-3）。

表2-3　　成型时期欧盟主要政策

年份	政策	主要内容与作用
2018年	《欧盟2050战略性长期愿景》	要求欧盟从能源、建筑、交通、土地利用与农业、工业、循环经济等多方面入手，推动欧盟全面低碳化发展
2019年	《欧洲绿色新政》	设置2030年减排目标和2050年气候中和目标；以调整能源结构等方面为主线，要求从能源、工业、金融等领域提出政策，构建欧盟可持续发展模式
2020年	《欧洲气候法》	对碳中和立法，以法律的形式推动欧盟碳中和目标的实现
2020年	《欧洲新工业战略》	帮助欧洲工业向气候中立和数字化转型，并提升其全球竞争力和战略自主性
2020年	《欧洲氢能战略》	以提高氢能技术与氢能产量为主线，将未来欧盟氢能发展分为三个阶段

续表

年份	政策	主要内容与作用
2020 年	《生物多样性战略 2030》 《欧盟森林战略 2030》	制定了 30 亿棵树的植树目标，推动恢复生物多样性的同时增强碳吸收
2021 年	《欧盟适应气候变化战略》	旨在为欧盟提高气候变化适应能力、降低面对气候变化的脆弱性、实现碳中和等目标，提出实施措施与路径，主要通过技术创新、数智化发展、各部门碳减排、财政政策、提高新兴技术投资等方式来实现碳中和
2021 年	《Fit for 55》计划	要求欧盟推进产业转型、碳定价、发展可再生能源、能源税

（四）政策创新：碳边境调节机制（Carbon Border Adjustment Mechanism，CBAM），倒逼各国加快完善碳定价体系

为应对可能的碳泄漏风险，欧盟率先在 CBAM 方面付诸实践。欧盟 CBAM 已于 2023 年 10 月 1 日正式启动，将于 2026 年正式实施。这一举措将倒逼欧盟贸易伙伴加快完善国内碳定价体系，以规避潜在的贸易损失。当前，英国、美国、澳大利亚、加拿大等关键经济体也纷纷计划、布局、推进、实施各自的 CBAM 或碳关税政策，提升本国产品的国际竞争力。

欧盟的减碳政策实施至今，其大部分部门的碳排放均出现了一定下降，但为实现碳中和目标仍需采取较为强力的措施进一步推动各部门实现碳中和。在这一时期内，欧盟制定了一系列政策来描绘碳中和实现路径，考虑到欧盟自身碳排放情况与经济特点，其重点举措为持续创新新能源技术、拓展碳排放交易体系、严格各行业产品碳排放标准、发展碳汇项目、全面推进能源税等，全面推进各部门的碳减排，重点降低能源、建筑、交通行业的碳排放，同时辅以创新负排放技术、应用财政政策、发展绿色金融、增加碳汇等政策，共同推动欧盟碳中和的实现。上述政策举措的主要实现途径仍为利用碳排放权交易、财政补贴、环境税等，其作用机制主要是推动企业等微观经济主体自发性地采取碳减排措施，使各部门逐渐脱碳，从而推动欧盟整体碳减排。

二、国内碳市场政策背景和政策框架

关于中国碳排放权交易制度的设计建设酝酿已久，最早可追溯至 2005 年，迄今已有十多年。中国碳配额交易制度的演进历程可大致分为三个阶段。

（一）第一阶段：制度萌发阶段（2005—2012 年）

在这一阶段，中国尚未建立专门的碳配额交易市场，处于碳配额交易制度形成的前期准备阶段。这一时期中国企业大多通过清洁发展机制间接参与国际碳交易市场活动。

《京都议定书》签订时，相关人员引入了三种市场化的减排项目，其中就包括清洁发展机制（简称 CDM）。CDM 是指允许缔约方在非缔约方开展温室气体减排项目，以此获得经核证的减排量（简称 CERs）。具体而言，减排相关技术和设备从发达国家流向发展中国家，在这一过程中发达国家获取项目级的减排抵消额的转让，进而增加本国的排放额度，降低温室气体浓度目标。通过这种方法，一方面发达国家以较低的价格购买到自身所需的排放额度，另一方面促进了发展中国家的可持续绿色发展，同时缓解了全球范围内的温室效应。

中国《清洁发展机制项目运行管理办法》于 2005 年 10 月，由国家发展改革委印发。该办法被认为是中国制定碳配额交易制度相关政策规范的起点。随后于 2011 年 9 月对其进行了修订，从管理体制、申请和实施程序、法律责任等方面对其进行了扩展和明确规定。图 2－3 为清洁发展机制原理，中国企业与发达国家企业进行项目合作，由发达国家企业提供资金、技术和设备的支持，进而可以使 CDM 拥有已被核证了的减排量，发达国家履行减排义务，中国企业则可同时获得资金及减排技术支持并减少国内的温室气体排放。

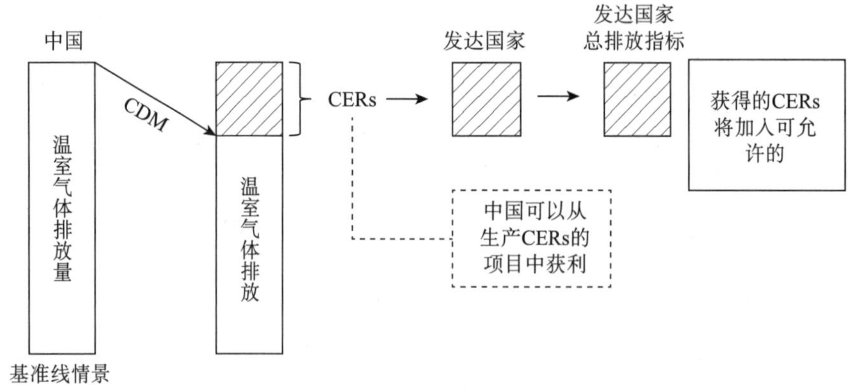

图 2－3　清洁发展机制原理

资料来源：根据国家发展改革委《清洁发展机制项目运行管理办法》。

2005—2012 年，中国注册 CDM 项目 3682 个，特别是 2012 年 CDM 注册数高达 1819 个，正是 CDM 项目发展的高速期，且多集中于风能、水电、自发电能效等领域，具体如图 2－4 所示。这与《清洁发展机制项目运行管理办法》（修订）的实施密不可分，同时也在一定程度表明中国可持续发展的巨大潜力。值得一提的是，2013 年后，中国注册

CDM 项目速度放缓，其主要原因在于欧盟碳排放体系对 CDM 项目抵消进行限制，致使占比最高的中国注册 CDM 项目急剧减少。

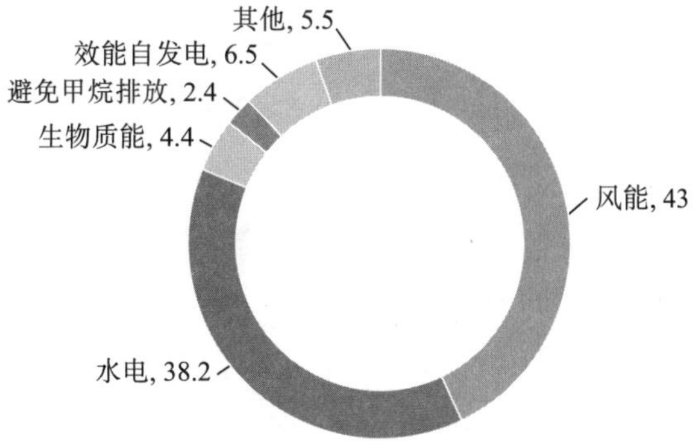

图 2－4　中国注册 CDM 项目类型占比（单位:%）

数据来源：UNFCCC 官网。

在此背景下，加之“十一五”规划收官之际，各地为完成节能减排任务，开始采取一系列如“拉闸限电”的粗暴行为，使得通过市场机制实现减排目标成为共识。

2011—2012 年，中国先后发布《国民经济和社会发展“十二五”规划纲要》《关于开展碳排放权交易试点工作的通知》和《温室气体自愿减排交易管理暂行办法》等通知，并在党的十八大报告中明确提出“积极开展节能量、碳排放权、排污权、水权交易试点”，将加强生态文明制度建设摆在突出地位。这一阶段，中国企业以清洁发展机制为媒介实现了清洁技术向内转移，有助于促进低碳技术在中国的传播，为后期碳配额交易制度的实施提供更多支持；同时，清洁发展机制的实施在一定程度上增加了碳配额交易市场中的可交易减排量，增强了碳配额交易制度的灵活性和流动性，为中国碳配额交易制度的设计和实施奠定了良好基础。

（二）第二阶段：制度试点阶段（2013—2020 年）

中国于 2009 年哥本哈根气候大会上作出，“到 2020 年，我国单位 GDP 的 CO_2 排放比 2005 年下降 40%—45%”的积极承诺。在此基础上，2015 年进一步宣布“到 2030 年，非化石能源占一次能源消费总量的比重达到 20% 左右，单位国内生产总值二氧化碳排放量比 2005 年下降 60%—65%；2030 年前后碳排放达到峰值，并力争尽早达到峰值”。2020 年又提出“双碳”目标，即力争在 2030 年前实现碳达峰，2060 年前实现碳中和。与之对应地，中国实施了碳配额交易制度试点工作等一系列减排政策，以支撑上述目标的落实，具体如表 2－4 所示。

表 2-4　　中国减排目标与主要减排政策对应表

承诺年份	碳减排目标及时间表	相关碳减排政策
2009 年	与2005 年相比，到2020 年碳强度下降40%—45%	提出国家和省级二氧化碳排放目标工业能效目标和建立碳交易制度
2014 年	与2005 年相比，到2030 年碳强度下降60%—65%；到2030 年实现碳达峰	区域碳交易制度试点、全国碳交易制度（基于强度）、支持可再生能源电力的部署和并网
2020 年	2060 年前实现碳中和	全国碳交易制度（基于总量）、可再生能源投资组合标准、对低碳能源的研发支持、技术标准（非二氧化碳温室气体）

资料来源：根据《在哥本哈根气候变化会议领导人会议上的讲话》《2030 年前碳达峰行动方案》和《在第七十五届联合国大会一般性辩论上的讲话》，并结合国务院、国家发展改革委和生态环境部官网发布文件（具体可参考表 2-4），经作者整理所得。

2011 年，国家发展改革委发布《关于开展碳排放权交易试点工作的通知》，7 个试点省市于 2013 年起陆续建立包括编制试点碳配额交易的实施方案、开展基础能力和支撑体系建设、测算碳配额总量目标和碳配额分配方法等的有差异的碳配额交易制度。碳配额交易制度出现差异，主要是由于 7 个试点省市分布于中国东、中、西部地区，产业结构和经济发展水平都有所不同。2015 年，国家发展改革委发布了《关于进一步加强节能减排工作的指导意见》，明确将试点工作重心从碳配额分配转移到以市场为导向的机制建设，并提出逐步完善配额分配、交易和监管等体系。2018 年，中国对碳配额交易试点的基准年份进行了调整，由原先的 2010 年调整为 2015 年。这一调整旨在更准确地反映企业的实际碳排放水平，推动企业采取更多的减排措施。2020 年，国家发展改革委发布了《碳市场建设指导意见》，提出了进一步推进碳配额交易试点工作的指导意见。该文件明确了扩大试点范围、改进配额分配方式、完善交易规则以及监管和核查等方面的要求。

这一阶段，中国政府不断完善碳配额交易制度的相关机制，通过试点的实际情况评估制度设计的有效性、制度运行的问题及监管措施的可行性，并据此改进配额分配方法、交易规则和监管手段等。试点省市碳配额交易制度的实施为后续全国统一碳配额交易制度的建设积累了适配于中国本土的宝贵经验。经验学习、机制完善以及市场培育等都对未来实施碳配额交易制度起到了积极的影响。

（三）第三阶段：制度全国实施阶段（2021 年至今）

基于试点地区的碳配额交易制度经验总结，自 2021 年 2 月 1 日起，中国正式实施《碳排放权交易管理办法（试行）》。该办法从分配、注册、登记、交易、结算、核查及监管等制度要素及交易环节为国家碳配额交易提供指导和规范。其中，还明确表示要引导其他高能耗行业的加入。在此基础上，2021 年 5 月，生态环境部就碳排放权的登记、交易和结算发布了 3 个实施细则，对相关交易规则进行了可细化和可操作的规定，其内容更具流程性。同年 7 月，全国碳排放权交易市场正式上线，这标志着中国碳配额交易制度的发展进入第三阶段。

从区域碳配额交易制度到全国碳配额交易制度，中国持续推进这一制度的构建实施，从制度设计到实践均取得了丰富的经验和成果，具体如表 2－5 所示。中国碳配额交易制度历经上述三个阶段的制度演变，目前正处于区域碳配额交易制度向全国统一碳配额交易制度有序过渡阶段，呈现地方碳市场和全国碳市场“双轨”并行的局面[①]。具体而言，纳入全国碳排放权交易市场的控排企业分别在湖北和上海两地注册登记和交易。在政策加持下，湖北和上海两地已经成为全国碳排放权交易体系中不可或缺的重要角色。此外，随着全国碳排放权交易市场的发展，电力等八大重点排放行业及企业会被逐步纳入全国碳交易体系，而此标准之外的排放单位则在地方交易体系内交易[②]。

表 2－5　　中国碳配额交易制度演进中的相关政策

年份	发布机构	文件名称	核心内容
2005 年	国家发展改革委	《清洁发展机制项目运行管理办法》	对开展清洁发展机制项目的许可条件、管理实施机构、实施程序等作出说明
2011 年	国家发展改革委	《清洁发展机制项目运行管理办法》（修订）	对中国清洁发展机制的管理体制、申请和实施程序和法律责任等均作了明确规定
2011 年	国家发展改革委	《关于开展碳排放权交易试点工作的通知》	要求各试点开展运用市场机制实现温室气体减排目标的研究工作
2011 年	国务院	《“十二五”节能减排综合性工作方案》	提出“开展区域试点碳交易，构建自愿减排机制”
2011 年	国务院	《“十二五”节能减排综合性工作方案》	明确全国二氧化碳排放目标并探索建立碳排放交易市场
2012 年	国家发展改革委	《温室气体自愿减排交易管理暂行办法》	对自愿减排项目、减排量、交易平台和第三方审核机构备案管理
2014 年	国家发展改革委	《碳排放权交易管理暂行办法》	对建立全国性碳交易市场总体框架提出一系列指导性规范
2019 年	财政部	《碳排放权交易有关会计处理暂行规定》	对碳交易业务的有关会计处理原则及具体方法作了具体规定

① 区域碳配额交易制度包括第一批 7 个试点省市、福建试点和四川非试点，福建、四川不作为本文的研究重点，在此不做赘述。

② 纳入全国碳市场管理的八大重点排放行业指石化、化工、建材、钢铁、有色、造纸、电力和航空行业。

续表

年份	发布机构	文件名称	核心内容
2020 年	生态环境部	《2019—2020 年全国碳排放权交易配额总量设定与分配实施方案（发电行业）》	对全国碳排放权交易配额总量设定与分配实施提出指导性规范
2020 年	生态环境部	《碳排放权交易管理办法（试行）》	提出建立全国碳配额分配机制等指导性规范
2021 年	生态环境部	《碳排放权登记管理规则（试行）》	对企业登记注册流程提出具体化规则
2021 年	生态环境部	《碳排放权交易管理办法（试行）》	进一步完善碳排放交易程序细则
2021 年	生态环境部	《企业温室气体排放报告核查指南（试行）》	进一步规范碳交易市场企业温室气体排放报告核查活动
2021 年	生态环境部	《关于加强企业温室气体排放报告管理相关工作的通知》	加强重点排放单位的排放数据、实测数据、台账记录管理等
2021 年	国务院	《2020 年前碳达峰行动方案》	建立统一规范的碳排放统计核算体系

资料来源：根据国务院、国家发展改革委和生态环境部官网发布文件，经作者整理所得。

总体而言，中国碳配额交易制度的演进历程可以视为一个不断学习、调整和演化的过程。在制度萌发阶段，中国政府通过清洁发展机制探索碳交易市场的潜力，考察建立碳配额交易制度的可行性。在制度试点阶段，逐步在碳交易市场中建立起有效的制度规则和机制；各试点地区实施的有差异的碳配额交易制度为政府提供了学习和调整的机会，这是一个制度演化的过程。在此期间各试点地区碳配额交易制度不断加深耦合，减排效果日益明显，已初步形成兼具科学性和可行性的碳配额交易规则体系。随着全国性碳交易市场的正式启动，中国碳配额交易制度发展迈入一个重要的新节点。中国政府通过多年来的试点制度实践和政策调整，逐步建立起完善的制度安排，确保碳配额交易从区域试点向全国市场平稳过渡和有效运行。这些变化反映了制度经济学强调的制度对经济行为和市场效果的影响，并展现了制度在碳交易市场建设中的动态演化。

第二节 碳交易机制的基本原理和关键要素

一、碳交易机制的基本原理

（一）碳排放配额

碳排放配额简称碳配额，是指在一定时期内政府分配给控排企业的碳排放额度，1 单位配额相当于 1 吨二氧化碳排放量。碳配额是碳排放权的凭证和载体，同时也是碳配额交易制度的客体和标的。

碳排放配额作为一种环境容量资源，具有有限性；加上其行政分配性的特点，使得碳排放配额的需求与供给区别于一般商品。

1. 碳排放配额的需求

碳排放配额的需求可表述为在一定时期内，购买者（主要为控排企业）在各种可能价格水平上基于主观意愿和客观能力范围内购买的排放配额数量，主要包括碳配额的实际排放需求、交易需求和投机需求。

第一，碳配额实际排放需求，是指企业在生产过程中二氧化碳等温室气体的实际排放量。一般而言，企业从政府获得的碳配额排放额度应比其实际排放量少，并呈逐年下降趋势。换言之，企业必须在政府给予的碳配额约束下优化生产，如果排放量高于拥有的排放额度，只能在碳配额市场上交易购买。

第二，碳配额交易需求，是指企业碳配额实际排放需求与政府配给碳排放额度的差额。如果企业的实际排放需求小于政府配给额度，即企业存在碳配额盈余，其可以在碳配额交易市场上将这部分额度进行出售或抵减后期的超额排放；反之，企业则需要在碳配额交易市场上按照市场价格购买一定的碳配额，以抵消超额排放部分。

第三，碳配额投机需求，是指特定经济主体在一定预期内在碳配额交易市场上买进或卖出一定数量的碳配额以获取差额利润。这部分经济主体的关注重点在于碳配额价格变化而非碳配额本身。

2. 碳排放配额的供给

碳排放配额的供给可表述为在一定时期内，碳配额分配者（政府）和出售者在各种可能的价格水平下，基于主观意愿和客观能力范围内分配、出售的碳排放配额数量，主要包括碳配额总量供给、碳配额交易供给和碳配额投机供给。

第一，碳配额总量供给，是指由政府决定并分配的，各排放单位可以合法排放的二氧化碳限额；其中，政府对配额额度、排放区域和时间均作出了规定。政府对配额总量的供给与其当期减排目标的实现程度相关联。

第二，碳配额交易供给，是指企业在生产过程中，通过技术升级等手段降低了自身的二氧化碳排放量，使其实际碳配额排放量低于政府供给的指标，这些企业及部分无强制减排义务的企业将多余的碳配额拿到市场上交易，由此产生碳配额交易供给。

第三，碳配额投机供给，是指部分企业、个人投资者、机构投资者以及金融中介机构，以投资盈利为目的，关注碳配额的市场价格走势，低价买进、高价卖出，从中赚取投机利润。

3. 碳排放配额的均衡

当碳排放配额市场需求量与供给量相等时，碳排放配额实现均衡，此时的碳配额价格即为均衡价格。通过供求关系的变动可以在碳排放配额的市场价格背离均衡价格时调整至均衡状态，并且这种变动是自发调节的。当碳排放配额价格高于均衡价格时，碳排放配额市场存在过剩的碳排放配额供给，此时价格会下降以再次实现碳排放配额的均衡；反之，碳排放配额市场存在供给短缺，此时会促使碳排放配额价格上升以实现供求的再次相等。

此外，在碳排放配额价格保持不变时，其他因素如能源价格、企业节能减排技术水平或对碳配额价格预期等影响下，碳排放配额的需求仍会发生变动。同理，碳排放配额的供给也会在政府配额管理、碳配额市场交易主体多寡或对碳配额价格预期等因素的影响下发生变动。

（二）碳配额交易制度

碳配额交易制度根据一国或地区温室气体排放标准确定碳排放配额总量，为控排企业的总排放空间设置上限，在此基础上将碳排放配额分配至控排企业，这些配额在控排企业间实现交易流动。从本质上看，碳配额交易制度是一种基于产权的“政府创造、市场激励”型环境规制工具。实际上控排企业对碳配额的需求并非自发产生的，究其根本，是政府基于碳配额的公共品属性，将外部性问题内部化后产生的。这与制度经济学对于制度的定义一致，即制度是为人们的相互关系而人为设定的一些制约。从这一角度出发，碳配额交易制度是指在碳配额交易过程中制度参与主体必须遵循的行为规则，是支配和约束参与主体经济行为规范的总和。

因此，碳交易既将排放总量限制在规定范围内，又为企业采用最符合成本效益的方法实现减排提供灵活性。作为市场工具，碳排放权交易体系（ETS）对经济活动的外部环境成本负责，是实施“污染者付费原则”的典型范例。

专栏 2－1

总量—交易的基本原理

• 总量：在本案例中，A、B 两家企业的二氧化碳年排放量必须由过去的 10000 吨减少 10%，降至 9000 吨。每家企业获得 4500 吨排放配额。

• 交易：通过采取技术措施，A 企业二氧化碳排放量从 5000 吨降至 4000 吨。该工厂仅需清缴 4000 吨配额抵消其排放量，因此可在市场上出售剩余配额。对 B 企业而言，减排技术成本高于在市场上购买 500 吨配额的成本。最终两个企业 10% 的减排目标都实现了。

（三）碳配额交易制度的参与主体

第一，政府。政府在国民经济运行中发挥着至关重要的作用，尤其是对于碳配额交易制度的构建和运行。其按照是否承担碳减排责任，可细分为责任政府和非责任政府。责任政府（国家及相关部门）对碳配额交易制度的实施，如对碳交易制度的设计、碳配额总量的设定、碳配额的分配以及控排企业的履约等，均产生直接影响。

第二，控排企业。控排企业是碳排放配额的实际消费者和交易者，是一般意义上的履约企业。出于中国国情的考虑，中国控排企业多为碳配额排放量较大行业（如电力、钢铁、水泥等）中的国有企业，其参与碳配额交易的直接原因在于政府最初赋予的强制减排义务，履行其应承担的社会责任，并在此基础上获取一定经济效益。

第三，碳交易所是一种区别于场外交易的独立服务机构。与场外交易那种交易双方通过私下协商进行一对一的交易行为不同，碳交易所有固定场所，同时有较为规范的交易资格审查和规则制度，进而可以将控排企业等有序汇集在一起，进而大大节省了减排成本。

第四，第三方核查机构。第三方核查机构是控排企业为申请配额而提交政府部门的碳排放报告及数据进行审查的独立服务机构，其存在有效保证了碳排放报告数据的真实性和可靠性。第三方核查机构的核查范围大多集中于热力生产供应、火力发电、水泥制造和石化生产等碳排放较大行业。为确保碳配额交易制度的高效、有序运行，政府部门会对第三方核查机构的资质进行科学公正的审查，以求最大限度地发挥第三方核查机构的核查职能。

第五，其他参与主体。中国碳配额交易制度的参与主体还包括除控排企业外的排放企业、个人投资者、机构投资者及金融中介机构等。

二、关键要素

碳排放交易体系的功能是通过设定碳价，引导人们在制定投资决策过程中将碳排放成本因素纳入考量范围。碳交易价格取决于市场上碳排放权即配额的供应与需求的关系。一旦走上正轨，碳排放交易体系的诸多要素均可由市场变量来决定。然而，决策者仍需考量数项关键的设计要素。为确保实现既定环境目标，有效推动具有成本效益竞争市场进行高效运作，碳排放交易体系的设计决策应考虑若干要素，并平衡不同选择之间的利弊。

专栏 2－2

构建排放交易体系的重要考虑事项

设计和实施排放交易体系方面，可借鉴现有排放交易体系的经验：

● 高质量的精确数据对于设定有效的排放总量至关重要。因此，确保排放交易体系正常运作需有强有力的排放监测、报告及核查（MRV）制度作保障。换言之，从最初阶段就必须确保排放的每吨二氧化碳当量都得到报告①。

● 尽量简明扼要。易于理解的排放交易体系规定有助于获得政治认同、简化执法环节以及最小化交易成本。

● 一致性与可预见性，包括解决价格和供应波动的措施，将有助于建立长期价格信号，借此实现投资确定性。此举有助于创造稳定的环境，引导人们在制定低碳技术投资决策时将碳价纳入考量范围。

● 新建排放交易体系之设计应尽可能与其他排放交易体系兼容，以便在中长期与其他排放交易体系建立链接。通过体系之间的链接有助于提高效益，因此颇为可取。

（一）总量设定

总量设定是构建碳排放交易体系过程中最重要的决策之一。它是确保碳交易体系环境效益的关键要素，亦是决定具体排放配额经济价值的主要因素。总量设定涉及在环境目标与经济成本之间寻求平衡。实际上，总量设定涉及诸多政治考量，特别是能够确保隐性成本接受度的政治考量。随着时间的推移逐步加大总量控制力度，并在市场成熟时采取进一步行动，有助于应对挑战，解决随着碳交易体系的推行可能逐渐显现的初始难题。

总量或目标有多种定义方式：它可以是根据绝对排放量或避免排放量而设定的绝对总量，或者是相对目标或基于强度的目标（如根据单位产出进行定义，可能与经济增长或其他变量相关），但只有设定了绝对总量上限的碳排放交易体系，才能实现环境效益的确定性。

总量一经设定，碳排放预算总量即被分解为若干更小的单位，通常被称为排放配额或许可。排放配额或许可代表排放一定量（如 1 吨二氧化碳当量）温室气体的权利，因此可被视为某一特定碳排放交易体系中在市场参与者之间流通的一种货币。总量设定包含与其

---

① 二氧化碳当量（CO_2e）是对于给定量的某种类温室气体或多类温室气体之和之辐射强迫的度量单位，以一定量的二氧化碳表示能够产生相同辐射强迫效应的其他温室气体量。二氧化碳当量可用于比较 6 种温室气体对全球气候的影响。

他碳排放交易体系设计事项相关的进一步考量，例如，设定基准年与相关基准线、定义履约期及其时间长短。清晰明确的长期减排路径，可向市场参与者提供投资的确定性，并可借此确保碳市场的有效性。

（二）覆盖范围

定义某一碳排放交易体系的覆盖范围涉及：（1）确定管制气体种类、需纳入碳市场的行业类别以及参与者的纳入门槛；（2）确定监管点并指定纳入碳排放交易体系范围的具体单位和设施。

理论上来说，为实现环境效益与经济效率最大化，所有排放源、排放部门及气体类型均应纳入碳排放交易体系范畴内。但实际上，受诸多因素影响，这一目标在实践中难以实现。这些影响因素包括测算排放量所涉及的能力与成本、旨在确保履约之控制手段的可用性、体系管理的行政负担等。鉴于此，碳排放交易体系也许仅能涵盖某一经济体或管辖范围内总体排放量的某一部分。事实上，大部分现有碳市场均是如此。

《京都议定书》的管制对象包括六种温室气体：二氧化碳（CO_2）、甲烷（CH_4）、一氧化二氮（N_2O）、氢氟烃（HFCs）、全氟化碳（PFCs）、六氟化硫（SF_6）。根据其在大气中浓度的不同，这6种气体对温室效应的贡献亦不尽相同①。此外，这些气体的全球暖化潜能也各异。确定纳入某一碳排放交易体系的气体种类时，通常根据其排放源、排放实体以及快速有效测算、监测以及报告这些气体的能力而定。通常而言，碳排放交易体系会将二氧化碳排放纳入管制范畴，因为它是大气中含量最高的一种温室气体（约占大气中所有温室气体浓度的80%）。

确定排放监管点是指通过指定必须提交排放配额的企业类型规定碳交易体系的参与者。可采用上游监管模式（化石燃料由上游企业进入经济体）、下游监管模式（下游企业消耗化石燃料并向大气排放温室气体），或整合下游大型固定点源监管与其他上游排放源监管的综合模式。上游监管模式涵盖燃料生产商或进口商，参与者数量相对较少，因此可覆盖整个化石燃料市场。下游监管方式直接针对排放者，如发电厂运营商。这些排放者对其产品、服务或消费的碳排放量承担责任。在这种监管方式下，参与者数量较大，减排方式众多，可对市场流动性产生积极影响，并有助于形成更稳定、运作更好的市场。在极端情况下，这种方式可覆盖家庭用户，但很可能导致交易成本和行政负担激增。因此，通常情况下，下游监管方式仅覆盖超过给定纳入门槛的大型固定点源。综合监管模式涵盖下游

---

① 参见：政府间气候变化专门委员会《国家温室气体排放清单指南》（Guidelines for National Greenhouse Gas Inventories）2006年修订版（2006年）。

大型固定点源与价值链上游其他环节，如交通环节，亦是一种可选方案。

就行业涵盖范围而言，覆盖整个经济体的碳排放交易体系可提供最大数量的减排方式，并可借此实现排放体系成本效益的最大化。碳交易体系的目标，通常是尽可能以最小的行政负担覆盖尽可能多的碳排放量。事实上，碳交易体系通常优先覆盖能源部门和能源密集型行业等主要排放企业。其他行业则尽可能会随着时间的推移而逐步被纳入碳交易体系当中，或通过采取补充政策措施进行排放管制。化石燃料发电产业与能源密集型产业属于大型固定点源排放，因此特别适合纳入碳排放交易体系管制范围。为降低行政成本，碳排放交易体系通常仅要求排放量已达到某一特定排放限值的相关设施纳入其体系中。

（三）配额分配

“分配”是指在设定排放总量、确定体系的适用范围、覆盖行业和监管单位后向市场参与者分发配额。由于配额具有市场价格，因此其整体价值甚为可观。配额的分配可谓高度政治化的进程，涉及诸多考量因素。通常存在两类配额分配的基本机制：免费分配与拍卖。排放配额可通过“祖父法”（grandfathering）或基准法（benchmark）进行免费分配。“祖父法”是指以某一给定基准期的历史排放水平为主要考量的分配方式，基准法则是指根据某一给定产品组或行业的绩效评价确定排放配额的分配方式。拍卖法允许政府通过拍卖方式分配配额。这种分配方式提供了价格发现机制，并通过为政府创收提供额外公共资金，以用于进一步实施气候保护措施或补偿消费者因碳价而产生的额外成本。

免费分配有助于解决对竞争力的担忧（如碳泄漏）以及降低碳价对消费者的负面经济影响。根据基准法分配免费配额有助于奖励先期减排行动：给予已经实现有效减排的企业主体更多的免费配额。拍卖具有实现碳市场的价格发现功能，并最终可确保配额分配的透明度。由于拍卖给出有关实际减排成本与实际碳价格的清晰信号，并降低投资决策难度，因此，理论上拍卖是最具环境效益的分配方式。此外，设计能够确保不同行业间不出现竞争扭曲现象的免费配额分配方式难度很大。

（四）数据采集和监测、报告及核查（MRV）

作为构建国家、行业及实体制定管理与政策决策的基础，碳排放量的信息是至关重要的。为确保环境完整性并建立市场信任与信心，必须通过对所有实体实施统一规定确保市场参与者满意。鉴于此，市场监管者必须采集翔实、全面的实际排放量数据，并辅以持续的监测、报告及核查。这一点对碳税而言同样适用。该程序被称为监测、报告及核查（MRV）制度。碳排放交易体系的另一难题是，确定负责数据采集的部门：由国家统一采集还是由排放实体自行负责。尽管企业容易获得自身信息，但存在少报或漏报的动机。因此，国家或其他系统的行政部门需要审计与执法（惩罚）机制提供辅助。

监测排放有两种基本方式：一是直接、持续的测算方式；二是根据活动变量（如燃料使用量及其相关排放因子）进行推估的测算方式。由于必须安装并持续运行精良技术设备［连续排放监测系统（CEMS）］，用以避免计算造成的数据不确定性，因此，直接测算成本十分高昂。总体而言，上述两类测算方式均具有稳定可靠的特征，因此适用于碳排放交易体系框架下的监测任务。

核查可由政府机关或某一独立第三方核查机构执行。根据采用的测算方式，核查方参照活动数据与燃烧效率因素（或对比核查），检查仪器或核查计算，确保方法正确。

只有企业完全遵从排放总量与市场机制的规定（要求各方遵守规定并对排放交易体系的法规制度建立信心），才能全面实现排放交易带来的经济效益与环境效益。鉴于此，规定相关惩罚性措施的执行机制应成为排放交易体系的核心要素。只有当监管机构无须定期强制执行此类措施而仅借助其威慑作用实现排放交易体系正常运行时，此类措施方可实现最佳效果。因此，惩罚性措施应具有严厉、有效、易于实施的特征。惩罚性措施可采取多种形式，例如，经济处罚，未来阶段引入更加严格的减排要求，要求减少排放量并交出排放配额，亦可综合使用上述措施。实行惩罚性措施至关重要，因此应将此类措施作为自动机制纳入排放交易体系。此举可防止决策过程中产生的漏洞、豁免及例外干扰体系正常运行。

（五）灵活性规定

碳排放交易体系为企业提供灵活度，允许其通过选择落实减排投资或购买排放配额最终达成减排目标。不仅如此，某些碳交易体系还引入其他灵活性规定，包括抵消信用额度、配额储存及借贷等。

在碳排放交易体系中引入抵消碳信用额度的原因是碳市场范围之外的行业中可能存在更经济有效的减排潜力，但是这些减排方式低于最低合规排放限值，不在排放限制阈值内，属于不被管制行业，或存在于游离于碳交易体系之外的国家，因此尚未被纳入排放交易体系。设立抵消信用额度的目的，是为减排措施提供财政支持，并在不影响体系整体环境完整性的前提下向碳排放交易体系下有履约义务的实体提供更多灵活性。这种抵消额度有助于增加市场流动性，并可显著减少扭曲与波动。欧盟和新西兰早些年选择使用现有清洁发展机制（CDM）和联合履行（JI）机制作为其排放交易体系的信用额度抵消机制。从2013年起欧盟只允许2012年前注册的项目信用，以及来自最不发达国家的新项目。从2020年起欧盟不打算接受国际信用来完成其40%的减排目标。倘若欧盟进一步提升其减排目标力度，那么可能会使用国际信用。

清洁发展机制下的项目采用“经核证的减排量（CER）”单位，适用于不承担《京都议定书》减排义务的发展中国家；联合履行机制下的项目采用“排放减量单位（ERU）”，适用于承担减排义务但无须将所实现的减排量计入其减排目标的工业国家。除上述国际性抵消信用额度外，碳排放交易体系还允许在体系未覆盖的经济部门内使用其他形式的抵消信用额度。如加州和魁北克实施的国家抵消项目：项目分别在美国和加拿大国内实施。在此情况下，项目类型、执行方式以及减排测算、报告和核证方式均通过具体协议和法规进行规定。无论国际还是国家层面的抵消信用额度，对碳市场的环境完整性至关重要的是：抵消项目的“额外性”，即若没有信用额度出售机制作为支持，则抵消将无从发生。抵消项目的“永久性”，即在抵消项目结束后其减排或碳汇仍旧能维持，而不发生逆转。抵消项目的“可核证性”，即抵消项目所获得的信用额度数量反映的是真实的减排量。

储存与借贷是基于以下科学事实设立的灵活性规定：即在中短期内，一吨温室气体，无论何时排放，其对环境变化的影响均保持不变。此类规定有助于消除商业周期的波动，并可帮助实体以尽可能低的成本满足相关减排规定的要求。在拥有多个履约期的碳排放交易体系中，以往各阶段剩余的排放配额不应在履约期结束时简单进行无效处理，而应允许其在未来履约期内继续生效。这样，行政管理机构、排放实体及其他市场参与者可将以往各阶段剩余的排放配额累积、“储存”起来，供未来“履约期”或交易期使用。这种机制会激励排放实体落实减排投资，因为它们认识到，现在与未来均可从二氧化碳减排中获益。某些情况下，碳排放交易体系也可能允许排放实体“借贷”未来的排放配额，换言之，即排放实体同意通过未来实施减排措施“偿还”碳排放债务。排放配额借贷可作为十分重要的灵活机制使用，因为它允许仍拥有足够资本存量的企业实现其在资本存量中的充分投资，并在其初始投资已提足折旧后转而投资更先进的技术。若碳排放交易体系允许企业借贷排放配额，则必须确保该企业未来能够切实实现减排目标，而非不断地推迟实现这些目标。通过将排放配额借贷的规定严格限制在减排路径上的极短时段是避免无限期推迟减排行动的一个可行措施。

（六）市场稳定措施

碳排放交易体系的原则之一是，让市场在规定的排放总量上限下找到合适的排放配额价格，而不应由某个监管机构（如税收）设定具体的碳价。然而，为对抗外来冲击和控制价格过度波动，很多排放交易体系均引入附加管控机制，以此平衡供需，并为市场参与者提供某种程度上的价格发展轨迹确定性，确保健全的价格信号。

碳排放交易体系稳定措施或机制可通过调控市场上可得的排放配额数量来实现，而触发机制可以是价格和数量两种类型。例如，拍卖底价机制（在加州、魁北克和《区域温室气体行动计划》的碳市场中采用）虽不直接调整二级市场上的配额价格，但当需求及价格低于特定水平时，该机制会自动限制拍卖配额的数量，进而对市场碳价产生影响。在加州，碳市场采用拍卖底价机制，并设定了成本控制储备，当市场供应严重短缺时，通过向市场提供额外排放配额来抑制价格激增。

与加州不同，欧盟设定的是基于数量和规则的价格控制机制，以解决碳市场在应对需求不足时的问题。欧盟的"市场稳定储备"通过以下方式运作：如果市场上富余的碳配额超过了提前确定的数量上限，那么一定数量的配额将不会被拍卖，而是放到"市场稳定储备"当中。总的目标是提升碳市场整个系统对未来市场需求波动的适应性，从而为市场提供稳健的价格信号。

然而，应注意这些干预措施仅可在碳排放交易体系设定的排放总量限制下采用，从而确保碳市场的环境完整性。此外，在设计这些干预措施时，需要考虑周详，给市场参与者提供透明度和可预测性，同时，还应留给市场自行决定有效的减排价格的灵活性。

第三节　碳配额核定、分配与履约流程

一、碳配额核定

（一）概述

1. 含义

碳排放权交易市场的总量是政府在规定时间跨度内发放的配额上限数量，它反过来决定了所覆盖的排放源对全球碳排放的贡献量。"配额"由政府提供，每单位配额允许持有者依照碳排放权交易确立的规则，在总量范围内排放 1 吨温室气体。由于碳排放权交易限制了配额总量，并设立了交易市场，因此每个配额均具有价值（即所谓的"碳价"）。总量设定得越"严格"或越"严苛"，意味着发放配额的绝对数量越少，配额越稀缺，在其他条件不变的情况下其价格越高。

设定总量应包括：

（1）确定拟发放的配额：碳排放权交易市场按每单位（如吨）温室气体，即二氧化碳或二氧化碳当量（CO_2e），来发放配额。此外，政策制定者亦应决定是否接纳体系外的履约单位及是否限制其在体系内的使用。

（2）选择设定总量的时间跨度：总量可以一年或多年为基础来确定。总量的时间跨度通常应与承诺期或碳排放权交易体系的阶段相对应，针对该时间段还应明确其他的碳排放权交易设计要素。

政策制定者还需要考虑与设定总量相关的法律问题和行政程序，包括指定相关政府机构负责管理和设定总量水平，并视情况考虑是否需要设立独立机构，提供设定或调整总量方面的咨询意见。

2. 总量分类

总量分为两类：一是绝对总量，即规定重点排放单位可获得的配额数量上限，为监管机构和市场参与者提供了预先的确定性；二是强度总量（或称相对总量），即规定每单位产出或投入所发放的配额数量。总量类型的选择取决于多个因素，包括整个经济体总体减排目标的性质；政策制定者对限制未来排放密集型企业和生产活动的决心；未来经济增长的不确定水平（如在快速增长和结构转型经济体中）；数据的可得性；促进与任何进行链接的体系之间相互兼容的优先考虑等。

3. 总量严格性

确定总量严苛程度背后的最基本考量是，相关司法管辖区希望在其设限行业内实现多大的减排效果和多快实现这一减排目标，同时对全球减排作出贡献。这些考量又可细分成以下三个主要问题，政策制定者应予以考量：

（1）平衡减排力度与碳排放权交易体系成本：更严格的总量控制意味着体系所覆盖的实体需要投入更大成本。体系总的履约成本不应过高，以免在实现更广泛的气候目标和碳排放权交易体系的其他政策目标过程中给国内竞争力和社会福利带来不成比例的过度损害。一般而言，总量严格程度还应符合利益相关方眼中的环境有效性和公平性要求，以便获得（并保持）各方对碳排放权交易的接受和支持。国际链接和交易合作伙伴可能会参照与其具有可比性的司法管辖区的减排力度和成本，来判断某个碳排放权交易总量的严格程度。

（2）统筹总量严格程度与减排目标严格程度：碳排放权交易体系通常是实现整个经济体总体减排目标可能运用的多种政策工具之一。碳排放权交易体系总量严格程度应符合这一总体战略的要求。

（3）权衡覆盖与非覆盖行业的减排责任分配：决定向碳排放权交易体系覆盖行业分配多少减排责任时，应考虑覆盖行业与非覆盖行业在减排方面的相对能力大小。

碳排放权交易体系的总量是体现减排严格程度的基本决定因素。然而，碳排放权交易体系还有一系列其他设计要素，将影响所覆盖的排放源在具体某一年度能够排放的总量：

（1）非覆盖行业的监管方式和可交易的抵消额度的潜力；

（2）配额储存规则；

（3）是否存在价格稳定机制及其对配额供应的影响，尤其是该机制是否凌驾于总量规定之上；

（4）关于与其他碳排放权交易体系相互链接和由此导致的配额流动的管理规定。

鉴于上述各种设计要素的组合多种多样，某司法管辖区内特定年度所覆盖排放源的最大排放量可能高于或低于总量确定的配额上限。因此，设定总量时应结合其他碳排放权交易设计要素来统筹考虑。此外，务必注意，与总量设定有关的一些问题不但影响整体减排严格程度，而且影响体系内外的减排责任分配和相互链接的碳排放权交易（及其司法管辖区）之间的长期成本平衡。

碳排放权交易体系总量确定了政府在规定时间跨度内发放的配额上限数量，它反过来决定了碳排放权交易体系对国内及国际减排努力的贡献大小。总量的严格程度和实现减排的时间跨度是决定一个司法管辖区减排路径的关键要素。总量设定和修正过程应具有充分的可预测性从而引导长期投资决策，同时应保持政策灵活性以便及时对新信息和新情况作出反应。

（二）全国碳排放权交易配额总量设计

1. 中国碳排放权交易总体设计特色

在欧美国家和地区已建成的碳排放权交易都是基于总量（Mass - based）的碳排放权交易，也就是总量控制和交易（Cap and Trade），碳排放权交易有一个预先设定的固定的碳排放总量；根据上一节的我国碳排放权交易建设的基本原则，在全国碳排放权交易初期运行阶段，我国碳排放权交易是一个基于强度（Rate - based）的碳排放权交易，实际上是一个多行业的可交易的碳排放绩效基准（Tradeable Performance Standard，TPS），这和欧美国家和地区已建成的碳排放权交易有着本质的不同，是中国碳排放权交易最显著的特征。归纳起来，中国特色碳排放权交易总体方案设计主要表现在以下几个方面：

（1）中国碳排放权交易是一个多行业的可交易的碳排放绩效基准（Tradeable Performance Standards），不同于欧美国家和地区已有碳排放权交易的总量控制和交易（Cap and Trade）；

（2）中国碳排放权交易碳排放总量是由体现碳减排目标要求的碳排放绩效基准和实际的经济产出共同决定的，是一个可预估的、有一定灵活性的总量，而不是一个固定的总量；

（3）碳排放权交易覆盖足够多的行业，不仅要控制化石燃料燃烧产生的直接碳排放，也要控制电力和热力使用的间接碳排放，这和欧美国家和地区已建成的碳排放权交易只控制直接碳排放不同；

（4）中国发电行业配额分配以免费为主、拍卖为辅，而欧美国家和地区已建成的碳排放权交易中的电力行业配额分配以拍卖为主。

我国建设碳排放权交易最主要的目的，是帮助国家和地方以最小的社会成本完成碳减排目标。进行碳排放权交易总体方案设计，必须首先厘清在完成国家和地方碳减排目标中碳排放权交易和其他政策机制的关系、碳排放权交易的贡献以及碳排放权交易贡献与碳排放权交易核心要素之间的关系。图 2－5 给出了一个全国碳排放权交易总体方案设计的逻辑框架，指出了国家碳减排目标、地方碳减排目标、碳排放权交易核心要素（覆盖行业、纳入企业门槛、配额分配、配额总量设定）之间的逻辑关系。下面将建立碳减排目标与碳排放权交易核心要素以及这些核心要素之间的数量关系。

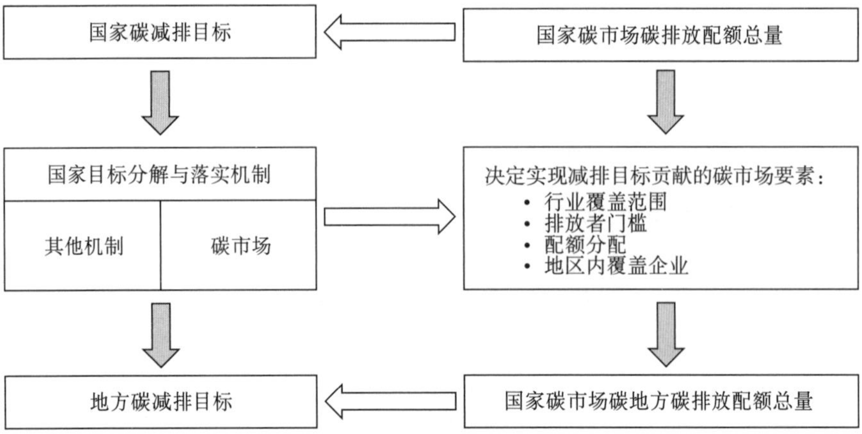

图 2－5　全国碳排放权交易设计的逻辑框架

2. 碳排放权交易总量设定与完成碳减排政策目标的数量关系

碳排放权交易设计的一个首要任务就是要回答碳排放权交易在完成国家碳减排目标中究竟能起多大的作用，也就是要明确碳排放权交易配额总量设定与完成碳强度下降目标之间的数量关系。完成规划期碳强度下降目标所需的碳减排量可以表示为：

$$\Delta Q_Y = Q_Y^0 \times (1 + \alpha_Y) \times \beta_Y \qquad (2-1)$$

其中：

ΔQ_Y—实现规划期碳强度下降目标所需要的碳减排量；

Q_Y^0—规划期初的整个经济体的碳排放总量；

α_Y—规划期整个经济体的经济增长率；

β_Y—规划期要求的整个经济体的碳强度下降率。

规划期末碳排放权交易完成的碳减排量可以表示为：

$$\Delta Q_{ets} = Q_{ets}^0 \times (1 + \alpha_{ets}) \times \beta_{ets} \quad (2-2)$$

其中：

ΔQ_{ets}—规划期碳排放权交易完成的碳减排量；

Q_{ets}^0—规划期初的碳排放权交易所覆盖行业的碳排放总量；

α_{ets}—规划期碳排放权交易所覆盖行业综合平均经济增长率；

β_{ets}—规划期碳排放权交易所覆盖行业综合平均碳强度下降率。

根据式（2-1）和式（2-2），碳排放权交易对实现碳减排目标的贡献可以表示为：

$$\delta = \frac{Q_{ets}^0}{Q_Y^0} \times \frac{1 + \alpha_{ets}}{1 + \alpha_Y} \times \frac{\beta_{ets}}{\beta_Y} \quad (2-3)$$

其中：

δ—碳排放交易碳排放权交易对实现碳减排目标的贡献率。

对式（2-3）进行重新整理，令 $\varepsilon = \frac{Q_{ets}^0}{Q_Y^0}$，并忽略 α_{ets}二次项和 α_{ets}、α_Y 和 β_Y 的乘积项，所要求的碳排放权交易覆盖行业的综合平均碳强度下降率可表示为：

$$\beta_{ets} = \varepsilon \times \delta \times \beta_Y \quad (2-4)$$

规划期末碳排放权交易的配额总量可以被下面的公式表示：

$$Q_{ets} = Q_{ets}^0 \times (1 + \alpha_{ets}) \times (1 - \beta_{ets}) \quad (2-5)$$

将式（2-4）代入式（2-5），我们可以得到碳排放权交易配额总量的一个新的表达式：

$$Q_{ets} = Q_{ets}^0 \times (1 + \alpha_{ets}) \times (1 - \varepsilon \times \delta \times \beta_Y) \quad (2-6)$$

式（2-6）是一个自上而下的碳排放权交易配额总量设定方程式。我们可以把其中的 ε 理解成代表碳排放权交易覆盖范围的一个特征参数。由式（2-6）我们不难看出，碳排放权交易的配额总量和碳排放权交易覆盖范围、碳减排目标要求和希望碳排放权交易发挥的作用相关，也和碳排放权交易所覆盖行业未来的经济增长率有关。欧盟碳排放权交易试点期成效不佳的一个主要原因，就是设计者预先估计的碳排放权交易所覆盖行业的经济增长率高于后来实际的情况，造成设定的配额总量大大高于实际碳排放量。

3. 碳排放权交易配额分配与总量设定的数量关系

配额分配方法可分为有偿分配法和免费分配法。拍卖是配额有偿分配采用的主要方法。利用拍卖方法分配配额，配额分配和总量设定的关系十分简单，只要在市场上将设定的配额总量拍出就行了。但根据我国碳排放权交易总体方案设计的特点，我国碳排放权交易的配额分配以免费为主、拍卖为辅，主要采用基于行业碳排放绩效基准的免费配额分配方法。

基于行业碳排放绩效基准配额分配方法，简称基准法，可以表示为：

$$a = B \times l \tag{2-7}$$

其中：

a—排放企业或单位可获得的碳排放配额；

B—排放企业或单位所属行业的碳排放基准值；

l—排放企业或单位的实际活动水平。

如果采用基准法分配配额，碳排放权交易的配额总量可表示为：

$$Q_{ets} = \sum_{l}^{N} B_i \times L_i \tag{2-8}$$

其中：

N—碳排放交易碳排放权交易所覆盖行业总数；

B_i—行业 i 的碳排放基准值；

L_i—行业 i 的实际活动水平。

式（2-8）所表述的碳排放权交易配额总量是由行业基准和行业活动水平决定的，而行业基准值往往是根据行业企业的碳排放强度数据分布情况确定的，考虑了技术上的可行性，是一种自下而上的配额总量设定方法。

4. 碳排放权交易总体方案设计中几个关键指标之间的数量关系

碳排放权交易总量设定要求自上而下设定的配额总量与自下而上的设定的配额总设定相一致，因此，我们有：

$$Q_{ets}^{0} \times (1 + \alpha_{ets}) \times (1 - \varepsilon \times \delta \times \beta_{Y}) = \sum_{l}^{N} B_i \times L_i \tag{2-9}$$

式（2-9）建立了碳排放权交易总体设计的一个理论分析框架，它表述了碳排放权交易总体设计中的关键政策目标指标（碳强度下降率和碳排放权交易的贡献率）、关键碳排放权交易特征指标（碳排放权交易覆盖范围和行业碳排放基准值）和关键经济指标（碳排放权交易覆盖行业的总体经济增长率和分行业活动水平）之间的数量关系，揭示了碳排放权交易总体设计应该遵循的基本原理。也就是说，只有当碳排放权交易设计涉及的这些指标满足式（2-9）时，碳排放权交易的设计才是内部逻辑一致的，也才能做到科学合理。

下面用一个例子说明，在国家碳排放权交易总体设计中，如何科学确定关键指标的问题。2015 年我国化石燃料消费所产生的 CO_2 排放量约为 90 亿吨。根据“十三五”规划纲要的目标要求，“十三五”期间的 GDP 年增长率在 6.5% 左右（五年增长 37%），碳强度累计下降 18%。根据当前已经公布的国家碳排放权交易的覆盖范围和纳入碳排放权交易的企业门槛进行估算，2015 年国家碳排放权交易的 CO_2 排放量约为 45 亿吨。假定“十三五”期间碳排放权交易覆盖行业的总经济增长率为 27.6%（年均 5%），如果希望国家碳排放权交易的建设在实现碳减排目标的贡献不低于 30%、50% 和 70% 的话，根据公式，我们可以计算出 2020 年国家碳排放权交易的配额总量应分别不高于 51 亿吨、47 亿吨和 42 亿吨。根据该公式，行业碳排放基准的选择应保证碳排放权交易配额总量分别不高于 51 亿吨、47 亿吨和 42 亿吨。另外，在利用重点排放单位排放报告数据确定行业碳排放基准过程中，通过完成碳减排目标所希望的行业碳排放基准和根据重点排放单位报告数据所确定的行业碳排放基准之间的对比分析，来验证利用自上而下的方法提出的碳排放权交易贡献率是否可行，进而对期望的碳排放权交易贡献率进行调整，重新确定配额总量，直到得到一个科学合理的贡献率和配额总量。

二、碳配额分配

（一）概述

碳排放配额分配是碳排放权交易制度设计中与企业关系最密切的环节。碳排放权交易体系建立以后，由于配额的稀缺性将形成市场价格，因此配额分配实质上是财产权利的分配，配额分配方式决定了企业参与碳排放权交易体系的成本。例如，分配方法可能成为影响企业在确定产量、新的投资地点以及将碳成本转嫁给消费者的比例等问题上的决策的关键因素。基于上述原因，配额分配方法亦会影响碳排放权交易体系的经济总成本。

配额发放过程中，政策制定者应力求实现部分或全部如下目标：

（1）向碳排放权交易体系的平稳过渡：政策制定者希望借助恰当的配额分配方式，理顺向碳排放权交易体系过渡过程中面临的诸多问题。其中一些问题与成本及价值的分配有关，具体可表现为可能的资产价值受损（搁浅资产）、对消费者及社区的不良影响以及识别早期实施减排行动的实体的需求。其他问题则涉及相关风险，例如，参与者在初期阶段的交易能力相对较低，或者在体制能力相对薄弱的情况下部分企业可能抵制碳排放权交易体系。

（2）降低碳泄漏或丧失竞争力的风险：对政策制定者而言，这些风险是由不良环境、经济及政治等因素而造成的。在考虑碳排放权交易体系设计方案时，如何降低这类风险是最具争议且重要的一个方面。

（3）增加收入：碳排放权交易体系建立后产生的配额是有价值的。通过出售配额（通常以拍卖方式出售），政策制定者有可能成功筹措大量公共资金。

（4）保持以成本效益的方式实现减排的激励性：若想努力实现上述任何一项或全部目标，政策制定者必须确保坚守碳排放权交易体系总体目标不动摇，即确保重点排放单位以成本有效的方式和尽可能通过价值链来获得减少排放的有效激励。

在许多情况下，配额的总价值会明显高于减排成本。因此，配额分配将颇具争议性，而找到一种政府、利益相关方和公众都能够接受的解决方案便成为启动碳排放权交易体系的关键所在。促使有关各方达成一致可能是一项耗时长久的任务。

（二）方法类别

配额分配有两种基本分配方法。政府既可选择通过拍卖出售配额，也可选择向参与者或其他有关主体免费发放配额。鉴于免费配额可通过三种主要方法进行分配，因此配额分配共计有四种方法（拍卖和三种免费分配）：

（1）以拍卖方式出售配额：政策制定者通过一种不容易导致市场扭曲的方法，为公共收入提供新增长点。拍卖是一种简单方便且行之有效的方式，能够使配额价高者得。拍卖方式不仅提供了灵活性，对消费者或社区的不利影响进行补偿，同时也奖励了先期减排行动者。然而，拍卖对防范碳泄漏效果甚微，且无法补偿因搁浅资产而导致的损失。

（2）基于祖父法进行免费分配：即以历史排放数据为依据向重点排放单位发放配额。使用祖父法能够补偿因搁浅资产导致的损失。在管理下游排放的碳排放权交易体系中，祖父法可成为碳排放权交易体系平稳过渡期的一种简单易行的方式。只要分配水平没有根据企业实际排放进行事后更新，祖父法便可为促进以高成本效益的方式实现减排目标提供强大动力。通过提供针对搁浅资产风险的补偿，祖父法亦有助于完成向碳排放权交易体系的平稳过渡。然而，该方法也增加了赚取暴利的可能性并且在碳泄漏防范方面的效果较弱，若与事后调节相结合，则可能导致扭曲的价格信号，且无法奖励先期减排行动者。

（3）更新频率不高的固定的行业基准法：若能确保基准设计的连贯性、一致性与审慎性，使用固定的行业基准法可持续激励相关主体以高成本效益的方式实现减排目标（包括通过需求侧的减排）。此外，固定的行业基准法同样可以奖励先期减排行动者。然而，若基准值未经精心设计，可能无法实现上述优势。同时，固定的行业基准法也是一种耗时长久且对数据要求较高的分配方法。固定的行业基准法在防范碳泄漏方面的效果可能好坏参半，且仍有获取暴利的可能性。用于确定向重点排放单位发放免费配额额度的产量可以是历史数据，亦可以是实时数据，若使用实时数据则须进行更新。

（4）使用基于产出和排放强度的免费配额分配：企业层面的配额分配可基于各企业在

实施碳排放权交易体系之前的排放强度，亦可基于行业的碳排放强度基准。与固定的行业基准法相同的是，政府部门可选择使用历史或实时数据计算企业应得的免费配额额度。使用实时数据时需定期更新，这种分配方法可有效防止碳泄漏，并奖励先期减排行动者。然而，若使用行业碳排放强度基准，这种分配方法可能造成行政管理上的复杂性。不断激励相关主体采取高成本效益方式实现减排目标，这需要以审慎的、连贯一致的基准设计为前提，需要保护需求侧减排的动力，且当免费配额分配水平整体较高时，政府部门需将配额控制在总量控制目标范围内。

事实上，多数碳排放权交易体系并未选择以单一形式（拍卖或免费发放）分配所有配额，而是采用混合模式，使某些行业中的重点排放单位能够获得部分，而非全部免费配额。一般来讲，这种方式能够确保那些被认为确实存在碳泄漏风险的行业通过适当的免费配额分配免于碳泄漏。此类行业通常借助两类主要指标加以识别碳排放强度和受（碳排放）交易的冲击程度。

（三）全国碳排放权交易配额分配

2016 年，《全国碳排放权配额总量设定与分配方案》已获得国务院的批复同意。根据该方案，全国体系下的免费配额的分配主要采用行业基准法、历史强度下降法这两种方法，对不适用上述方法的重点排放单位采用其他方法进行配额分配。2017 年上半年国家应对气候变化发布了火力发电、水泥、电解铝三个行业的配额分配指南征求意见稿，并在四川、江苏两地组织企业进行试算。这三个行业都是产品和工艺相对单一、可以采用基准法进行配额分配的行业。全国碳排放权交易市场于 2017 年底宣布启动，确定了先以发电行业作为首个纳入碳排放权交易的控排行业。

1. 配额分配总体框架

根据《全国碳排放权配额总量设定与分配方案》，全国碳排放权交易市场覆盖石化、化工、建材、钢铁、有色、造纸、电力（含自备电厂）和航空等八个行业中年度综合能源消费量 1 万吨标准煤（约 2.6 万吨二氧化碳当量）及以上的企业或经济主体（简称“重点排放单位”）。各省级、计划单列市生态环境主管部门可根据本地实际适当扩大纳入全国碳排放权交易市场的行业覆盖范围，增加纳入的重点排放单位，并报国务院生态环境主管部门备案。纳入碳排放权交易市场管理的温室气体包括企业化石燃料燃烧排放的二氧化碳、水泥和化工等部分行业工业过程产生的二氧化碳以及电力热力消费间接产生的二氧化碳。

配额总量是纳入全国碳排放权交易市场企业的排放上限，根据全国碳排放权交易市场覆盖范围、国家重大产业发展布局、经济增长预期和控制温室气体排放目标等因素确定，具体按照“自下而上”方法设定，即由各省级、计划单列市生态环境主管部门分别核算本行政区域内各重点排放单位配额数量，加总形成本行政区域配额总量基数；国务院生态环境主管部门以各地配额基数审核加总为基本依据，综合考虑有偿分配、市场调节、重大建设项目等需要，最终研究确定全国配额总量。

2. 配额分配方法概述

免费配额的分配主要采用行业基准法和历史强度下降法。行业基准法适用于统计数据相对完善，产品相对单一的行业；历史强度下降法适用于生产工艺复杂或数据基础不完善的行业。

以发电行业为代表的第一批考虑纳入全国碳排放权交易市场的行业，大多满足采用行业基准法计算配额的要求。若采用行业基准法进行配额分配，其配额计算满足以下基本框架：

首先，配额分配和履约的二氧化碳排放量是相互对应的，两者的边界应一致，即针对这一边界内的排放设施发放的配额，在履约时也是通过核算这一边界内的排放水平确定需要上缴的配额量。基准法是通过产品产量来确定配额的，其对应排放量的核算边界是生产该项产品的设施，按照生产不同产品的不同设施各自对应的基准线确定配额量，再汇总得到整个重点排放单位履约年度内的配额量。具体公式如下：

$$A = \sum_{i=1}^{N} (A_{x,i}) \tag{2-10}$$

其中：

A—企业二氧化碳配额总量，单位为 tCO_2；

$A_{x,i}$—设施生产一种产品二氧化碳配额量，单位为 tCO_2；

x—生产产品种类；

N—设施总数。

针对某一设施生产的某类产品，其配额计算方法是：按其所对应的基准值，乘以该产品履约年度的产量，再乘以相应的修正系数。重点排放单位配额量的计算，是根据拥有的排放设施生产的参与配额分配产品按照各自基准线和产量计算配额量，再进行加和得到重点排放单位履约年度的配额总量。具体计算公式如下：

$$A_x = \sum_{x=1}^{N} (Q_x \times B_x \times F_x) \tag{2-11}$$

其中：

Q_x—设施产量，单位为产品单位；

B_x—设施生产一种产品对应的排放基准，单位为 tCO_2/产品单位；

F_x—设施修正系数，单位为无量纲；

N—设施产品数量。

计算重点排放单位配额量使用的数据是企业在履约年度的实际产量。同时，国家主管机构采信的排放数据是经过第三方机构核查的数据，一般到第二年的三、四月才能完成上报，这时已经离企业需要上缴配额的履约期很近了，再分配配额不利于碳排放权交易的运行。

因此，全国碳排放权交易将采用两次发放配额的方式，第一次是预分配配额，在上年度履约期结束后，以最后一个拥有完整核查数据年度的产量，乘以一定比例（70%或50%）来计算配额量和进行预分配，企业可以用预分配配额在碳排放权交易市场上进行交易；第二次是最终分配配额，在获得完整履约年度且经核查的产量数据后，以此计算企业的最终配额量，再对比已发的预配额进行多退少补。

3. 配额核定工作流程

（1）制定配额分配方法：国家主管部门。

（2）出台配额分配技术指南：国家主管部门确定各纳入行业的配额分配具体方法、公式及参数、分配程序及其他具体要求。

（3）配额预分配：省级主管部门依照配额分配方法和技术指南的要求，基于与配额分配年度最接近的历史年份的主营产品产量（服务量）等数据，初步核算所辖区域内纳入企业的免费发放配额数量。经国家主管部门批准后，在注册登记系统中作为预分配的配额数量，进行登记。

（4）确定最终配额数量：省级主管部门依照最终确定的配额分配方法和技术指南的要求，基于配额分配年度的主营产品产量（服务量）、新增设施排放量等核查数据，核算所辖区域内纳入企业的最终配额数量，实行多退少补。经国家主管部门批准后，在注册登记系统中作为最终配额数量，进行登记。

（四）行业基准值研究方法

1. 基准评估实践

（1）行业划定。

涉及大型固定排放源（通常为每年二氧化碳排放量超过（或等于26000吨）的排放交易体系，将涵盖发电及能源密集型行业几乎全部燃烧设施，如水泥生产、钢铁生产、矿物油精炼、化工、造纸与纸浆、有色金属、石灰、陶瓷、建筑材料和玻璃生产行业等。但这些行业可能存在一些不同的产品子行业。对这些子行业需要进行界定和评估，以确保行业基准能够代表行业设施，而不只是一两个设施。

划定行业或子行业并不容易，有时候生产相同的产品可能使用不同的工艺，或者产品可能为联合生产（如化工行业）。

排放交易体系中需要权衡行业数量和集中程度或行业总量水平。平衡的关键是在合理准确描述一个行业或子行业的产品通用性和数据可用性的同时，保证足够的行业总量，以便于管理。

如果由一个行业或子行业中的最佳参与者制定基准，则这些参与者必须能够代表整个行业，体现行业的排放特点（包括技术与生产组织方法），且这些特点可以在其他设施中复制。因此必须有足够数量的设施形成基准，且必须定义和划定基准设施的特殊或异常特性。

如果一个行业内设施的排放量与其生产相关性较小，还会出现更多问题。这种情况通常发生在采矿业，因为资源基础随着储备开采而减少，但其排放量却保持不变，甚至随着开采难度加大而有所增加。此时很难确定一个行业基准，因此需要采取截然不同的方法。同样，如果一个行业规模太小，或分布不均，无法确立适用的基准值，则必须通过其他配额分配方法，来鼓励和激励行业实施改进。

（2）行业排放数据确定行业基准。

行业排放数据收集是关键。国家政府难以掌握设施级别的生产数据和排放数据。因此，需要进行行业普查。这些数据是免费配额分配的关键，将决定企业经济利益，因此需要进行核查和验证。生产数据处理可能需要聘请外部顾问，并确保其对生产数据保密。

决定生产和排放数据的基线非常重要。周期越长需要的数据就越多，但更有可能将影响排放量的问题平均化，包括经济衰退、设施生产周转和产能更换（升级或去瓶颈），以及新技术和方法的推出等。更短的周期虽然代表性较差，但可以更早开始基准评估，数据采集要求也更低。

最后需要确定行业二氧化碳排放基准水平。按行业平均水平确立基准，可能对低效率设施的改进激励不足，并导致效率最高的生产者配额盈余较多。而在第一个四分位或第一个十分位层面确定基准值，减少了过度分配的风险，并表现出更具信心的行业排放水平。但这些是相对较小的调整，免费分配的总体目的是保护设施和行业，同时避免碳泄漏风险。

（3）分配与更新频率。

排放量基准通常定义为在基线周期内，生产单位产品排放的二氧化碳当量（吨），可以用于确定配额的免费分配量。如果按照基准线分配方法，设施排放量数据需经常更新，则分配量减少的设施，可以采用最新的数据。这也可以确保免费分配的配额不是分配给缩减生产的设施，从而避免最近排放中的碳泄漏。另外，较频繁的分配数据更新，将削减减排和出售配额为额外设施投资提供资金的效益。

此外，也可以通过更新数据来确定哪些设施可以作为基准。但一个行业设施分配量的渐进式变化幅度可能很小，因为工业投资的资本密集性决定了能源密集型行业的设施排放状况并非每年都会发生根本性变化。所以，在更长期限内，最合理的做法可能是重新计算数据，以确定哪些设施可以作为修订后的基准。

（4）对基准评估的合理性检查。

考虑到数据的局限性、行业集中边界的决定以及各行业的单位生产二氧化碳排放当量特点，基准线评估并不是一门精确的科学。所以在确定基准线时，必须进行检查，比较每个行业分配情况，以防止出现行业分配偏差。该行业是否有基于非最佳设施的基准？该行业落后还是领先于其他司法管辖区的竞争对手？例如，各行业单位生产二氧化碳当量排放（吨）位于行业中间水平的设施，是否获得相同水平的配额？如果没有，是否可以用行业特点来描绘该行业单个设施的基准绩效曲线下行的程度？

行业基准评估中的部分难题已经解决；欧盟和加利福尼亚均已公布了各自的基准。由于已经存在先例，因此对行业数值进行合理性检验变得更容易。

（5）简单与复杂的基准。

一些行业详细描述和核证了许多年前的排放与生产数据。这些数据可以用于解释更复杂的基准，可以更好地代表一个行业设施的不同组成部分。在欧盟排放交易体系中，矿物油精炼和某些石油化工行业使用加权碳吨数法解决“复杂性”问题，如将炼油厂之间的不同产品排放量和处理程度进行加权计算。

2. 全国行业基准值设立方法

以各省市级主管部门上报国家主管部门的2013—2015年重点排放单位核查报告数据为基础，对排放数据进行分类、汇总和分析，按照国际通用的碳排放基准值计算方法，计算各行业碳排放强度基准值。主要包括以下几个步骤：

第一步：选取参加全国碳排放权交易的某行业所有重点排放单位作为样本，计算样本2013—2015年平均碳排放强度。原则上应选取本行业的所有重点排放单位核查填报数据作为样本，但当个别单位的数据填报有误或有缺失的情况下，可以剔除相应的样本数据，并进行说明。

$$样本2013—2015年平均碳排放强度=\frac{样本2013—2015年总排放量}{样本2013—2015年总产量}$$

第二步：按照单个样本碳排放强度由低到高的顺序排列，选取该行业2013—2015年若干个样本的累计产量占所有样本总产量的比例达到5%时，这些样本的碳排放强度加权平均值，作为行业基准值的第一个参考值。具体计算公式如下：

$$行业2013—2015年前5\%加权平均碳排放强度=\frac{5\%内样本2013—2015年总排放量}{5\%内样本2013—2015年总产量}$$

第三步：按照上述方法，行业内样本的累计产量每增加5%，计算碳排放强度加权平均值，作为行业基准值的参考值数据序列。

第四步：结合节能降碳、地区和产业发展相关政策和需求，兼顾效率和公平原则，对计算出的基准值参考值进行配额盈缺分析、样本企业抗压力试算和地区分布研究，最终选出适用于全国碳排放权交易的基准值。

三、碳配额履约

（一）概述

履约是每一个“碳排放权交易履约周期”的最后一个环节，也是最重要的环节之一。履约是基于第三方核查机构对重点排放单位进行审核，将其实际二氧化碳排放量与所获得的配额进行比较，配额有剩余者可以出售配额获利或者留到下一年使用，配额不足者则必须在市场上购买配额或抵消量，并按照碳排放权交易主管部门要求提交不少于其上年度经确认排放量的排放配额或抵消量。

履约期是指从配额分配到重点排放单位向政府主管部门上缴配额的时间，通常为一年或几年。长履约期规定，可以使体系参与者在履约期内根据不同年份的实际排放情况与配额拥有情况调整配额使用方案，减少短期配额价格波动，降低减排成本①。短履约期规定，可以在短期内明确减排结果，并且有利于降低因体系总量目标不合理、宏观经济影响等因素导致市场失效的风险。因此，履约期的确定应综合考虑当地主要排放源、排放数据等实际情况。

强有力的履约制度是碳排放权交易体系的支柱，是碳排放权交易信誉的先决条件。碳排放权交易体系需引入严格的履约机制，以此敦促参与者履行义务，确保政府监管整个体系的实施情况。缺失履约机制不仅会导致因某些重点排放单位履约不力而影响减排成果，还会危及碳排放权交易基本功能的正常发挥，最终将所有市场参与者置于高经济风险之下。

（二）履约方式

1. 常用履约方式

重点排放单位完成配额履约的常用方式有以下几种：

---

① 闫云凤.《中国碳排放权交易的机制设计与影响评估研究》[M]. 北京：首都经济贸易大学出版社，2017.

(1) 自身减排。通过技术改造降低生产设备的排放水平，例如，燃煤电厂 CO_2 排放主要来自煤的燃烧，因此一般情况下，通过技术改造降低 CO_2 排放水平的同时往往可以提高生产设备的效率，增加电厂的产量和收益，这种双赢方式有助于促进自身减排。但是限于社会经济发展水平，技术改造不能无限降低 CO_2 排放水平，CO_2 排放水平下降到一定程度后再进行技术改造，其成本将大于获得的收益，则控排企业将不会再进行技术改造。

(2) 购买配额。从其他配额所有者手中购买配额，增加自身配额量，使之满足自身排放量的要求。这种方式在三种方式中虽然是成本最高的，但同时重点排放单位购买的配额没有上限，在不计较成本和市场上有充足的待售配额的情况下，重点排放单位可以完全通过购买配额满足自身排放量需求，达到完成配额履约的目的。

(3) 购买抵消信用抵消自身排放。抵消信用源自碳排放权交易体系未覆盖的排放源开展的减排活动产生的减排量或增加碳封存量。抵消信用的使用允许被覆盖排放源的排放总量超过总量控制目标，但由于超出的排放量被抵消信用所抵消，因此总体排放结果不变。根据赋予减排量以信用效力的法规的规定，碳排放权交易体系基本都允许用抵消信用代替配额完成履约义务。抵消信用的价格通常低于配额的价格，因此购买抵消信用抵消自身排放可以降低配额履约成本。但是，各地区对抵消信用的使用量都有严格的限制，使用的抵消信用量占排放总量的比例较小，因此购买抵消信用抵消自身排放的方式仅是完成配额履约的一种有效补充方式。

以上三种配额履约方式各有特点，需要重点排放单位根据自身经济技术条件灵活运用。

2. 调度产能履约方式

在特定条件下还有其他的特殊的履约方式。调度产能履约方式是指对于在一个试点地区有多家控排单位的集团企业，可以发挥集团优势，在产能不变的情况下，通过适当调度各控排单位的产能完成或部分完成集团下所有控排单位的配额履约。

(三) 全国碳排放权交易履约机制

1. 管理方式

国家碳排放权交易履约实行两级管理。国务院生态环境主管部门负责碳排放权交易市场的建设，并对其运行进行管理、监督和指导。省级生态环境主管部门对本行政区域内的碳排放权交易相关活动进行管理、监督和指导。省级生态环境主管部门在国家政策框架下负责本行政区域内碳排放权交易相关活动的具体执行和管理，包括确定重点排放单位名单、确定配额分配方案并对重点排放单位进行配额免费分配和有偿分配、管理碳排放的报告和核查、管理重点排放单位的配额清缴、管理辖区内的交易情况等。

2. 履约流程

碳市场的主要履约目标包括以下几种要求：

（1）按照主管部门规定制订监测计划；

（2）按照主管部门规定时间提交碳排放报告；

（3）按照主管部门规定时间和要求接受第三方核查机构的核查；

（4）在履约期内完成配额清缴；

（5）通过自身减排或通过市场上购买配额完成政府主管部门下达的配额目标；

（6）尽可能降低履约成本。

因此，地方主管部门在履约管理中要重点针对上述要求加强管理。

碳排放核算、报告和核查。碳排放报告和核查的管理权主要在省级生态环境主管部门，由其管理辖区内重点排放单位的排放报告、核查报告报送情况，并监督管理核查机构的核查工作。国务院生态环境主管部门则主要负责统一核算报告的技术标准，并对核查机构的资质进行统一管理。首先，重点排放单位每年向省级生态环境主管部门提交监测计划、排放报告和核查机构出具的核查报告。其次，省级生态环境主管部门负责对排放报告与核查报告进行复查，包括国务院生态环境主管部门要求复查的、核查报告显示排放存在问题的、以及一定比例的抽查。最后，省级生态环境主管部门对其行政区域内所有重点排放单位上年度的排放量予以确认，并通知确认结果。国务院生态环境主管部门已经公布和未来将要发布的企业温室气体排放核算与报告指南或根据这些指南制定的国家标准，将成为重点排放单位制订排放监测计划、编制排放报告以及核查机构开展核查工作的依据。另外，国务院生态环境主管部门会同有关部门，对核查机构进行管理。核查机构存在严重违法行为的，由国务院生态环境主管部门责令其暂停核查业务。

配额清缴。按照主管部门规定制定监测计划，按照主管部门规定时间提交碳排放报告，按照主管部门规定时间和要求接受第三方核查机构的核查，在履约期内完成配额清缴通过自身减排或通过市场上购买配额完成政府主管部门下达的配额目标，以尽可能降低履约成本配额清缴的管理权主要在省级生态环境主管部门。国务院生态环境主管部门只负责配额清缴情况的公布。重点排放单位未按时履行配额清缴义务的，由省级生态环境主管部门责令其履行配额清缴义务；逾期仍不履行的，给予行政处罚。省级生态环境主管部门每年应对其行政区域内重点排放单位上年度的配额清缴情况进行分析，并将配额清缴情况上报国务院生态环境主管部门。国务院生态环境主管部门应向社会公布所有重点排放单位上年度的配额清缴情况（见图 2-6）。

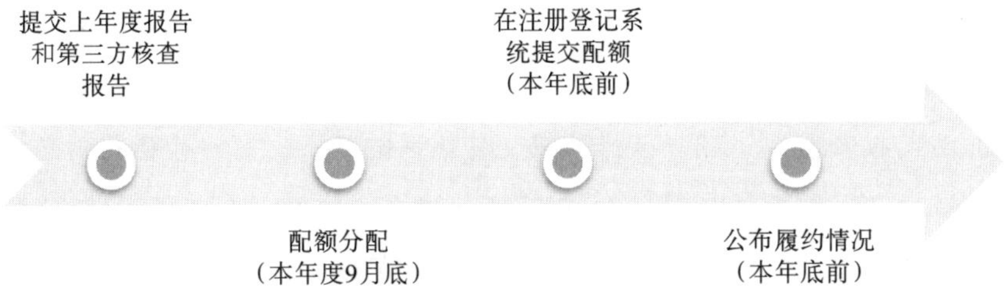

图 2－6　试点碳排放权交易履约流程

3. 违约处罚

《管理办法》中进行了行政处罚的规定：重点排放单位每年编制其上一年度的温室气体排放报告，由核查机构进行核查并出具核查报告后，在规定时间内向所在省、自治区、直辖市的省级生态环境主管部门提交排放报告和核查报告，且每年应向所在省、自治区、直辖市的省级生态环境主管部门提交不少于其上年度经确认排放量的排放配额，履行上年度的配额清缴义务。重点排放单位如果存在虚报、瞒报或者拒绝履行排放报告义务以及不按规定提交核查报告的行为，由所在省、自治区、直辖市的省级生态环境主管部门责令限期改正，逾期未改的，依法给予行政处罚；未按时履行配额清缴义务的，由所在省、自治区、直辖市的省级生态环境主管部门责令其履行配额清缴义务；逾期仍不履行配额清缴义务的，由所在省、自治区、直辖市的省级生态环境主管部门依法给予行政处罚。

此外，《管理办法》还给出了和信用体系相关的处罚规定：国务院生态环境主管部门和省级生态环境主管部门应建立重点排放单位、核查机构、交易机构和其他从业单位和人员参加碳排放交易的相关行为信用记录，并纳入相关的信用管理体系。对于严重违法失信的碳排放权交易的参与机构和人员，国务院生态环境主管部门应建立"黑名单"并依法予以曝光。

第四节　碳排放数据的监测、报告和核查流程

一、监测、报告和核查概述

（一）监测、报告与核查的概念

监测、报告与核查的概念来源于《联合国气候变化框架公约》第 13 次缔约方大会提

出的对发达国家缔约方支持发展中国家缔约方加强减缓气候变化国家行动的可监测、可报告和可核查的相关要求。

监测、报告与核查制度是建立碳排放权交易体系的基石。每一个碳排放权交易市场都需要一个公平、公正、透明的核算、报告与核查体系，它直接影响到配额分配和企业履约，是整个交易体系的核心部分之一。欧盟、美国和韩国等在碳排放权交易市场启动之初便颁布了明确的政策法规，以指导和规范核算、报告和核查工作。我国仍处于碳排放权交易市场建设的初期阶段，2013 年以来，通过对重点排放单位碳排放相关数据的监测、报告和核查，不断总结经验并完善相关技术要求，现已基本形成了核算、报告和核查体系。相关概念简单总结如下：

监测是指控排企业按照监测计划对碳排放相关参数实施数据收集、统计、记录，并将所有排放相关数据进行计算、累加的一系列活动。

报告是指控排企业根据相关技术要求编制完成监测计划和排放报告并报送主管部门的过程。

核查是指主管部门或核查机构按照核查准则对控排企业的排放报告进行客观、独立的评审过程。经核查的碳排放相关数据作为配额分配和企业履约的依据。

（二）监测、报告与核查的作用

监测、报告与核查在碳排放权交易体系中的作用主要表现在以下几方面：

第一，监测、报告与核查为碳排放权交易体系提供真实、可靠的数据基础，为碳市场交易的平稳运行提供支撑；

第二，监测、报告与核查是碳排放权交易体系公信力的保证。通过对核算、报告与核查提出严格的技术要求，有助于提高碳排放相关数据的真实性和准确性，从而提升碳排放权交易体系的公信力；

第三，核查是碳排放权交易体系的重要监管手段。核查过程本质上是核查机构协助政府对控排企业核算和报告过程的监管。通过核查，不仅可以为控排企业报告的数据提供质量保证，同时还可以提升控排企业遵守相关法规的意识和能力；

第四，监测、报告与核查有助于控排企业对碳排放及其控制工作进行科学管理，准确、可靠的数据可以帮助控排企业设定合理、经济、可行的减排目标并努力实现；

第五，监测、报告与核查可为主管部门进行数据统计、组织科学研究以及制定相关碳排放政策提供数据基础。

（三）监测、报告与核查制度的基本原则

透明、准确、完整、一致的碳排放核算报告和客观公正的核查是支撑和保障全国碳排放权交易市场顺利运行的基础。

1. 监测和报告的基本原则

（1）透明性。

透明性是指重点排放单位应该以透明的方式获取、记录、分析碳排放相关数据，包括核算边界、排放源、活动水平数据、排放因子数据、核算方法、核算结果等，从而确保核查人员和主管机构能够还原以及重复验算排放的计算过程。

（2）准确性。

准确性是指尽可能减少核算数据的偏差和不确定性。核算量化过程难免存在不确定性，不确定性包括人为误差和各种数据的误差，应尽量减少误差。

（3）完整性。

完整性是指所核算的碳排放量包括了核算指南所规定的核算边界内所有排放源产生的化石燃料燃烧、工业生产过程、外购电力和热力产生的碳排放以及其他相关排放。

（4）一致性。

重点排放单位应使用核算指南中规定的核算方法，一致性体现在：整个报告期内核算和报告的准则保持一致；历史排放报告和年度排放报告的核算方法保持一致；不同重点排放单位存在类似情形时，核算方法保持一致。

2. 核查的基本原则

（1）客观独立。

核查机构应保持独立于重点排放单位，避免偏见及利益冲突，在整个审核和核查活动中保持客观。

（2）诚实守信。

核查机构应具有高度的责任感，确保审核和核查工作的完整性和保密性。

（3）公平公正。

核查机构应真实、准确地反映审核和核查活动中的发现和结论，还应如实报告审核和核查活动中所遇到的重大障碍，以及未解决的分歧意见。

（4）专业严谨。

核查机构应具备核查必需的专业技能，能够根据任务的重要性和委托方的具体要求，利用其职业素养进行严谨判断。

二、监测、报告与核查制度的工作流程

（一）监测、报告与核查的参与方

监测、报告与核查工作由国家和省级生态环境部门、重点排放单位、核查机构共同完成。

生态环境部建立制度，编制技术标准，对监测、报告与核查工作的实施作出总体安排和部署，并实施监督管理。省级生态环境部门负责监测计划的备案、核查申诉的处理，负责对辖区内排放报告和核查报告的复查工作。

重点排放单位应按照核算指南的要求制订监测计划，并实施监测和核算工作，编制年度温室气体排放报告。如对核查工作有异议可向主管部门提出申诉。

核查机构接受委托，按照核查指南的要求对监测计划和年度温室气体排放报告分别进行评审和核查。

监测、报告与核查参与方的职责分工如表 2－6 所示。

表 2－6　　监测、报告与核查参与方的职责分工

	生态环境部	省级生态环境厅（局）	重点排放单位	核查机构
总体管理	编制指南、总体安排、监督管理	—	—	—
监测	—	受理监测计划备案申请，受理变更	制订监测计划申请监测计划变更	—
报告	—	受理排放报告	编制上一年度温室气体排放报告	—
核查	—	受理核查申诉	对核查有异议可提出申诉	编制核查报告
监督检查	通过对排放报告和核查报告进行复查等方式实施监督检查	通过对排放报告和核查报告进行复查等方式实施监督检查	配合检查	编制复查报告

（二）监测、报告与核查的工作步骤

监测、报告与核查的周期一般为一年，大致可分为以下几步：

1. 重点排放单位建立内部报告制度，提交监测计划

纳入碳排放权交易体系的重点排放单位应按照核算指南的要求建立企业温室气体排放报告的质量保证和文件存档制度，主要包括以下内容：

（1）指定专门人员负责企业温室气体排放核算和报告工作；

（2）建立健全企业温室气体排放监测计划；

（3）建立健全企业温室气体排放和能源消耗台账记录。

重点排放单位应按照核算指南的要求制订监测计划，主要包括以下内容：

（1）监测计划的版本及修订；

（2）报告主体描述；

（3）核算边界和主要排放设施描述；

（4）活动数据和排放因子的确定方式；

（5）数据内部质量控制和质量保证相关规定。

监测计划制订后，需要在地方主管部门进行备案。监测计划发生重大变更时，应及时向地方主管部门提交变更备案。

2. 重点排放单位按监测计划实施监测，并进行年度碳排放核算

重点排放单位应严格按照经备案的监测计划实施监测活动，根据各个参数的监测结果进行碳排放核算，并编制年度排放报告。

3. 重点排放单位提交年度排放报告

重点排放单位在每年规定的时间节点前向主管部门报告上一年度的排放情况，并提交年度排放报告。

4. 对年度排放报告实施核查

根据主管部门的部署和安排，核查机构对排放报告进行核查，并在规定的时间节点前出具核查报告。

核查的流程一般包括以下几个步骤：

（1）签订协议：核查机构与核查委托方签订核查协议；

（2）核查准备：组成核查组、编制核查计划；

（3）文件评审：对排放报告和支持性文件进行评审；

（4）现场核查：对排放设施、监测设施等进行详细的现场评审；

（5）核查报告编制；

（6）内部技术评审；

（7）核查报告交付；

（8）记录保存。

核查的内容一般应涵盖以下几个方面：

（1）企业（或者其他经济组织）基本情况的核查；

（2）核算边界的核查；

（3）核算方法的核查；

（4）核算数据的核查；

（5）质量保证和文件存档的核查；

（6）监测计划执行的核查。

5. 对年度排放报告和核查报告实施复审

主管部门对排放报告和核查报告进行复审，并在规定的时间节点前确定企业上一年度的排放量。

重点排放单位在每年年底视情况提交修改后的监测计划，作为下一年度实施排放监测的依据，然后开始重复第一步的工作。

三、监测、报告与核查制度的相关政策

监测、报告与核查制度的相关政策如下：

（1）《国民经济和社会发展“十二五”规划纲要》提出要“建立完善温室气体统计核算制度，逐步建立碳排放权交易市场”；

（2）国务院《“十二五”控制温室气体排放工作方案》（国发〔2011〕41号）中更明确地提出要建立温室气体排放核算的统计体系，研究制定重点行业和企业温室气体排放核算指南，构建国家、地方、企业三级温室气体排放核算工作体系，实行重点企业直接报送能源和温室气体排放数据制度；

（3）原应对气候变化主管部门国家发展改革委发布了《关于组织开展重点企（事）业单位温室气体排放报告工作的通知》（发改气候〔2014〕63号），对指导原则、报告主体、报告内容、报告程序等作了规定。

四、监测、报告与核查制度的实施

（一）2013—2015年度的监测、报告与核查

为对拟纳入企业的历史碳排放进行核算、报告与核查，2016年1月，国家发展改革委发布了《关于切实做好全国碳排放权交易市场启动重点工作的通知》（发改办气候〔2016〕

57 号），对重点排放单位排放数据填报和补充数据核算报告填报、核查机构及人员要求、核查程序和核查报告的格式、核查报告审核与报送等监测、报告、核查体系的相关方面作出了较为详细的规定。通知要求相关单位提出拟纳入全国碳排放权交易体系的企业名单，并对拟纳入企业的历史碳排放进行核算、报告与核查，为出台并实施全国碳排放权交易体系中的配额分配方案提供支撑。2016 年 3 月至 2017 年 5 月，各地方主管部门按照通知要求分别对 2013—2015 年中任意一年综合能源消费总量达到 1 万吨标准煤以上（含）的企业法人单位和独立核算企业单位开展了 2013—2015 年温室气体排放量核查与排放报告的上报工作，涵盖石化、化工、建材、钢铁、有色、造纸、电力、航空八个重点排放行业。通过全国重点企业的温室气体报告、核查工作的陆续开展，国家主管部门收集了各重点排放行业历史排放数据，对之后建立健全全国碳排放权交易体系及完善国内核算、报告与核查机制提供了大量的数据支撑和决策依据。

（二）2016—2017 年度的监测、报告与核查

为更好地推动全国碳排放权交易建设和开展监测、报告、核查等工作，2017 年 12 月 4 日，国家发展改革委印发了《关于做好 2016、2017 年度碳排放报告与核查及排放监测计划制定工作的通知》（发改办气候〔2017〕1989 号）（简称 1989 号文），对“发改办气候〔2016〕57 号”文件作了进一步的补充和完善。与之前的核查相比，该通知主要修改了以下内容：（1）修改了碳排放补充数据表，将外购电力排放因子统一确定为 0.6101 tCO_2/MWh；（2）增加了排放监测计划以及对监测计划的审核参考指南。

（三）2018 年度的监测、报告与核查

2019 年 1 月 17 日，生态环境部印发了《关于做好 2018 年度碳排放报告与核查及排放监测计划制定工作的通知》（环办气候函〔2019〕71 号）（简称 71 号文），组织开展 2018 年度碳排放数据报告与核查及排放监测计划制定有关工作，范围涵盖石化、化工、建材、钢铁、有色、造纸、电力、航空等重点排放行业中 2013—2018 年任一年温室气体排放量达 2.6 万吨二氧化碳当量（综合能源消费量约 1 万吨标准煤）及以上的企业或其他经济组织，并对企业温室气体排放核算与报告及制定监测计划、第三方核查、复核与报送等工作作出了详细规定。

（四）2019 年至今的监测、报告与核查

自 2019 年起，中国在碳排放监测、报告与核查制度方面取得了显著进展，为国家实现碳达峰和碳中和目标提供了坚实的数据和制度支撑。生态环境部相继发布了关于碳排放

报告与核查的通知，明确了工作范围、任务和要求，加强了对数据质量的监管。《全国碳市场发展报告（2024）》显示，截至2023年底，全国碳排放权交易市场累计成交量达到4.42亿吨，累计成交额249.19亿元，市场规模逐步扩大，交易价格稳中有升，交易主体更加积极。2024年1月，国务院出台了《碳排放权交易管理暂行条例》，作为中国应对气候变化领域的首部专项法规，具有里程碑意义，强化了依法监督管理。此外，中国政府持续强化碳排放数据质量管理，优化核算核查方法，运用信息化手段智能预警数据质量风险，形成了问题闭环管理工作机制，有效保障了数据质量。在国际合作方面，中国积极参与全球气候治理，推动碳市场国际交流与合作，贡献了“中国方案”，受到国际社会的广泛关注。通过制度建设、数据管理、市场运作和国际合作等多方面努力，中国为实现“双碳”目标奠定了坚实基础。

思考与练习

（1）分析欧盟在碳市场发展的各个阶段中采取的主要政策措施及其成效。

（2）讨论国内碳排放权交易市场的发展过程及其对行业的影响。

（3）比较行业基准法和历史强度下降法在碳配额分配中的应用场景和优缺点。

（4）探讨碳市场政策对中国能源结构转型的影响。

（5）结合实际案例，说明碳市场如何推动企业的绿色转型。

推荐阅读材料和网站

（1）参见：世界银行——碳定价机制，提供全球碳定价机制的详细信息，包括碳税和碳交易系统：https：//www. worldbank. org/en/programs/carbon - pricing。

（2）参见：国际能源署——清洁能源政策洞察，深入分析清洁能源技术的发展趋势和政策影响：https：//www. iea. org/reports/clean - energy - technology - insights。

（3）参见：欧洲环境署——碳市场，提供欧盟碳市场的发展情况和环境影响评估：https：//www. eea. europa. eu/themes/climate/carbon - markets。

（4）参见：联合国气候变化框架公约——碳市场机制，介绍《巴黎协定》下碳市场机制的国际合作和实施情况：https：//www. unfccc. int/process - and - meetings/the - paris - agreement/carbon - markets。

（5）参见：碳披露项目（CDP），一个非营利组织，提供企业环境影响的信息披露平台：https：//www. cdp. net/。

（6）参见：气候债券倡议（CBI），专注于动员资本市场以支持低碳经济转型的国际组织：https：//www. climatebonds. net/。

（7）参见：绿色金融知识平台，提供绿色金融领域的知识资源和政策工具：https：//www. greenfinanceknowledgeplatform. org/。

（8）参见：中国碳排放权交易网，提供中国碳市场的最新动态和交易信息：http：//www. chinaemissions. com/。

（9）参见：欧洲气候基金会，支持欧洲向低碳经济转型的智库：https：//www. europeanclimate. org/。

（10）参见：美国环保协会（EDF），一个倡导环境保护和可持续发展的非营利组织：https：//www. edf. org/。

第三章　碳市场交易规则与市场运行

学习目标

1. 掌握碳市场的基本交易规则和运行机制。
2. 了解国际和国内碳市场的不同结构及其特点。
3. 分析不同碳市场政策对市场运行和温室气体排放的影响。

本章导读

本章深入探讨了碳市场交易规则与市场运行的内在联系，分析了国际碳市场的发展和中国碳市场的特色。通过对比国内外市场，揭示了碳交易规则的重要性以及市场机制在温室气体减排中的作用。学习本章，读者将对碳市场有一个全面的认识，理解其在促进低碳经济发展中的关键角色。

第一节　碳市场交易规则及运行制度

随着《联合国气候变化框架公约》和《京都议定书》签署与生效，国际气候减排的制度框架从此正式形成，这使温室气体排放权成为了一种具有商品价值且可以进行交易的稀缺性资源。《公约》和《议定书》为世界各国进行碳排放权交易提供了框架和基础，碳金融市场由此顺应低碳经济发展路线而生，成为碳排放权交易市场各参与主体进行碳金融交易的重要平台。在这里形成了不同类型、不同功能的碳金融市场，也在世界范围内形成了不同的市场运行机制。

一、国际碳市场结构和交易分类

碳金融交易是市场化机制，是碳金融制度的基本构成单位，其交易机制的效率关系到碳排放权交易的顺利实施和碳金融制度的有序运行。碳金融市场是碳金融交易的场所，主要以《京都议定书》和《联合国气候变化框架公约》为基础框架。目前，统一的国际碳金融市场尚未形成，从事碳交易的市场比较多样，其结构可以根据不同的标准进行划分。根据与国际履约义务的相关性，国际碳金融市场可以分为京都机制下的碳金融市场和非京都机制下的碳金融市场；根据交易性质与特点的不同，国际碳金融市场可以分为基于配额的碳金融市场和基于项目的碳金融市场；根据减排要求强制程度的不同，国际碳金融市场可以分为强制碳金融市场和自愿碳金融市场等。与此同时，国际碳金融市场处于高度分割状态（见表3－1）。

表3－1　　全球主要的碳金融市场

市场名称	起始时间	交易主体	市场类型
国际碳减排体系			
联合履约机制（JI）	2001年建立基本规则	附件一国家之间	京都市场，强制，项目
清洁发展机（CDM）	2001年建立基本规则	京都议定书下附件一国家与非附件一国家之间	京都市场，强制，项目
国际排放贸易（IET）	2008年	附件一国家之间	京都市场，强制，配额
区域碳交易体系			
欧盟排放交易体系（EUETS）	2005年	27个欧盟成员国，以及挪威、冰岛和列支敦士登	京都市场，强制，项目
西部气候倡议（WCI）	2007年	美国西部五个州、加拿大四省及墨西哥部分州内企业	非京都市场，强制，配额
芝加哥气候交易所减排计划（CCX）	2002—2010年	自愿加入的企业会员	非京都市场，自愿，配额
新南威尔士温室气体减排计划（GGAS）	2003—2012年	新南威尔士州电力销售商和其他参与者	非京都市场，强制，配额
区域排放交易体系（RGGI）	2009年	美国东北十个州的电力企业	非京都市场，强制，配额

资料来源：雷立钧．碳金融研究——国际经验与中国实践［M］．北京：经济科学出版社，2012.

（一）京都机制下的碳金融市场和非京都机制下的碳金融市场

根据与国际履约义务的相关性，国际碳金融市场可以分为京都机制下的碳金融市场和非京都机制下的碳金融市场。

京都机制下的碳金融市场是基于《联合国气候变化框架公约》和《京都议定书》框架而形成的。各成员国为促进京都目标或自身的温室气体减排目标的实现，在京都机制下进行不同方式的碳排放权交易。主要有欧盟排放交易体系、清洁发展机制市场和联合履约机制市场等。其中，欧盟排放交易体系已经具备了完善的法律与政策基础、灵活的具有更强针对性的交易机制和成熟的市场交易层次，始终主导着全球碳金融市场。特别是在欧盟区域内实施的跨国排放权交易始终被认为是最具深远意义的根本性环境政策之一，为世界排放权交易设计提供了有益的借鉴和尝试。

非京都机制下的碳金融市场是指未按照《京都议定书》确定的三种机制进行碳排放权交易，形成了相对独立的交易模式和区域性的交易市场。主要有以美国芝加哥气候交易所为代表的北美减排交易体系和美国区域排放交易体系等。美国于 1998 年加入《京都议定书》，后来美国以减排影响本国经济发展等原因为由，于 2001 年宣布退出《京都议定书》。但美国仍然是全球气候变化科学的领导者，其国内各州以及区域性的减排合作也一直进行着积极的探索和尝试，并形成了碳金融市场。虽然非京都机制下的碳金融市场有助于减轻全球的减排压力，但是由于在管理机制上的欠缺和提供的碳减排指标的不确定性，与京都机制下的碳金融市场相比，交易量和交易额都比较有限。

（二）基于配额的碳金融市场和基于项目的碳金融市场

当前主流的划分标准是根据交易对象特点的不同，把碳金融市场分为基于配额的碳金融市场和基于项目的碳金融市场。二者互为补充，共同发挥作用。

基于配额的碳金融市场，其原理为总量控制交易（Cap and Trade），是指总量管制下，管理者对每个参与主体（相关企业或机构）按一定的原则对碳排放权配额进行初始分配，得到配额的参与主体在碳交易市场上自由交易碳排放权，从而形成了碳配额的价格。碳配额市场主要有欧洲排放交易体系（EU ETS，减排指标为 EUA）、芝加哥气候交易所减排计划（CCX）、澳大利亚新南威尔士减排计划以及《京都议定书》下的 IET 机制（减排指标为 AAU）。配额市场中，EU ETS 在交易量和交易额方面都远超其他碳交易市场，且发展势头最为强劲。

基于项目的碳金融市场，其原理为基准交易（Base line and Trade）。具体是指一个具体的碳减排项目的实施能够产生可供交易的碳排放量指标，即产生了碳信用额，这种排放量指标通过专门机构的核证，就可以出售给那些受排放配额限制的国家或企业，以帮助其履行碳减排目标。现在的项目交易市场功能定位是利用发展中国家相对低廉的减排成本帮助发达国家实现减排目标，所以制度安排上仍然局限于发展中国家向发达国家单向出售。最典型的项目市场是基于《京都议定书》的联合履约机制市场和清洁发展机制市场，分别产生减排单位（ERU_S）和核证减排量（CER_S）。

基于配额的碳金融市场无论其交易量还是交易额，都远高于基于项目的碳金融市场。配额市场由于其绝对主导地位，决定着全球碳价格。而项目市场虽然是配额市场的有益补充，但是基于项目的交易正在严重萎缩。

由于发展中国家主要通过清洁发展机制参与国际碳金融交易，而碳市场需求绝大部分来自欧盟等发达国家，所以项目交易市场的萎缩和配额交易市场的主导所形成的结构不均衡使发展中国家在碳减排项目上获得的资金减少，并且更加依赖于发达国家的资金和技术。

（三）强制碳金融市场和自愿碳金融市场

根据减排要求强制程度的不同，国际碳金融市场可以分为强制碳金融市场和自愿碳金融市场。

强制碳金融市场来源于配额市场，是指《京都议定书》框架下的市场，其交易特点是“强制参与，强制减排”，即一些国家和地区针对排放企业设定强制性减排指标，排放企业强制进入减排名单，承担有法律约束力的减排责任。如欧盟排放交易体系、澳大利亚新南威尔士州减排计划、新西兰排放交易体系、日本东京都总量控制与交易体系、美国西部气候行动倡议、英国排放交易体系等均是强制碳金融市场。强制碳金融市场在国际上最为普遍，也最具影响力，规模也比自愿碳金融市场大。

自愿碳金融市场是指企业或个人有其特定减排需求而自发形成的碳减排市场，其交易特点是“单方强制”，其含义是碳排放企业自愿参与减排体系并作出承诺①，并对其减排承诺承担具有法律约束力的责任。自愿碳金融市场发展的制度基础是《京都议定书》中的清洁发展机制、联合履约机制这两大灵活机制，它的起步要早于强制碳金融市场。当前全球主要的自愿碳金融市场在北美，其次是亚洲和拉美等地区，如美国芝加哥气候交易体系、韩国自愿减排项目计划等均属于自愿碳金融市场。美国在建立 RGGI 市场之前，大部分美国企业参与碳交易的方式只有通过自愿减排体系，这也促成了芝加哥气候交易所的建立。2003 年，纽约州提出并与美国东北部十一个州合作建立了关于电力部门的碳排放总量配额交易协议，主要是二氧化碳预算交易机制。最有名的碳金融自愿交易市场——美国芝

① 参见：EU ETS 官网：http：//www. emissions - euets. com/。

加哥气候交易体系（CCX）就是在这项联合协议基础上建立的。自愿减排市场虽然不能实现强制性的减排目标，但是可以培养企业、个人积极参与未来强制性市场的能力和信心。

自愿碳金融市场还包括场外市场（Over – The – Counter Market，OTC），场外市场上的碳信用一般称为自愿减排量（Voluntary Emission Reduction，VER），环保组织或无法通过核证的 CDM 或者 JI 减排量是场外市场 VER 的主要提供者。虽然自愿碳金融市场在全球的碳金融市场份额中很小，但是美国国内一些企业积极的行动和个人的贡献都是不可忽视的。如福特汽车、汇丰银行集团、谷歌、杜邦等都纷纷购买 VERs 来抵消它们的温室气体排放，积极主动调整其经营策略，通过技术手段减少能源消耗，提高生产效率，增加企业收益，并不断兑现其自愿设定的减排目标。

相对于强制碳金融市场，自愿碳金融市场的参与者更加广泛，无论是个人还是机构都可以参与购买碳信用。另外，自愿碳金融市场的限制条件相对较少，项目开发所需时间较短，具有很强的创新力和活力，机制也灵活，所以涌现了各种新的项目类型和新的商业模式，如“碳中和”的逐渐走红。可以说自愿碳金融市场的影响非常深远，但是如果政府迟迟不出台强制性政策，单靠市场力量无法保障碳金融市场所必需的市场规模，自愿碳金融市场将充满极大的变数。CCX 自 2003 年成立，运营 8 年后最终停止，所以世界主要国家的政策对自愿碳金融市场有着很关键的影响。在未来的应对气候变化全球行动中，自愿减排交易在全球碳金融交易市场中的份额会越来越小，但是自愿减排交易不会消失，最终有可能会趋于稳定，作为碳排放权交易体系中最独特的一部分而存在。

二、国际碳市场交易规则

根据国际经验，碳排放交易根据交易品种和交易场所可以分为不同类型。按交易品种来说，可以分为配额交易和减排信用交易，以及现货交易和衍生品交易，衍生品交易包括期货、期权、远期等。下文从交易市场、交易产品和交易方式三方面介绍现有国际碳交易体系的机制设计经验。

（一）交易市场

根据国际经验，将温室气体排放权转化为商品催生了温室气体排放交易市场，该市场机制下的市场主体通常扮演特定的角色并遵循特定的交易策略。除了可供各实体从政府（拍卖会）直接购买碳排放额度的一级市场之外，还存在旨在提供上述实体互相交易这些碳排放额度的二级市场。

就一级市场的运作而言，政府有多种选择。政府可以直接拍卖配额（如荷兰）、将拍卖程序外包给私人平台或外部实体（区域温室气体减排行动和加州）、或聘请银行自行出售碳排放配额以实现收入最大化（德国）。此外，政府可能会限制参加配额拍卖会的企业（如仅允许合规实体购买配额），或限制参加拍卖会的某个实体在某次拍卖会上购买的碳排放额度数量（加州）。

除了提供其他商品，二级市场的交易所还可以提供碳产品（抵消碳信用、碳排放额度以及衍生产品）。抵消碳信用或碳排放额度还可以进行场外交易，也就是说，由交易双方按照合约条款进行交易。由于负责承担交易对手违约风险并确保商品顺利交付的交易所收取的交易费用极少，因此交易所仅提供交易量大的产品，如排放者在碳排放额度即将用尽之前亟须补充的碳排放额度。需要立即购买或出售大量碳排放额度单位的大型排放者可能是交易所的常客，其能够满足交易所的交易标准，如信用额度评级和最低资本要求。场外交易涉及的交易额通常较小，适合那些根据自身需求购买额度的机构，如承诺在今后供应碳排放额度或仅按照特定的燃料价格条款进行供应。上述交易通常由经纪机构参与，与交易所相比，经纪机构将收取较高的交易费用。

（二）交易产品

根据国际经验，交易中典型的碳产品类型如下：

（1）现货合同。买方一次性购买并获得碳排放额度以满足紧迫的合规需求。欧盟碳排放权交易体系（EU ETS）中只有一少部分交易是在现货市场完成，约占14%。

（2）期货合同（衍生产品）。先进行交易，然后在一个未来的日期供应碳排放额度和付款，或者放弃交易。期货合同有助于管理风险，因为其可以确保在必要时交付产品。

（3）期权合同。衍生产品其中的一方购买在未来的一个日期支付特定产品价格的权利（而非义务），即现在支付期权权利金换取今后以特定价格进行产品交易的权利。其目的通常在于通过抑制最低或最高价格以利于未来的规划，如在价格波动幅度很大的时候选择期权合同。

市场参与者使用这些不同的市场工具有诸多好处。例如，新安装了节能锅炉的排放企业下一年的排放量将大幅低于其排放限额。它可以以期货合同的方式出售碳排放额度，并使用这笔资金支付新锅炉的投资费用，因为新锅炉安装之后，其今后不需要这些多余的碳排放额度。正因如此，其无须通过借贷来为设备提供融资。同样，向用户收取电费的电力企业须将碳排放配额成本纳入电力价格。公用事业部门通常会提前三年（最多）出售用电额度。对于其出售的每个电力单位而言，公用事业部门需要购买相应的碳排放额度，并将这部分的费用纳入电力价格。通过期货交易方式提前数月或数年锁定碳价格可限制这些排放者的风险暴露程度。

（三）交易方式

根据国际经验，从碳排放权交易政策的实际操作看，碳排放权交易的形式可以按以下两种方式分类：是否线上交易和是否现货交易。

1. 是否线上交易

根据是否线上交易，碳排放权交易的操作形式可以分为线上公开交易和线下协议转让两种。

公开交易是指交易参与人通过交易所交易系统，发送申报或报价指令参与交易的方式。申报的交易方式分为整体竞价交易、部分竞价交易和定价交易三种。整体交易方式下，只能由一个应价方与申报方达成交易，每笔申报数量须一次性全部成交，如不能全部成交，则交易不能达成。部分交易方式下，可以由一个或一个以上应价方与申报方达成交易，允许部分成交。定价交易方式下，可以由一个或一个以上应价方与申报方按照申报方的申报价格达成交易，允许部分成交。

协议转让是指符合碳排放权交易主管机构规定的交易双方，通过签订交易协议，并在协议生效后办理碳排放配额交割与资金结算手续的交易方式。根据要求，两个及以上具有关联关系的交易主体之间的交易行为（关联交易），通常规定单笔配额申报数量较大的交易行为（大宗交易）必须采取协议转让方式。

2. 是否现货交易

根据是否现货交易，碳排放权交易的形式可以分为现货交易和期货期权等碳金融交易形式。

配额现货交易是最基本碳排放权交易形式，指交易双方以已经下发的配额现货为交易标的物。碳远期交易是双方约定在将来某个确定的时间以某个确定的价格购买或者出售一定数量的碳额度或碳单位，其是为规避现货交易风险而产生的。在项目启动之前，交易双方就签订合约，规定碳额度或碳单位的未来交易价格、交易数量以及交易时间。碳远期交易与碳现货的价格密切相关，定价方式有固定定价和浮动定价两种。固定定价方式规定未来的交易价格不随市场变动而变化，以确定的价格交割碳排放权。浮动定价在保底价基础上加上与配额价格挂钩的浮动价格，由欧盟参照价格和基础价格两部分构成。

碳期货是指以碳买卖市场的交易经验为基础，为应对市场风险而衍生的碳期货商品。碳期货属于标准化交易工具，其交易原理在于套期保值。购买者通过在碳期货市场进行与碳现货市场相反的买卖操作来达到套期保值的目的，从而锁定碳融资收益。交易双方事先将未来交易的时间、资产、数量、价格都确定下来，其具备风险规避和碳价格发现的双重功能。目前欧盟碳配额排放单位 EUAs 通常采用这种方式进行交易。碳期货交易一般在交易所中进行，也有少数参与场外交易市场。

碳期权是在碳期货基础上产生的一种碳金融衍生品，是指交易双方在未来某特定时间以特定价格买入或卖出一定数量的碳标的的权利，其本质是一种选择权，碳期权的持有者可以在规定的时间内选择买卖权利，可以实施该权利，也可放弃该权利。碳期权交易方向取决于购买者对于碳排放权价格走势的判断。期权的购买者能够通过区别购买看涨期权或者看跌期权锁定收益水平。此外，还可以通过对不同期限、不同执行价格的看涨期权和看跌期权的组合买卖来达到锁定利润、规避特定风险的目的。碳期权除了具备碳期货一样的套期保值作用以外，还能使买方规避碳资产价格变动时带来的不利风险，同时从碳资产价格利好中获益。

碳排放权互换是指交易双方通过合约达成协议，在未来一定时期内交换约定数量不同内容或不同性质碳排放权客体或债务。投资者利用不同市场或者不同类别的碳资产价格差别进行买卖，从而获取价差收益。碳排放权互换的产生主要基于两个原因：一是目标碳减排信用难以获得；二是发挥碳减排信用的抵减作用。由此产生两种形式碳排放互换制度安排：一种是温室气体排放权互换交易制度，政府机构或私人部门通过资助国家减排项目获得相应的碳排放减排信用，该机制下碳排放权客体是由管理体系（如联合国执行理事会）核准认证后颁发；另一种是债务与碳减排信用互换交易制度，债务国在债权国的许可下，将一定资金投入碳减排项目，其实质上是债务国和债权国之间的协议行为。

三、国际碳市场抵消机制

核证减排量由重点排放单位自行在碳排放权交易中购买用来抵消碳排放量。主管部门对核证减排量的使用规定被称为抵消机制。抵消机制可以在不影响体系整体环境完整性的前提下提供更多灵活性，有助于增加市场流动性。同时抵消机制也是影响市场供给量和碳价的重要补充机制，其规模和范围也影响着重点排放单位之外的企业参与程度。

在碳排放权交易体系中引入抵消机制可促使更多符合条件的区域、行业和活动加入排放交易，增加减排方案的选择。此类减排方案的成本低于总量控制下的减排成本，因此，允许使用抵消信用降低碳排放权交易履约主体的履约成本，帮助实现更宏大的减排目标。使用抵消机制往往带来经济、社会和环境等多重协同效益，促进未覆盖的排放源开展低碳投资、深入学习并参与减排行动。

（一）定义与来源

抵消信用源自碳排放权交易体系未覆盖的排放源开展的减排活动产生的减排量或增加

碳封存量。抵消信用的使用允许被覆盖排放源的排放总量超过总量控制目标，但由于超出的排放量被抵消信用所抵消，因此，总体排放结果不变。根据赋予减排量以信用效力的法规的规定，碳排放权交易体系可能允许用抵消信用代替配额完成履约义务。

随着碳排放权交易市场的发展，强制履约市场中的碳排放配额成为市场中占据主导位置的主流交易产品，而基于自愿减排项目产生的减排量成为管制对象进行履约的“补充产品”。其基本原理是允许碳排放权交易体系外的温室气体减排项目产生的减排量“冲抵”承担减排义务的国家或企业的温室气体排放量，从而为这些国家或企业提供了除提交碳排放配额之外的另一种完成履约义务的手段。碳排放权交易市场抵消机制原理如图 3 – 1 所示。

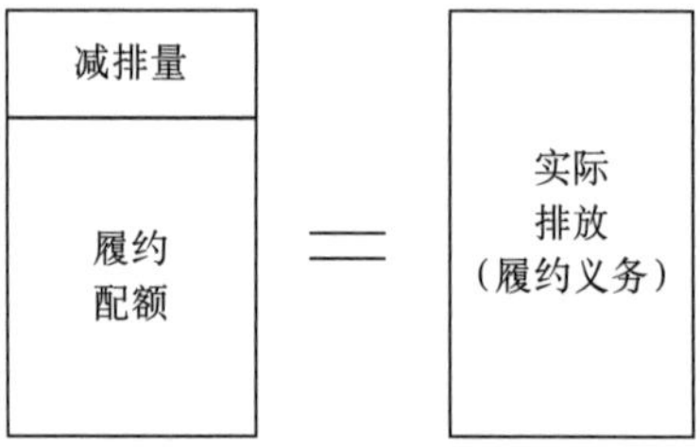

图 3 – 1　抵消机制原理示意图

表 3 – 2 给出一个假设案例简要说明采用抵消机制的碳排放权交易体系的运行方式。若不使用抵消信用，碳排放权交易体系总量控制覆盖的实体可排放 100 兆吨二氧化碳当量。监管机构设计了抵消机制，其中，规定目前排放量为 20 兆吨二氧化碳当量的未被覆盖的排放源可获得减排信用。抵消机制下的排放源选择采取措施实现排放量减半，并将由此产生的 10 兆吨二氧化碳当量减排量出售给被覆盖的排放源。这是迄今为止设计运行的多数抵消方案的典型代表。其中，每单位抵消信用恰好等价于一单位配额的减排量。被覆盖的排放源因此可将排放量增加 10 兆吨二氧化碳当量，同时仍然不违反碳排放权交易体系的总量控制规定。通过附加抵消机制，排放总量保持不变，但若抵消方案内排放源的减排成本低于碳排放权交易体系所覆盖排放源的减排成本，则总成本将更低。

表 3 – 2　　采用抵消机制的碳排放权交易体系的运行方式示例

排放源	未实施抵消机制（兆吨二氧化碳当量）	实施抵消机制	
		交易前（兆吨二氧化碳当量）	交易后（兆吨二氧化碳当量）
覆盖的排放	100	100	110
抵消方案内	200（未实施抵消方案时，两类之间没有）	20	10
其他未被覆盖的排放量		180	180
排放总量	300	300	300

抵消机制主管部门根据核证情况发放碳信用，并建立注册登记系统，用于碳信用的跟踪和交易。根据碳排放权交易体系的不同，抵消信用可源自碳排放权交易体系司法管辖区的内部或外部。

（1）国际抵消机制是由多个国家承认的机构（如国际组织或非营利组织内部的机构）管理的体系。管理机构为所有参与国制定明确规则，碳信用可在多个国家产生，并在国际市场上出售。《京都议定书》基于项目的机制——清洁发展机制（CDM）是国际抵消机制的范例。《巴黎协定》第六条提出了未来新的抵消机制，该机制的规则和指导准则还有待制定。

（2）国内抵消机制是由国内机构在国家或次国家层面管理的机制。由国内相关政府部门针对特定司法管辖区制定规则，在制定过程中可能参考国际指导准则。碳信用可在国内或国际开发的项目中产生。其他司法管辖区或国家的抵消市场可与该碳排放权交易体系及（或）其抵消市场建立链接，促成在其司法管辖区之外出售碳信用。

（二）抵消机制原则要求与设定

在设计碳排放权交易体系的抵消机制时，政策制定者需要确定以下要素：抵消方案的地理范围；将要覆盖的气体、行业和活动；是否限制抵消机制使用数量；以及更多方法学要求。

1. 选择地理覆盖范围

碳排放权交易体系可以接受来自司法管辖区边界范围内或范围外的抵消信用或同时接受：

（1）本地：若国家减排是关键重点，仅接受来自本辖区碳排放权交易覆盖行业以外的抵消信用的做法更可行，还可以减少履约、监测和执行的难度。此外，还可使在本地区获得减排行动的所有协同效益。例如，韩国碳排放权交易体系仅使用国内抵消信用。韩国碳排放权交易体系接受2010年4月14日以后实施的本地清洁发展机制（CDM）项目以及碳捕获和封存（CCS）项目。

（2）司法管辖区以外：接受来自司法管辖区以外的抵消信用可扩大潜在的碳额度供应来源，提供更多的低成本减排机会。加州和魁北克省、区域温室气体倡议以及琦玉县的次国家碳排放权交易体系都允许来自该碳排放权交易体系司法管辖区以外的碳信用额度。许多碳排放权交易体系也采用了已有的国际机制产生的碳信用额度。这些机制可能针对多个国家（如清洁发展机制或规划中的加州国际行业抵消机制）、某些地区［如北美，包括墨西哥林业在气候行动储备（CAR）内的协议］，或基于双边协议的特定行业和项目（如日本的联合抵消机制）。

2. 选择气体、行业及覆盖的活动

当特定产业、行业、气体或活动具备以下特点时，可将其纳入抵消机制：

(1) 减排潜力（确保采用抵消机制的做法有效）；

(2) 低减排成本（旨在提高成本效益，加强成本控制）；

(3) 低交易成本（旨在加强成本控制）；

(4) 非额外性和碳泄漏方面的可能性较低（旨在确保环境完整性）；

(5) 未覆盖行业的环境和社会协同效益（旨在实现这些效益）；

(6) 鼓励投资新技术的潜力（旨在确保通过购买抵消信用提供适当的激励）。

为落实以上考虑因素，许多碳排放权交易体系对其接受的抵消项目类型实行限制，具体措施包括通过设定特定标准确保环境完整性和实现其他目标，或规定一系列合格和不合格的抵消信用类型，或同时采取这两项措施。这些限制一般反映对协同效益、资源分配以及额外性、碳泄漏和逆转风险的评估结果。欧洲和新西兰均拒绝使用来自核电或大型水电项目和工业气体销毁活动的抵消信用。此外，欧盟不接受清洁发展机制下发放的临时信用（临时核证减排量），以此排除来自造林和再造林项目的信用，清洁发展机制认为此类信用只具有暂时气候效益。尽管新西兰制定了关于奖励林业碳封存的国内方案，但该国并不接受临时核证减排量，原因是无法控制在其境外发生逆转的风险。

性质限制也可认为是针对被接受项目类型的正面激励。这些可能促成学习和转型的项目可通过被认可为合格的抵消项目类型而发挥其作用。例如，深圳锁定了特定的清洁能源、交通运输项目以及 100 个海洋碳封存项目。自 2013 年起，欧盟碳排放权交易体系仅接受来自最不发达国家的新项目，因为这些国家获得减排融资最为困难。部分碳排放权交易体系还利用抵消机制来认可碳排放权交易体系实施前采取的早期减排行动。例如，中国试点项目设计了新体系，旨在利用部分参与者在清洁发展机制方面开展的早期行动，其他目标包括确保环境质量、降低履约成本以及产生协同效益。

3. 对抵消额度使用的数量进行限制

监管机构若在增加低成本减排选择之外还有其他政策目标，则可能会限制抵消机制的使用量。设定数量限制的目标可能包括：激励被覆盖行业的低碳技术投资以及在自己的司法管辖区实现减排和协同效益。除此之外，与碳排放权交易体系下实现的减排相关的抵消信用的环境完整性也有一定的不确定性。放松或消除对抵消信用的数量限制的做法还可能被用作成本控制工具。

4. 确定合适的抵消方法学

监管机构还需确定如何开发抵消信用和保障环境完整性的规定。它们由不同抵消方案的方法学和监测报告核查（MRV）要求规定，其中包括评估项目额外性的过程和减排量计算的基线。监管机构的另一个考虑因素是能够产生合格抵消信用的时间范围，尤其是在抵消机制始于产生抵消信用的行业被碳排放权交易体系覆盖之前的情况下。

监管机构首先必须确定是否使用国际抵消机制（如清洁发展机制以及《联合国气候变化框架公约》下任何其他的未来机制、其他碳排放权交易体系的抵消机制和自愿市场协议）以及使用方法和使用量。若在考虑以上问题后决定制定自己的国内抵消机制，则要进一步作出多个决定。在任何一种情况下，均可从碳排放权交易体系运行的司法管辖区内外开展的活动购买减排量信用。

5. 项目登记和抵消信用签发

图 3－2 描述了项目登记和抵消信用签发的一般过程。虚线指部分，而非所有现有的抵消机制方案纳入的流程。若项目开发者提交由第三方审定员和项目管理者审定与审查过的项目设计方案，可被授予最终项目资格。一旦完成监测、审定和核证，即签发信用。签发信用后，还可能有继续监测以识别并解决潜在失效和逆转问题的过程。

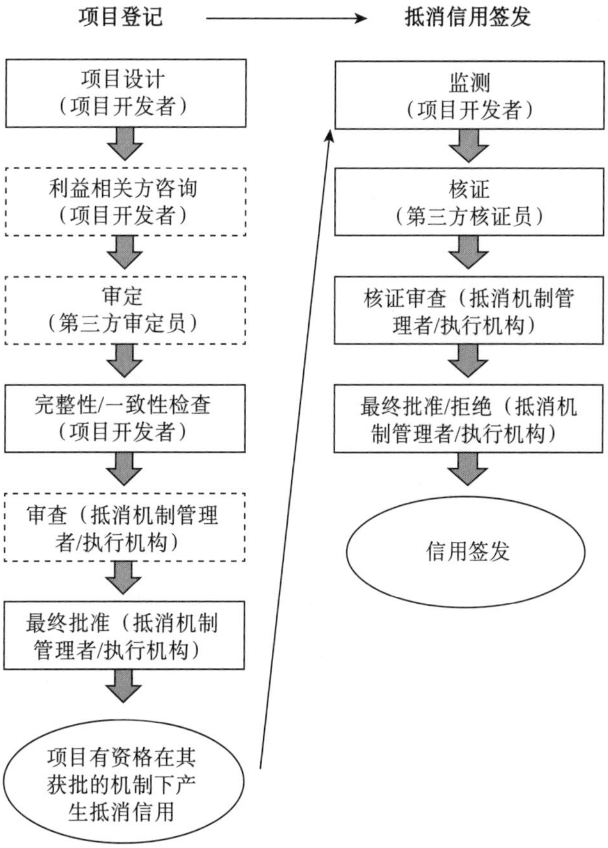

图 3－2　项目登记和抵消信用签发的一般过程

四、中国碳市场的分类和交易规则

中国的碳市场包括强制性的碳排放权交易市场和自愿性碳排放权交易市场，这两种市场既相互独立又通过配额清缴抵销机制相互衔接，共同构成了中国碳市场体系。

（一）强制性碳排放权交易市场

中国的强制性碳排放权交易市场是根据《碳排放权交易管理暂行条例》（简称《条例》）进行规范的，《条例》自 2024 年 5 月 1 日起施行。

1. 市场覆盖范围

《条例》规定，碳排放权交易市场覆盖的温室气体种类和行业范围由国务院生态环境主管部门会同有关部门研究提出，并报国务院批准后实施。

2. 交易主体

纳入全国碳排放权交易市场的重点排放单位以及符合国家规定的其他主体，可以参与碳排放权交易。同时，禁止相关监督管理部门的工作人员参与碳排放权交易。

3. 配额分配与管理

国务院生态环境主管部门会同有关部门制定年度碳排放配额总量和分配方案，实行免费分配，并逐步推行免费和有偿分配相结合的方式。

4. 交易方式

碳排放权交易可以采取协议转让、单向竞价或符合国家规定的其他现货交易方式。市场禁止操纵市场或扰乱市场秩序的行为。

5. 注册登记与交易机构

全国碳排放权注册登记机构负责碳排放权交易产品的登记和交易结算服务。全国碳排放权交易机构负责组织碳排放权的集中统一交易。

6. 监督管理

国务院生态环境主管部门负责碳排放权交易及相关活动的监督管理工作，并建立全国碳排放权交易市场管理平台，实现全过程监督管理。

7. 数据质量控制

重点排放单位必须制定并严格执行温室气体排放数据质量控制方案，确保排放数据的真实性、完整性和准确性。

8. 法律责任

《条例》规定了对违规行为的处罚措施，包括对数据造假、操纵市场等行为的罚款、责令停产整治等。

9. 信息公开与社会监督

重点排放单位应向社会公开年度排放报告中的相关信息，同时鼓励公众和媒体对交易活动进行监督。

10. 技术服务机构管理

《条例》规定了技术服务机构的责任和要求，包括对温室气体排放进行检验检测、编制年度排放报告等，并明确了对技术服务机构违规行为的处罚。

通过这些规则，中国的强制性碳排放权交易市场旨在通过市场机制控制和减少温室气体排放，推动经济社会的绿色低碳发展。

（二）自愿性碳排放权交易市场

中国的自愿性碳排放权交易市场主要基于《温室气体自愿减排交易管理办法（试行)》(简称《CCER 管理办法》）进行规范，该市场鼓励社会各界通过市场机制参与温室气体减排活动。

1. 市场参与主体

项目业主：负责开发温室气体自愿减排项目，可以是项目所有者或获得授权的法人或其他组织。

重点排放单位：在强制性碳市场中，这些单位可以使用 CCER 来抵消一部分碳排放配额，但 CCER 的抵消比例不能超过应清缴碳配额的 5%。

其他交易主体：包括不属于项目业主和重点排放单位的其他企业以及自然人，他们可以出于公益目的或投资目的参与 CCER 交易。

2. 交易产品

核证自愿减排量（CCER)，单位以“吨二氧化碳当量（tCO_2e)”计算。生态环境部可根据国家规定适时增加其他交易产品。

3. 交易方式

核证自愿减排量的交易应通过交易系统进行，可采取挂牌协议、大宗协议、单向竞价及其他符合规定的交易方式。

4. 注册登记与交易机构

注册登记机构负责注册登记系统的运行和管理，记录项目信息和核证自愿减排量的登记、持有、变更、注销等信息。

交易机构负责交易系统的运行和管理，提供核证自愿减排量的集中统一交易与结算服务。

5. 监督管理

生态环境部负责指导督促地方对温室气体自愿减排交易及相关活动开展监督检查，省级生态环境主管部门可以组织监督检查并查处违法行为。

6. 风险控制与市场稳定

《CCER 管理办法》要求交易机构采取有效措施维护市场健康发展，防止过度投机，防范金融等方面的风险。

7. 结算规则

交易达成后，注册登记机构根据交易机构提供的成交结果，通过注册登记系统为交易主体变更核证自愿减排量的持有数量和状态。

8. 跨境交易和使用

核证自愿减排量跨境交易和使用的具体规定由生态环境部会同有关部门另行制定。

9. 市场发展

2024 年 1 月，全国温室气体自愿减排交易市场正式启动，制度框架体系已构建完成，减排项目和自愿减排量即将进入申请登记的窗口期。

通过这些规则和制度，中国的自愿性碳排放权交易市场为更广泛的行业企业提供了参与碳减排的平台，同时为实现国家碳达峰碳中和目标提供了有力支持。中国强制性碳交易市场和自愿性碳交易市场（CCER 市场）的主要特点对比如表 3 - 3 所示。

表 3 - 3　　中国强制性碳交易市场和自愿性碳交易市场（CCER 市场）的主要特点对比

特性/市场类型	强制性碳排放权交易市场	自愿性碳排放权交易市场（CCER 市场）
覆盖范围	主要针对重点排放单位，如电力、钢铁、水泥等行业	面向社会各界，包括企业、组织和个人
交易主体	重点排放单位，必须购买或出售配额以满足排放需求	项目业主、重点排放单位、其他企业和自然人
交易产品	碳排放配额	核证自愿减排量（CCER）
配额分配	免费分配为主，逐步推行免费和有偿分配相结合	通过项目减排效果获得，可交易和注销
交易方式	协议转让、单向竞价或其他现货交易方式	挂牌协议、大宗协议、单向竞价等
注册登记机构	负责配额的登记、交易结算服务	负责 CCER 的登记、持有、变更、注销等信息
交易机构	组织配额的集中统一交易	提供 CCER 的集中统一交易与结算服务
监督管理	生态环境部及地方部门监督管理	生态环境部指导，地方部门监督检查
风险控制	防止市场操纵，维护市场秩序	防止过度投机，维护市场健康发展
结算规则	根据交易系统成交结果变更配额持有信息	根据成交结果变更 CCER 持有数量和状态

续表

特性/市场类型	强制性碳排放权交易市场	自愿性碳排放权交易市场（CCER 市场）
跨境交易	未特别说明	具体规定由生态环境部会同有关部门另行制定
市场发展	全球覆盖温室气体排放量最大的碳市场	制度框架体系构建完成，鼓励更广泛的行业企业参与

第二节 交易市场的价格体系和市场分析

一、国际碳市场价格体系

面对碳价短期异常波动或长期低迷问题，国际碳市场采取了相应的调控措施以维持市场稳定。以下通过分析欧盟、新西兰和韩国碳市场的运行和管理经验，为完善我国碳市场政策体系建设提供参考借鉴。

（一）欧盟

欧盟碳排放权交易体系（EU ETS）分为四个发展阶段：第一阶段为 2005—2007 年，第二阶段为 2008—2012 年，第三阶段为 2013—2020 年，第四阶段为 2021—2030 年。其中第三阶段是 EU ETS 成熟发展阶段，欧盟采取了一系列改革措施稳定碳市场①：一是配额总量递减；二是折量拍卖（Back - loading）；三是市场稳定储备机制（Market Stability Reserve，MSR）。

通过政策制度的全面调整，欧盟碳市场有效改善了第一阶段和第二阶段由于配额供需不平衡引起的碳价低迷问题。

（1）配额总量递减政策降低配额总供给。通过减少整个市场的配额供给，保证了碳配额的稀缺性，有效提升市场价格。在第三阶段，欧盟实施配额总量年度递减政策，设定更为严格的减排目标，大大降低碳配额的总供给量，改善欧盟整体碳配额供给失衡的情况。第三阶段年度递减系数为 1.74%。到 2020 年，该阶段的配额总量从 2013 年的 2084 $MtCO_2e$

① icap - etsmap - factsheat - EU Emissions Trading System.

逐步降低为 1816 $MtCO_2e$。第四阶段年度递减系数为 2.2% 。该阶段的配额总量将在 2021 年 1572 $MtCO_2e$ 的基础上进一步降低。

（2）折量拍卖减少短期市场供给。纳入折量拍卖的配额转入储备市场，通过减少短期市场供给改善配额供求失衡情况。值得注意的是，折量拍卖改变的是阶段性拍卖量的分配，只能调节短期市场均衡，长远看并不能对总供给产生较大影响。例如，在第三阶段，2014—2016 年的 9 亿吨拍卖配额进入储备市场，作为应对配额过剩的短期调节手段。

（3）MSR 调控市场配额供求。MSR 为市场建立了灵活调节供给的长效机制。根据市场流通配额总量（TNAC①）情况，在独立运行的储备库中吸纳和释放配额，发挥储备“蓄水池”功能，稳定市场供应，有助于长期将碳价保持在合理范围内。此外，由于 MSR 的储备规则是事先确定的，为市场参与者提供了稳定的政策预期从而减少了政策的不确定性对市场造成的冲击。

其一，当 TNAC 超过 8.33 亿吨时，将从之后计划拍卖配额中提取超出部分的 24%（2023 年之后为 12%）在未来 12 个月内纳入储备。

其二，当 TNAC 低于 4 亿吨时，会从储备库中释放 1 亿吨配额并通过拍卖的形式注入市场。2019 年共吸纳 3.97 亿吨配额进入储备库；2020 年累计提取配额超过 3.75 亿吨，上述操作相当于减少了该年度拍卖量的 35% 。

其三，自 2023 年起，储备库中的配额数量将不得超过上一年度的拍卖配额的数量，超过上限的部分将直接失效。

其四，如果连续六个月以上的配额价格高于前两年平均价格的 3 倍，应立即召开欧盟委员会会议。根据市场价格波动程度：一是允许成员国提前拍卖部分待拍卖的配额；二是允许成员国拍卖最多 25% 的新进入者储备配额（the New Entrants Reserve，NER②）。

（二）新西兰

新西兰温室气体减排目标分为短期、中期和长期三个阶段。为改善碳市场运行，新西兰政府 2019 年施行第二轮改革方案，包括以下主要措施：

（1）逐步取消固定价格机制，并过渡到成本控制储备（Cost Containment Reserve，CCR），CCR 通过拍卖实现。如果市场碳价达到预定的能发价格（2021 年设置为 50 新西兰元，为预防通货膨胀每年以 2% 的比例线性增加），从储备中释放特定数量的配额进行拍卖。

---

① TNAC，the Tatal Numbers af Alwances in Crculation. The European Commission publishes TNAC by 15 May each year.

② 欧盟碳交易体系 NER 为年度配额总量的 5% 。

（2）允许设置底价（Floor Price），根据市场需要以拍卖底价的方式形成最低价格限制。

（3）完善配额分配方法，引入拍卖机制并建立相应的风险管理制度。

（4）加强履约管理，针对未按时完成履约的控排企业，按照配额缺口数量以3倍于当前市场价格为单价计算罚款金额。

（5）强化信息公开，公布更详细的碳排放数据，提高市场透明度。

（6）建立独立的市场管理工作方案，针对市场操纵等问题加强监管。

（三）韩国

韩国碳排放权交易体系（KETS）于2015年启动，第一阶段和第二阶段各为期三年之后将每五年为一个阶段，每个阶段分别制定相应的政策目标和规划（见表3－4）。

表3－4　　韩国碳排放权交易体系发展阶段

	第一阶段（2015—2017年）	第二阶段（2018—2020年）	第三阶段（2021—2025年）
配额分配	100%免费分配	97%免费，3%拍卖	90%免费，10%拍卖
抵消机制	仅允许使用国内抵消信用，且比例不超过排放总量的10%	允许使用国内和国际抵消信用，且比例不超过排放总量的10%（其中国际抵消信用比例不超过5%）	允许使用国内和国际抵消信用，但抵消比例降低为排放总量的5%（其中国际抵消信用比例没有单独限制）
市场稳定储备	拍卖预留配额（不高于总量的25%）；设定配额最低（70%）和最高持有量（150%）；限制配额跨期存储量；限制核证减排量抵消比例；设定配额价格上涨上限或下跌下限		

韩国碳市场明确规定了市场稳定储备机制的启用条件：

（1）配额价格连续六个月高于前两年平均价格的3倍；

（2）上月配额价格高于前两年平均价格的2倍且成交量高于前两年同月成交量的2倍；

（3）单月配额价格低于前两年平均价格的40%；

（4）由于配额的供给侧或需求侧的不均衡因素导致市场交易条件恶化。

二、中国碳市场价格体系

全球碳定价机制收入呈现快速增长态势。2016年全球碳定价机制收入为220亿美元，到2022年增加到970亿美元，年复合增长率达28.1%。在各类碳定价各国收入对比中，

EU ETS 是全球直接碳定价工具中收入最高的工具。其全年总收入约占全球直接碳定价总收入的 43%，在全球碳定价收入方面占据主导地位。这一方面得益于 EU ETS 显著的规模优势和价格优势；另一方面与其碳配额拍卖比重较高有关。相比之下，中国的全国碳排放交易体系所覆盖的排放量为 EU ETS 的 2 倍以上，但由于目前中国 ETS 采用了 100% 配额免费分配机制，大多数参与主体的实际控排成本较低，无法为政府带来高额收入。

虽然中国试点碳市场存在流动性偏低等问题，但各试点经过多年实践与探索，逐步构建了符合自身发展情况的价格机制。配额分配方式、抵消机制运用、交易方式、市场开放程度以及市场调控机制等因素不同程度地影响碳价的形成。

（一）中国碳市场有偿竞价情况

有偿竞价作为配额有偿分配的一种方式，对于市场价格的形成主要体现在：一是锚定碳配额价格，尤其是碳市场启动初期，当各方参与者对配额价格的判断差异较大时，通过有偿竞买能够发挥市场价格导向作用。二是价格发现作用，在市场价格波动比较剧烈的时候，通过有偿竞买有机会发现较多参与方能够接受的价格。三是抑制价格过高，通过有偿竞买增加市场供应，可以有效平抑过高的市场价格。

目前，我国八大试点碳市场都对配额有偿竞价进行了探索，全国碳市场尚未开展配额有偿竞价。我国试点碳市场配额有偿竞价比例偏低，北京市 2022 年度碳排放交易市场配额总量为 4400 万吨，其中竞买成交量为 152.76 万吨，占比仅为 3.47%，其他试点碳市场则更低。可以说我国各大碳市场碳配额有偿分配比例还有很大的提升空间（见表 3－5）。

表 3－5　2023 年试点碳市场配额有偿竞价情况

试点碳市场	配额成交总量（万吨）	举行有偿竞价次数（次）	有偿发放总量（万吨）	竞买成交总量（万吨）
广东	972	2	50	—
北京	393	2	200	152.76
上海	223	2	400	266.88
深圳	385	0	—	—
湖北	1167	2	160	110.43
重庆	677	0	—	—
天津	575	0	—	—
福建	2620	6	33.35	—

1. 上海碳市场有偿竞价

截至 2020 年 10 月 30 日，上海碳市场先后举办了 6 次有偿竞价，包括 5 次履约竞价和 1 次非履约竞价。

（1）履约竞价。

上海碳市场历次履约竞价仅针对控排企业，并且只在履约截止日前一天开展。竞买底价通常设定为历史加权均价的 1.1—1.2 倍，通过竞买价格上浮的方式激励企业尽早通过二级市场交易完成履约，强化了市场预期，履约需求的增加为配额交易价格预留了上涨空间。

履约竞价期间市场通常呈现量价齐升的趋势。其中，2017 年 6 月 12 日上海市发布的《关于上海市碳排放配额有偿竞价发放的公告》对二级市场影响较为明显。该方案出台的第二天，上海配额成交量达到上市以来的新高点 25.7 万吨，盘中交易价格一度触及当日涨停板 36.42 元/吨，而后缓慢下滑，收至 35.00 元/吨，较上一交易日涨幅 5.74%。

（2）非履约竞价。

2020 年 8 月 28 日是上海首次向控排企业和机构投资者共同开放的非履约竞价，此次竞价在距离履约截止日还有三个月的时候开展，而且对相关规则进行了优化，把竞价作为一种灵活的市场调节工具而不再仅仅用于履约，给予机构投资者更多的参与机会。

此次竞买底价与历史加权均价保持一致，同时对企业和投资机构均限制了最大竞买数量，有效发挥有偿竞价机制的市场调节功能，一定程度上缓解了配额供给短缺的压力，没有对市场价格产生显著影响。

2. 广东碳市场有偿竞价

广东碳市场在配额有偿竞价的探索与实践方面积累了丰富的经验，最早在 2013 年 12 月 16 日市场启动之初就举行了第一次 300 万吨的有偿竞价。广东碳市场有偿竞价具备以下特征：

（1）在参与主体上，第一年仅面向控排企业，从第二年开始机构投资者也允许参与，进一步提升了市场流动性。

（2）在企业参与的强制性上，第一年所有的控排企业都必须参与，而且只有竞买了 3% 的配额后，免费发放的 97% 的配额才能生效，而从第二年开始只要求新建企业参与竞买以激活免费配额，其他控排企业在免费分配（电力行业企业 95%，其他行业企业 97%）的基础上自愿参与。

（3）在竞价机制上，采取“价格优先、时间优先”的原则，最后形成统一中标价向市场释放价格信号。另外，通过设置固定竞买底价发挥价格锚定和引导二级市场价格的作用。

从广东碳市场历年配额竞买价格和二级市场碳价走势来看，有偿竞价对于市场的影响经历了以下三个阶段：

（1）竞买底价锚定二级市场底价。2013 年的竞买底价设定为 60 元/吨，从二级市场价格走势来看，碳价基本在高于此底价的位置运行，设定的竞买底价确实发挥了锚定市场底价的作用。但由于市场刚刚启动，参与者还不熟悉市场，而且在高价位参与交易的积极性有限，该年度的成交量和活跃度相对不高。后来二级市场的价格都低于60元/吨，也说明当时人为设计的固定竞买底价偏高。

（2）竞买底价引导作用没有实现预想效果。2014年市场整体供大于求，碳价出现急转直下的局面，该年度仍设定了固定竞买底价希望发挥价格引导作用，但是从竞买成交价和二级市场价格来看，价格引导没有起到预期的效果。

（3）有偿竞价发挥市场供需调节功能。2015年和2016年，竞买底价调整为和二级市场价格相关联的浮动价格，从实际碳价走势来看，这两年的市场价格和竞买成交价比较吻合。竞价不再作为二级市场的引导者，而是在不过度增加市场供应的前提下进行适当的供需调节。

后续年度广东碳市场的有偿竞价政策逐步趋于稳定，同时保持着随市场变化的开放态度，每年进行微调以适应市场新形势。

（二）中国碳市场抵消机制分析

碳市场引入抵消机制的作用：一是降低排放企业的履约成本；二是通过市场手段为能够产生减排量的项目提供补贴；三是增加碳市场参与主体并丰富交易品种，进一步提升市场活跃度。

抵消机制作为一种市场化的激励手段，为参与主体提供了灵活的履约方式。抵消比例的设置通过改变市场供求关系影响碳价高低，各试点地区的抵消比例从3%到10%不等。抵消机制碳信用使用越多，市场供给越多，在其他条件不变的情况下碳价越低。试点碳市场CCER抵消比例自由度较大。以上海碳市场为例，2016年CCER抵消比例从原来的5%降低到1%，2019年抵消比例提升至3%，2023年又将抵消比例提升至5%。如2022年出台的《深圳市碳排放权交易管理办法》将最高抵消比例从原来的10%提升到20%。抵消比例的调整通过影响市场供需关系，成为缓解配额价格异常波动的有效方式之一。

为避免市场供应量过大，全国及试点碳市场均在允许使用抵消比例的基础上进一步对项目类型、来源和时间进行了严格限制（见表3-6）。

表3-6　　全国各试点城市抵消比例

试点碳市场	抵消比例
广东	不超过5%的碳配额
北京	不超过企业上年度实际排放量的10%

续表

试点碳市场	抵消比例
上海	不得高于当年确认碳排放量的 5%
深圳	CCER 和 SHCER 使用的总比例不得超过企业经市生态环境局审定的 2023 年度碳排放量的 5%
湖北	最高抵消比例不超过不足以履约部分的 20%
重庆	不超过年度碳排放初始配额的 10%
天津	不得超过年度应清缴配额量的 8%
福建	抵消量不得超出其当年实际碳排放量的 10%

资料来源：各地生态环境部门。

（三）交易方式

各试点碳市场的交易方式主要分为公开挂牌交易和协议转让，两种方式形成的交易价格有所差异。挂牌交易价格由公开市场决定，更符合市场化的定价机制规则，而协议转让由点对点的双向协商机制形成价格，价格涨跌幅区间大，适合大宗交易。为防止碳价剧烈波动，各试点通常设置日涨跌幅进行直接调控，涨跌幅一般在每日 10% 至 30% 。

市场运行机制也称市场机制，是指市场中相互联系的各类市场主体、客体要素之间相互作用、相互制约及其对资源配置的调节功能。碳金融市场作为一个新兴市场，它是低碳经济发展的重要载体，要想顺利运行和发展，必须有市场机制进行支撑。对于国际碳金融市场运行机制的类型，按照不同的标准可以划分为不同的类型（见表 3－7）。

表 3－7　　试点碳市场交易方式和日涨跌幅

试点	交易方式	日涨跌幅
上海	挂牌交易、协议转让	挂牌 10%，协议 30%
北京	公开交易、协议转让	公开 20%，协议无
广东	挂牌点选、协议转让	挂牌 10%，协议 30%
深圳	电子竞价、定价点选、大宗交易	竞价无，定价 10%，大宗 30%
湖北	协商议价转让、定价转让	协商议价 10%，定价 30%
天津	拍卖交易、协议交易	10%
重庆	定价交易、协议转让	定价 10%，协议 30%

从挂牌交易和协议转让的价格差异来看，由于两种交易方式的公开程度和定价模式不同，各试点情况有所差异。例如，上海、湖北和天津碳市场的协议转让价格和挂牌交易价

格基本接近且比较稳定；北京碳市场的协议转让价格通常大大低于挂牌交易价格而且波动性较大；还有些试点则没有公布协议成交的价格信息。

（四）市场开放程度

从试点经验来看，参与主体的多元化提高了区域碳市场的活跃度和流动性。上海碳市场自 2014 年 9 月引入机构投资者后，二级现货市场交易量有所增加，市场流动性得以提升。从 2013—2018 履约年度上海市场配额交易占比情况来看，除 2013 履约年以外，机构投资者在配额交易中几乎占据了一半的比例（见图 3－3 和图 3－4）。

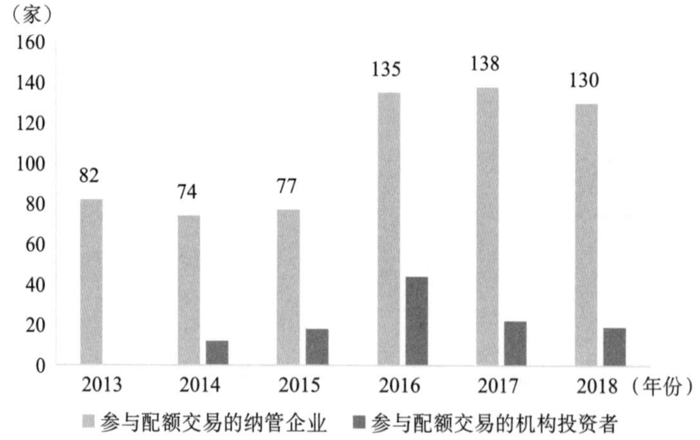

图 3－3　上海碳市场纳管企业与机构投资者参与情况

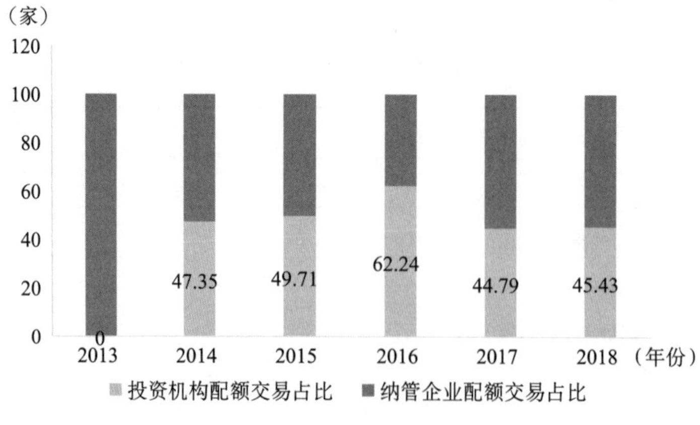

图 3－4　上海碳市场纳管企业与机构投资者交易占比情况

此外，2018 履约年度，广东碳市场投资者（含机构和个人）交易量占比约为 80%；北京碳市场配额交易 95% 的成交量由投资机构（含自然人投资者）贡献；深圳碳市场配额交易投资机构约占 67%。投资机构的引入和数量变化体现了市场开放程度的扩大，参与主体的多元化和多样化有利于提供足够的交易对手，从而有效提高碳市场的交易活跃度，对市场价格的形成起到一定促进作用。同时，机构投资者能够为企业提供专业化的碳资产管理，分散市场价格波动风险，进一步提升资产利用率和定价效率。

（五）市场调控机制

为保障碳市场稳定，我国试点地区均不同程度地制定了相应的市场调控措施，常见的方式主要包括政府预留配额、配额拍卖或固定价格出售等，但相关规定普遍较为笼统，缺乏具体执行条件和措施，实际操作性有待进一步强化（见表3－8）。

表3－8　　试点碳交易体系市场调控机制

试点	市场调控机制	来源
上海	市发展改革部门会同有关部门采取相应调控措施，维护碳排放交易市场的稳定；年度配额总量包括直接发放配额和储备配额	《上海市碳排放管理试行办法》（沪府令10号）；《上海市2020年碳排放配额分配方案》（沪环气〔2021〕22号）
北京	每年不超过年度配额总量的5%作为调整量，用于重点排放单位配额调整及市场调节；当配额交易价格出现异常波动时，通过拍卖或回购等方式稳定交易价格，维护市场秩序	《北京市碳排放权交易管理办法（试行）》（京政发〔2014〕14号）；《北京市发展和改革委员会关于开展碳排放权交易试点工作的通知》（京发改规〔2013〕5号）
广东	配额总量由控排企业配额和储备配额构成，储备配额包括新建项目企业配额和调节配额	《广东省碳排放权配额首次分配及工作方案》（粤发改资环函〔2013〕3537号）
深圳	主管部门预留年度配额总量的2%作为储备配额，主管部门回购配额不得高于当年度有效流通配额数量的10%	《深圳市碳排放权交易管理暂行办法》（深圳市人民政府令第262号）
湖北	政府预留配额不超过碳排放配额总量的10%，主要用于市场调控和价格发现。其中，用于价格发现的不超过政府预留配额的30%	《湖北省碳排放权管理和交易暂行办法》（省政府令第371号）
天津	在交易市场价格出现较大波动时以配额拍卖或固定价格出售方式稳定市场价格	《天津市碳排放权交易管理暂行办法》（津政办发〔2018〕12号）
重庆	配额管理单位获得的年度配额可以进行交易，但卖出的配额数量不得超过其所获年度配额的50%，通过交易获得的配额和储存的配额不受此限	《重庆市碳排放权交易管理暂行办法》（渝府发〔2014〕17号）

第三节 碳市场交易平台介绍

据国际碳行动伙伴组织ICAP统计，截至2022年初，全球共有25个排放交易系统在运营，其管辖范围占全球GDP的55%。目前运行中的排放交易系统覆盖了全球17%的排放量，涵盖了法律规定的净零排放目标的37%。另外，还有22个交易系统正在开发或探索中，将覆盖净零目标的17%。而根据ICAP《全球碳市场进展报告2023》统计，2022年全球新增2个国家级碳市场和1个州级碳市场，全球碳排放交易体系覆盖的温室气体排放量比例与上年持平，均为17%。全球碳市场充分展现出应对外部冲击的弹性与韧性，在波动中稳步发展。在国际碳金融市场中，欧盟碳排放交易体系EU ETS、美国区域温室气体减排倡议RGGI等是目前全球最成熟、最重要的典型碳市场代表，对中国碳金融发展具有借鉴意义。

一、欧盟碳排放交易体系EU ETS

（一）EU ETS的体系特征

EU ETS是全球最为成熟的碳市场之一，历经17年发展，其各项政策和配套机制更加完善和严格，碳金融产品也日趋完善和丰富。其体系特征主要表现为：

1. 碳配额分配机制形成碳价预期

EU ETS成立之初免费配额供应过剩导致碳价长期处于较低水平，难以发挥减排作用。进入第三阶段后，为了提高碳市场活跃度，欧盟碳市场逐步削减碳配额总量，年削减比例为1.74%，第四阶段调整为2.20%。2019年更是进一步推出市场稳定储备机制（MSR），将2019—2023年配额拍卖量的24%纳入储备，2024年恢复到12%的正常水平，从而建立化解配额过剩的长效机制，使市场形成配额供给偏紧预期，投资者将碳配额作为规避气候政策风险的优质资产，推高了对配额的需求和碳价。

2. 碳金融产品丰富

为了满足控排企业套期保值、风险对冲等需求，EU ETS在发展碳现货的同时，不断创新碳金融衍生品，目前碳金融产品除期货、期权外，还包括碳远期、掉期、互换、价差、碳指数、碳保理等品类丰富且交易活跃的碳金融产品，如表 3 – 9 所示，其中，碳期货的交易规模最大，根据欧洲能源交易所（EEX）数据，2020 年欧盟碳期货交易占碳交易规模的 93%。多元化的碳金融产品体系有助于提高市场活跃度，增加市场流动性，实现碳价合理发现，降低价格波动风险。

表 3 – 9　　　　EU ETS 的碳金融产品

碳金融产品	产品类型	交易产品
碳现货交易产品	减排指标	欧盟碳配额（EUA）
		欧盟航空碳配额（EUAA）
	项目减排量	CDM 机制下的核证减排量（CER）
		JI 机制下的减排量（ERU）
碳衍生交易产品	碳远期	CDM 项目产生的 CER
	碳期货	EUA 和 CER
	碳期权	ICE
	碳互换	EUA 和 CER 的碳互换工具
碳融资工具	碳债券	气候债券、环境债券、可再生能源债券、CDM 机制下债券
	碳基金	德国复兴信贷银行碳基金、意大利碳基金、丹麦碳基金、欧洲碳基金
碳支持工具	碳指数	BC GGI、UBS GHI、E Carbix
	碳保险	CDM 项目保险业务

3. 市场参与主体广泛

EU ETS 参与交易的主体不仅限于控排企业，金融机构和其他投资者也是重要参与者。以欧洲能源交易所为例，配额拍卖参与者包括：合格卖家（固定设施运营商、飞机运营商）、投资公司和信用机构、合格卖家的商业集团、其他被授权的中介机构等。金融机构参与碳市场，一方面作为直接交易者，有助于提升碳交易市场活跃度；另一方面作为中介服务机构，有助于推动碳金融产品的设计和碳金融服务的发展（见图 3 – 5）。

4. 低碳基金机制提供资金支持工具

为实现第四阶段碳减排目标，EU ETS 基于碳配额拍卖收入创新低碳基金机制，推出创新基金与现代化基金，提供了新的资金支持工具。其中，创新基金主要为创新低碳技术商业化试点提供资金支持，支持项目主要包括碳密集产品的替代品、碳捕捉及利用、碳捕集及存储的建设与运营、创新的可再生能源发电、储能等。因此创新基金被视为欧盟达成《巴黎协定》以及 2050 年实现碳中和的关键资金工具。现代化基金则主要为欧盟 10 个较低收入国家提供碳中和转型所需资金，帮助这些国家实现能源系统现代化并提升能源效率。

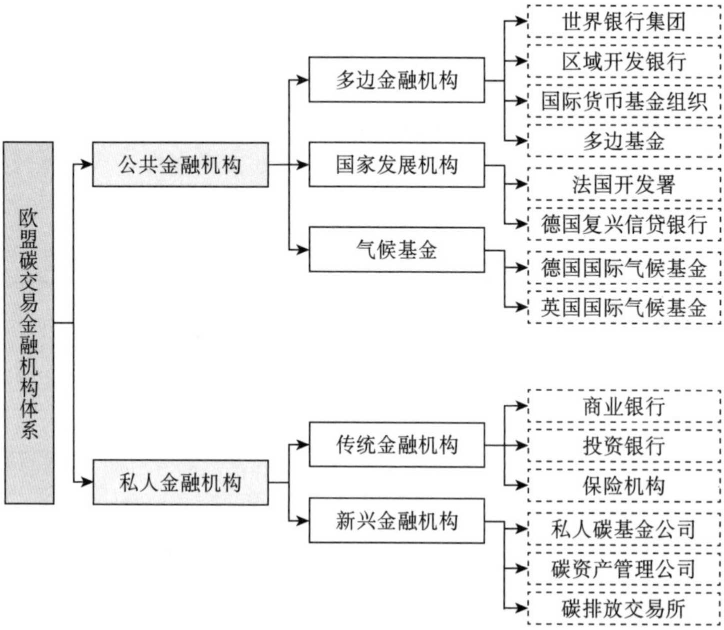

图 3-5　EU ETS 的金融机构体系

（二）EU ETS 的发展启示

欧盟的发展经验对我国碳市场运行的经验主要体现在以下五个方面：

一是明确的路线时间发挥引领作用。欧盟碳市场在 2005 年正式启动交易前，就已明确后续 15 年三个阶段的发展路径，并提前 3 年开始研究 2021—2030 年第四阶段的时间表和路线图。

二是配额的初始分配方式对市场的有效性、平稳性以及可持续性都有着决定性的影响。在市场建设初期采用以免费分配为主的配额分配方式，在一定程度上补偿控排企业的竞争力损失，是降低碳泄漏、鼓励减排的有效手段。但随着碳市场覆盖范围逐渐扩大、交易规则逐渐成熟、市场预期逐渐收敛，再过渡到以拍卖为主的分配方式，将能够更充分地发掘碳市场的减排效应。

三是引入配额供给总量调整的灵活机制，维持市场平衡。配额总量调整机制主要具有两方面的功能：当市场出现预期外的波动（如金融危机）导致需求不足、配额大量剩余时，可以适当减少配额总量，维持市场平衡；同时在应对新设企业进入市场对配额的需求时，保持新设企业与其他企业相对公平的竞争环境。

四是丰富的碳金融产品体系夯实市场活跃性基础。经历十余年发展后，欧盟碳市场已经建立较为完善的碳金融产品体系，满足不同参与者差异化的市场需求。我国碳金融市场的产品创新仍任重道远。

五是多元的投资主体从融资与投资两端助推碳市场发展。欧盟碳市场不仅有机构组织参与，也有个人参与，最终动员全社会资本支持碳市场，使碳市场产生持续的市场热度。

二、美国 RGGI 和 WCI

（一）区域温室气体倡议（RGGI）

区域温室气体倡议（RGGI）是美国第一个以碳市场为基础的强制性减排体系。RGGI 于 2009 年启动，由 10 个州组成，分别是特拉华州、康涅狄格州、缅因州、马里兰州、马萨诸塞州、新罕布什尔州、纽约州、新泽西州、佛蒙特州以及罗得岛州。RGGI 属于行业型碳市场，单纯管制火力发电行业，旨在通过电力产业减少温室气体排放，体系规模较小。2020 年 RGGI 交易额为 17 亿欧元，交易量为 2.7 亿吨二氧化碳。RGGI 当前处于第五阶段，已经与新泽西州对接完毕，接下来将与维吉尼亚州、宾夕法尼亚州的碳市场对接。

（二）西部气候倡议（WCI）

西部气候倡议（WCI）是跨界型的洲际碳市场。WCI 建立了包括多个行业的综合性跨界型碳市场，计划到 2015 年进入全面运行并覆盖成员州（省）90% 温室气体排放，以实现 2020 年比 2015 年排放降低 15%。WCI 自建立以来发展迅速，2020 年 WCI 交易额达 243.3 亿欧元，交易量为 17.4 亿吨二氧化碳。其中，加利福尼亚州碳市场（CCTP）是 WCI 的主角。加利福尼亚州最早加入了 WCI，在 2012 年使用 WCI 开发的框架独立建立了自己的总量控制与交易体系（目前仍是 WCI 的重要组成部分），目前加利福尼亚州碳市场处于第四阶段。

（三）美国碳市场的发展启示

美国的发展经验对我国碳市场运行的经验主要体现在以下三个方面：

一是通过立法来明确碳市场发展的长期性。以 2006 年出台《全球变暖解决方案法》作为对 2020 年温室气体进行总量控制的法律，设定了 2020 年温室气体排放减排目标，为碳市场启动奠定了法律基础。法案的设定不仅向市场传递了积极的信号，增加了投资者的信心，同时也增强了市场未来发展的可预见性。

二是采用免费分配与配额拍卖相结合的方式。免费分配的方式可以维持企业的竞争力，避免由于碳交易带来的电费突增，推动行业低碳转型；同时在碳配额分配的过程中采取拍卖的方式，促进市场的流动性，也为低碳发展筹集资金。拍卖分配可以帮助发现价格，确立合理的配额供需，从而避免配额发行过量。通过拍卖分配配额不仅有助于增强碳市场的流动性，尽早确定一个满足供需平衡的合理碳价，同时也可以为低碳发展筹集资金，并用于低碳项目建设。拍卖收入被放入专门的温室气体减排基金，用于建设加州低碳交通轨道、社区节能节水设施、湿地和森林恢复等低碳项目。

三是加州碳市场采取了设定碳价上限和下限来提高市场的稳定性，并建立了配额价格抑制储备。加州碳市场在拍卖中通过设定碳价的下限和灵活的上限来明确市场信号，避免由于价格大幅度波动带来的对市场交易和经济的干扰。通过价格限定缩小碳价波动的空间，既可以避免碳价过低导致市场低迷，也可以防止碳价过高干扰宏观经济发展。当碳价超过价格上限时，管理部门将放出预留的配额来平稳价格，即配额价格抑制储备。

三、国际碳金融市场发展展望

（一）碳市场控排规模将持续增加

根据 ICAP 公布数据，自 2014 年至今，全球实际运行的碳市场数量由 13 个增加到了 28 个，控排规模从 40 亿吨增加到 90 亿吨，占全球碳排放量比例从 8% 增加到了 17% 。可见碳市场数量和控排规模正在持续增长中，目前还有 20 个司法管辖区正在建设或考虑建设碳市场。未来，随着越来越多的国家或地区提出自身减排目标，在“世界银行市场准备伙伴计划”的资金支持下，全球碳市场数量将越来越多，控排规模也将持续增加。

（二）全球碳市场衔接进程加快

碳减排目标的实现需要全球各国的共同努力。《巴黎协定》第四款提出了代替“清洁发展机制”的“可持续发展机制”。将减排量的流通由单向（从发展中国家到发达国家）扩展为多向（所有国家均可互相交易减排量），旨在帮助各国更好地完成其自主贡献目标。第六款倡导国际碳减排合作，为建立一个全新的全球气候框架、推动各国之间通过市场机制的国际合作达成更有雄心的减排目标创造了可能。

（三）碳市场和碳税配合使用是未来趋势

碳市场和碳税是实现外部性内部化的两种主要方法。碳市场设定减排目标及排放总量，通过市场交易实现碳排放定价，属于数量控制手段。碳税则是政府直接为外部性定价，属于价格控制手段。两者在管理对象、成本和效率上各具优势。从国际经验上看，越来越多的国家推行“碳税 + 碳市场”联合管理模式，将碳税减排定价机制纳入环境保护税改革范畴，或将碳税单独立法，同时运行碳税与碳市场，对全社会碳排放源进行分类管理。

四、中国碳交易市场运行概况

（一）试点区域碳市场运行概况

我国八大试点区域碳市场的机制设计总体上以欧盟碳排放交易体系 EU ETS 为蓝本，涵盖了配额总量、覆盖范围、控排门槛、配额分配、监测报告与核证制度、抵消机制以及遵约及处罚等制度，大多以地方政府管理办法的形式推出，实现了“从 0 到 1”的突破。同时，各试点在覆盖范围、法律框架、机制设计等方面各有特色。涵盖范围方面，各试点地区依据自身产业结构，考虑市场规模和效率，分别设置了不同的纳入门槛和行业范围。其中，北京、深圳等以第三产业为主的城市排放总量小、纳入门槛低，覆盖主体多为服务行业的企事业单位；湖北、广东等省则以钢铁、水泥、化工、电力等高排放工业为主。法律制度框架方面各试点均发布了试行办法，但相关细则暂未发布，其目的可能是由于全国碳排放权市场的建立，各试点市场需要研判全国统一市场的走向；机制设计方面，各试点均使用免费＋拍卖的形式，除了上海采用纯市场机制运作外，其他各试点皆保留了政府干预的机制。八大试点市场机制情况如表 3－10 所示。

表 3－10　　试点区域碳市场运行机制

试点省市	交易所	概况			市场机制	
		启动时间	覆盖行业	政策背景	配额分配	调节机制
北京	北京绿色交易所（原北京环境交易所）	2013.11	工业：电力、热力、水泥、石化、交通运输业、其他工业和服务业 非工业：事业单位	《关于北京市在严格控制碳排放总量前提下开展碳排放权交易试点工作的决定》(2013) 《北京市碳排放权交易管理办法（试行）》(2014)	免费分配＋不定期拍卖，电力行业标杆法	配额预留拍卖；配额回购
上海	上海环境能源交易所	2013.11	工业：电力、钢铁、石化、化工、有色、建材、纺织、造纸、橡胶和化纤 非工业：航空、机场、水运、港口、商场、宾馆、商务办公建筑和铁路试点	《上海市碳排放管理试行办法》(2013) 《上海市人民政府关于本市开展碳排放交易试点工作的实施意见》(2013)	免费分配＋不定期拍卖，电力行业标杆法	公开透明的市场化运作

续表

试点省市	交易所	概况			市场机制	
		启动时间	覆盖行业	政策背景	配额分配	调节机制
广东	广州碳排放权交易所	2013.12	工业：电力、水泥、钢铁、石化、造纸	《广东省碳排放管理试行办法》（2014）	免费+拍卖，电力行业标杆法	采取“控制和预留”方式进行配额总量管理，政府预留一部分配额调节市场
深圳	深圳排放权交易所	2013.06	工业：能源（发电）、供水、制造 非工业：大型公共建筑、公共交通	《深圳经济特区碳排放管理若干规定》（2012） 《深圳市碳排放权交易管理暂行办法》（2014）	免费+拍卖，电力行业历史强度法 需求端：采用可调控的总量设置机制； 供给侧：采用配额储备、配额供给、增加	拍卖配额等方式调控配额供应
天津	天津排放权交易所	2013.12	工业：电力、热力、钢铁、化工、石化、油气开采	《天津市碳排放权交易管理办法》（2013）	免费分配+不定期拍卖，电力行业历史强度法	市发展改革委启动调控机制的权限，通过投放或回购配额的方式稳定交易价格
湖北	湖北碳排放交易中心	2014.02	工业：电力、热力、有色金属、钢铁、化工、水泥、石化、汽车制造、玻璃、化纤、造纸、医药、食品饮料	《湖北省碳排放权管理和交易暂行办法》（2014）	免费分配，一些企业采用历史排放法，一些启用标杆法	配额管理机制；价格涨跌幅限制
重庆	重庆碳排放权交易中心	2014.06	工业：电力、电解铝、铁合金、电石、烧碱、水泥、钢铁	《重庆市碳排放权交易管理暂行办法》（2014）	免费分配+历史法	涨跌幅限制
福建	福建海峡股权交易中心	2016.09	工业：电力、石化、化工、建材、钢铁、有色金属、造纸、航空和陶瓷	《福建省碳排放权交易管理暂行办法》（2016）	免费分配+拍卖，电力、水泥、铝等行业标杆法，其他历史排放法	政府预留10%配额进行市场干预

资料来源：亿欧智库.2022中国碳金融市场研究报告［R］，2023.7.

从试点碳交易市场运行情况来看，广东碳排放交易试点和湖北碳排放交易试点比较活跃，合计交易总量占比超60%，合计碳交易额占比超50%。北京和上海碳排放交易试点的交易总量比重虽然相对较小，但是交易金额普遍较大，重庆的交易金额较小，如图3-6所示。同时，成交“潮汐现象”较为明显，成交量月度集中度高，约3/4的交易集中在最终履约期（6—7月）。

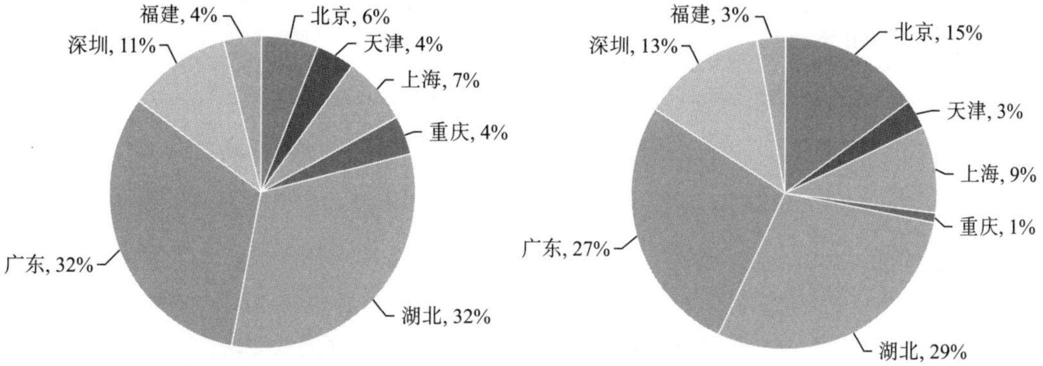

图3-6 试点碳市场交易总量和交易额占比

数据来源：碳排放交易网。

试点碳市场的碳价普遍经历了前期走低、后期价格回调的过程。具体而言，各试点市场开市前半年的时间内，控排企业对碳市场政策情况不熟悉、对自身配额盈缺情况了解不充分，不敢轻易开展配额交易，碳价普遍保持在开盘价格（政府指导价格）附近。2015—2016年，试点碳市场因制度不完善等原因，碳价开始探底，上海碳价一度下跌至5元/吨，广东、湖北碳价也一度下跌至10元/吨以下。此后，随着碳市场制度逐年修订完善，企业对碳市场控排的长期预期形成，配额分配整体适度从紧，碳价随之开始回调并逐步趋稳，呈现出自然波动状态，也表明了我国碳交易市场均衡机制的逐渐形成。

（二）全国碳市场运行概况

目前全国碳排放权交易市场的基本框架已然形成。全国碳排放交易所和试点碳排放交易所保持同时开放，两类市场呈互补状态。从配额分配来看，全国碳市场均采用免费分配，以保障全国碳市场顺利运行。从覆盖范围来看，我国全国碳排放交易所仅仅覆盖了电力行业的2851家企业，行业较为单一，未来仍需进一步扩充和完善。全国碳市场与试点区域碳市场的基本情况比较如表3-11所示。

表3-11 全国碳市场和试点区域碳市场的比较

	全国碳市场	试点区域碳市场
成立时间	2021年7月16日	2013年6月陆续成立

续表

	全国碳市场	试点区域碳市场
交易地点	北京、上海、武汉	北京、上海、天津、重庆、湖北、广东、深圳、福建
分配方式	免费分配	免费分配、有偿拍卖
覆盖行业	电力	电力、钢铁、水泥等20余个行业
管控单位数量	2851家	近3000家

全国碳市场开市之后，碳价走势呈现先下降后回升状态，可能的原因在于交易双方在市场初期更倾向于试探和摸底，碳交易的价格调控机制尚未充分形成。2022年全国碳市场完成了第一个真正意义上的履约周期，根据中国生态网显示，履约完成率为99.5%，年末碳排放配额（CEA）价格为56.3元/吨，较上年末小幅上涨3.8%，累计成交量为0.49亿吨，累计成交金额为27.17亿元，低于去年同期半年1.79亿吨的成交量和76.61亿元的成交金额，这可能与疫情影响及2022年经济本身面临较大下行压力有关，生产的疲弱导致碳排放权的需求偏弱，导致成交清淡。

五、中国碳交易市场存在的问题与发展趋势

经过十年发展，我国碳金融市场体系得到长足发展。试点区域市场在政策、制度、市场、产品等各方面开展了众多探索和创新，碳金融产品在成交量和成交总额上已经初具规模；全国碳市场框架已逐步完善，初步弥补了试点市场割裂的不足，形成了全球最大的碳金融市场。但是无论在顶层设计、产品工具还是参与主体等方面仍存在一定问题：

（一）顶层机制尚不完善

我国碳金融市场政策法规目前还不够完善，主要体现在税收政策、监管政策、风险管理和市场准入等方面。而交易纠纷解决机制、交易双方的权利和义务以及法律授权等关键问题也亟待解决。另外，市场机制也尚存明显不足。试点区域碳市场制度对本地区市场情况、供需特征等考虑不足，各试点间缺乏协同机制，导致碳市场交易流动性较弱，市场割裂；而全国碳市场发展也面临政策细则不足，惩罚机制对控排企业约束力不够等问题。

（二）产品工具创新不足

碳金融市场产品工具种类少，体量小。其中，碳配额获取及使用存在时滞，因此市场尚缺乏碳期货、碳期权等工具，以规避风险、提升市场流动性。试点区域市场中的碳金融产品更多为地方控排企业服务，往往具有显著的局限性。全国碳市场仍以碳现货为主，产

品比较单一。

（三）参与主体较为单一

我国碳市场参与主体仍以控排企业为主，机构投资者进入碳市场进行投资或提供经纪、做市等一系列服务的资质尚不明确，全国市场只允许发电一个行业参与交易，交易主体更为受限。

（四）我国碳金融市场的发展趋势

减排的核心是资金和技术，我国企业对碳金融具有较大需求，因此碳金融市场发展的机遇和风险并存，完善碳金融市场机制、探索创新碳金融产品、丰富碳金融交易主体应是破局之法。同时，碳市场的健康发展和行稳致远，离不开企业的积极参与。目前全国碳市场仅限于发电行业，而随着碳市场体系的不断完善，钢铁、石化和建材行业等高碳排放行业也将逐步纳入控排管理，激励更多企业加强对碳资产管理的重视程度。据预计，全国碳市场在完成电力、石化、化工、建材、钢铁、有色、造纸、航空八大行业覆盖之后，市场的配额总量可能会从目前的 45 亿吨扩容到 70 亿—80 亿吨，覆盖我国二氧化碳排放总量的 60% 左右。按照目前的碳价水平，到 2030 年碳达峰时，累计交易额有望达到 1000 亿元。碳市场完成八大行业扩容后，控排企业预计可能近 1 万家，远超目前上海、深圳和北京三个证券交易所上市公司数量总和。

思考与练习

（1）简述国际碳市场的发展历程，并比较不同市场的特点。

（2）分析碳市场交易规则对企业减排行为的影响。

（3）讨论碳金融市场在促进环境可持续发展中的作用。

（4）解释碳排放权交易中的总量控制与交易（Cap and Trade）机制。

（5）评价中国碳市场的政策背景和市场运行现状，探讨其面临的挑战与机遇。

（6）基于文本内容，设计一个案例分析，讨论碳市场监管机制对市场稳定性的影响。

推荐阅读材料和网站

（1）国际碳行动伙伴组织 ICAP. 全球碳排放权交易：ICAP 2023 年进展报告［R］. 2023. 3.

（2）平安证券．中国碳市场的金融化之路：星星之火，唯待东风［R］．2022.7.

（3）申万宏源证券．发展完善碳市场，推动市场化减排［R］．2022.2.

（4）亿欧智库．2022 中国碳金融市场研究报告［R］．2023.7.

（5）英大证券．从碳市场建设看碳资产、碳业务和碳金融服务［R］．2022.4.

（6）中诚研究．国内碳市场发展特征与碳信托业务展望［R］．2021.12.

（7）中大咨询．碳金融内涵辨析与狭义碳金融市场发展现状［R］．2021.10.

（8）中国证监会．碳金融产品——国家行业标准 JR/T 0244—2022，2022.4.

（9）参见：Carbon Monitor 全球实时碳数据：https：//www. carbonmonitor. org. cn/。

（10）参见：北京绿色交易所：https：//www. cbeex. com. cn/。

（11）参见：2022 年中国碳市场年报：https：//baijiahao. baidu. com/s?id = 1758518817691656358&wfr = spider&for = pc。

（12）参见：湖北碳排放权交易中心：https：//www. hbets. cn/。

（13）参见：上海环境能源交易所：https：//www. cneeex. com/。

（14）参见：深圳排放权交易所：https：//www. szets. com/index. html。

（15）参见：碳排放交易网：http：//www. tanpaifang. com/。

第四章　碳市场工具

学习目标

1. 理解碳市场工具的概念与分类。

2. 了解中国碳市场工具发展现状。

3. 掌握碳配额与碳信用等碳金融基础资产的概念与技术规则。

4. 掌握碳市场交易工具、碳市场融资工具、碳市场支持工具与中国碳金融产品创新的发展方向。

本章导读

碳市场是应对气候变化的有效政策工具，丰富的碳市场工具对于形成合理碳价、增强碳交易活力具有重要的推动作用。随着市场机制的日趋成熟以及社会各界需求的不断增长，碳市场的金融属性逐步显现，碳市场工具内涵也不断扩容，为碳市场参与者提供了多样化的投融资和风险管理产品。

第一节 碳市场工具及其分类

一、碳市场工具的概念及分类

（一）碳市场工具的概念

碳市场是以碳排放权配额和项目减排量等碳信用为基础交易对象的市场。随着全球碳交易的不断发展，碳交易市场参与主体不断增加，除直接参与交易的控排企业及机构外，商业银行、资产管理公司等金融机构开始增加围绕碳交易的支持服务，推动主流金融产品投射于碳市场，基于碳配额和碳信用等基础工具形成碳期货、碳期权、碳基金、碳债券、碳质押、碳回购、碳指数、碳保险等碳金融产品，为减碳控排行为提供更广泛投融资和支持服务。碳金融产品是欧美碳市场的主流工具，也是中国碳市场的发展方向。从广义上看，碳市场工具包含了碳交易基础工具及其所有衍生的碳金融产品。

2022 年 4 月 12 日，中国证监会发布《碳金融产品》的行业标准（JR/T 0244—2022），这一标准既遵循了《欧盟金融工具市场指令》《欧盟碳排放交易指令》等国际化的标准原则，又充分考虑到国内不同机构在实施应用过程中的差异性和复杂性，明确了碳金融的定义、范围并规定了碳金融产品的实施要求，将碳金融产品明确定义为“建立在碳排放权交易的基础上，服务于减少温室气体排放或者增加碳汇能力的商业活动，以碳配额和碳信用等碳排放权益为媒介或标的的资金融通活动载体”。

（二）碳市场工具的分类

根据工具层次，碳市场工具可以分为基础资产和金融产品两类。基础资产是指碳排放配额和项目减排量等碳信用。金融产品是指基于基础资产衍生出的金融工具，也可以理解为传统金融产品在碳市场的映射。中国证监会发布的《碳金融产品》标准（JR/T 0244—2022）将碳金融产品分为碳市场交易工具、碳市场融资工具以及碳市场支持工具三大类。

第一类是碳市场交易工具，包含但不限于碳期货、碳期权、碳远期、碳掉期、碳指数交易产品、碳基金、碳债券等碳金融产品。这类工具有助于提升未来碳市场的稳定性、确定性，为投资者提供对冲价格波动风险的工具，实现套期保值、投机等操作。

第二类是碳市场融资工具，包括但不限于碳质押、碳回购和碳托管等产品。这类工具可以为碳排放权相关资产提供估值和变现的途径，为碳资产持有者盘活碳资产提供渠道，提高企业授信与融资效率，在拓宽融资渠道的基础上降低融资成本。

第三类是碳市场支持工具，包括但不限于碳指数、碳保险等产品。这类工具可反映碳市场或某类碳资产的价格变动趋势，或为降低碳资产的开发或交易风险提供保障。

二、碳金融产品的作用

作为一种市场化的减排机制，碳排放权交易市场除了通过碳配额和碳信用等交易促进经济社会绿色低碳转型外，碳排放权的金融属性也随着市场制度的不断完善与金融工具的不断扩容日益凸显，碳金融产品发挥着越来越重要的作用。

（一）提升定价效率

价格发现功能在碳交易的一级市场、二级市场以及衍生品市场中均有不同程度的体现。一级市场中，配额拍卖机制是一种灵活的市场调节工具，可以借助碳价水平反映控排企业的履约意愿。二级市场中，以碳配额或碳信用为标的的现货交易能够通过供求关系的变化来反映碳价走势，进而影响相关参与者的履约行为和投融资决策。衍生品市场中，碳期货等金融工具可以基于政策研判、市场走势等因素来反映未来市场碳价预期，并最终传导至现货市场，提高价格发现效率。

（二）促进资金融通

碳市场融资工具以碳资产为基础标的，拓宽企业的融资渠道，提升资本配置效率，实现资金的有效融通。以碳配额抵质押贷款为例，这类工具通过将企业持有的碳配额作为质押担保物，将企业所拥有的碳资产价值转化为其可利用的低成本资金，为企业的低碳转型提供必要的资金支持。然而作为成熟度和实践性较高的产品之一，近年来在我国地方碳市场也均有成功案例落地，但由于碳配额资产属性在法律层面上尚未得到明确界定，面对碳金融产品在实施和处置方面可能存在的争议，金融机构在开展相关融资业务时仍秉持较为审慎的态度。

（三）提高市场流动性

丰富的碳金融工具可以吸引更多主体参与市场交易，有效提升市场的流动性和活跃度。首先，在碳市场履约潮汐现象频发、碳价波动较大的背景下，碳期货等衍生品能够为减排企业或相关供需方提供高效的交易平台，基于趋势研判锁定未来价格，显著降低交易搜寻成本的同时更能有效规避自持碳资产缩水的风险，实现套期保值目的。这对于熨平周期性波动、提高碳配额交易市场的流动性具有积极作用。其次，衍生品市场的参与范围与现货市场相比更为广泛，不仅允许机构投资者参与，还向个人投资者开放，这有利于吸引具有丰富投资经验和雄厚资金实力的各类市场主体参与交易。其中券商等专业金融机构能够充分发挥其做市交易经验，弥合碳价差异。而且金融机构相较于控排企业往往具有更高的换手率，可以为碳市场提供更加充足、持续的流动性。

（四）加强风险管理

以碳期货为代表的碳金融产品可为控排企业提供低成本、高效率的风险管理手段。具体而言，碳期货可以很好地服务于强制碳市场下控排企业的远期履约需求。提前在可控范围内锁定未来履约所需的配额数量及配额价格，控排企业可以将部分交易风险转移至金融机构等专业交易对手方，有效对冲碳价波动风险，保障自身的经营稳定性。此外，随着碳金融衍生品市场的逐步完善和规模化发展，控排企业将更加积极主动地寻求合适碳价下的配额交易机会，合理分散和转移风险，减少由于强制履约期限到来时出现的大量集中交易现象，从而有效缓解碳市场的潮汐效应，实现市场的平稳运行。

三、中国碳市场工具的发展现状

欧美金融市场高度发达，碳市场诞生之初就具有较强的金融和交易属性，碳市场与碳金融工具同步发展。2005 年 1 月，欧盟碳排放交易市场（EU ETS）正式启动，同时推出了期货等衍生品，标志着碳金融产品在全球范围内的重要起点。截至 2023 年底全球碳金融市场每年交易规模超过 600 亿美元。其中，碳期货年交易额占 1/3。以欧盟为例，2020 年欧盟碳期货交易占总碳交易规模的 93%。但是我国碳金融业务发展仍相对滞后。

随着 CCER 重启，我国碳市场已经形成“强制碳配额 + 自愿碳减排”两个相互关联、相互补充的碳市场体系，试点地区和金融机构陆续开发了碳债券、碳远期、碳期权、碳基金、跨境碳资产回购、碳排放权抵质押融资等产品，但是碳市场工具的类型探索与区域发展尚不均衡，如表 4 – 1 所示。在产品类型方面，我国对于碳市场融资工具和支持工具的探索相对较多，主要采取颁布相关指引、流程文件、落地代表性金融产品等方式进行，但尚未形成可复制、可推广的成熟模式。相比之下，交易工具的发展仍处于初期探索阶段，特别是碳期货领域仍属空白，这主要与我国碳市场的发展困境相关。当前，中国碳市场仍缺乏连续交易、集合竞价等主流交易方式，限制了现货交易频率和市场活跃度。碳市场参与主体明显不足且结构较为单一。市场还常常出现履约期临近量价齐涨、履约期过后交投清淡的潮汐现象。这些因素综合导致了中国碳市场有效性的不足，影响了碳期货等交易工具在中国的推出和发展。在地区发展方面，地区试点碳市场先试先行，在各类金融工具的实践创新上领先于全国碳市场。其中，北京、广东、深圳、湖北、上海五地的探索处于领先地位，在融资、交易、支持三大类工具板块均有所布局。

表 4－1　　我国区域碳市场对碳金融工具的运用情况

工具类别	具体工具		地区								
			试点							非试点	
			北京	上海	天津	深圳	广东	重庆	湖北	福建	四川
基础资产	碳排放配额		√	√	√	√	√	√	√	√	√
	CCER		√	√	√	√	√	√	√	√	√
交易工具	碳期货		—								
	碳期权		√								
	碳远期			√			√		√		
	碳掉期		√								
	碳指数交易产品						√		√	√	
融资工具	碳质押		√	√		√	√		√	√	
	碳回购/逆回购		√	√		√	√		√	√	
	碳结构性存款					√			√		
	碳信托			√							
	碳资产证券化	碳债券				√			√		
		碳基金				√			√		
支持工具	碳托管					√	√		√	√	
	碳指数		√				√				
	碳保险								√		

资料来源：平安证券．中国碳市场的金融化之路：星星之火，唯待东风［R］．2022.3.

未来，随着我国碳市场有偿分配、市场稳定等机制的逐步建立和完善以及投资者结构的不断优化，碳市场工具有望实现更大范围、更高水平的发展，为碳市场的高效运行和减排目标的实现提供有力支撑。

第二节 碳金融基础资产

碳金融的基础资产主要包括碳排放配额和碳信用，也被称为碳现货。

一、碳排放配额

（一）碳排放配额的概念

经政府部门核定，企业可以获得在一定时期内“合法”排放温室气体的总量，这个“合法”总量即为配额。碳排放配额（CEA）是指企业依法取得向大气排放二氧化碳的权利。在政府核定确立配额的制度设计下，当企业实际排放量较多时，超出已获得配额部分需要到碳市场购买；而当企业实际碳排放较少，小于已获得配额部分则可在碳交易市场上出售。

碳排放配额是强制碳市场最重要的交易产品。目前我国已经建立了一套较为完备的制度框架体系：国务院发布了行政法规——《碳排放权交易管理暂行条例》，生态环境部出台了部门规章——《碳排放权交易管理办法（试行）》《全国碳排放权登记管理规则（试行）》《碳排放权交易管理规则（试行）》及《碳排放权结算管理规则（试行）》等4个规范性文件，以及生态环境部发布的发电行业碳排放核算报告核查等作为技术规范和监督管理要求等，对注册登记、排放核算、报告、核查、配额分配、配额交易、配额清缴等涉及碳排放权交易的关键环节和全流程提出了明确要求和规范，初步形成了由行政法规、部门规章、标准规范以及注册登记机构和交易机构业务规则组成的全国碳排放权交易市场法律制度体系和工作机制（见表4－2）。

表4－2　《碳排放权交易管理暂行条例》的重点变化

项目	《碳排放权交易管理暂行条例》	《碳排放权交易管理办法（试行）》
监管规定	多部门协作：中央政府对碳排放权交易具有统筹管理地位。国务院生态环境主管部门作为主要部门，其他国务院有关部门分工负责。地方人民政府生态环境主管部门及其他相关部门主要负责本行政区域内的监督管理工作	由生态环境部承担相应的监管职责

续表

项目	《碳排放权交易管理暂行条例》	《碳排放权交易管理办法（试行）》
交易产品	碳排放配额； 国务院批准其他现货交易产品	碳排放配额； 生态环境部可以根据国家有关规定适时增加其他交易产品
分配方式	生态环境主管部门及有关部门负责碳配额分配； 以免费分配为主，可以根据国家有关要求适时引入有偿分配	生态环境部负责碳配额分配； 实行免费分配，并根据国家有关要求逐步推行免费和有偿相结合的分配方式
交易方式	协议转让、单向竞价或者符合国家有关规定的其他现货交易方式	协议转让、单向竞价或者其他符合规定的方式

（二）碳排放配额的分配方法

鉴于碳配额的稀缺性，配额分配本质上是财产权利的分配，决定了企业参与碳市场的成本，进而影响生产、投资等决策。

碳排放配额分配方法主要包括免费分配和有偿分配。免费配额计算方法包括基准线法、历史排放法和历史强度法。有偿分配主要通过拍卖和固定价格出售进行。在实践中，多数碳市场不会选择单一形式分配所有配额，而主要采用混合模式，确保某些被认为存在碳泄漏风险的行业通过适当的免费配额免于碳泄漏。

1. 基准线法

基准线法也称标杆法，是指以纳入配额管理的行业碳排放效率为主要依据，确定其未来年度碳排放配额的方法。行业碳排放效率是指某行业代表某一生产水平的单位活动水平排放量，根据技术水平、减排潜力、排放控制目标等综合确定。在实践中可以将行业排放量较少的前 15% 或 25% 加权平均作为基准值。这一方法是一种耗时长久和对数据要求较高的分配方法，适用于产品单一、数据基础好的行业。核心计算公式为：

$$\text{企业配额量} = \text{行业基准} \times \text{当年企业实际产出量} \tag{4-1}$$

如果能确保行业基准的连贯性、一致性与审慎性，使用固定的行业基准法可持续激励相关主体以高成本效益的方式实现减排目标，且可以奖励先期减排行动，为行业减排树立明确标杆。

2. 历史排放法

历史排放法是指以纳入管理的企业在过去一定年度的碳排放数据为主要依据确定固定

配额的方法。这一方法适用于产品复杂、数据基础薄弱的行业。核心计算公式为：

$$企业配额量 = 历史排放基数 \tag{4-2}$$

历史排放法的优势在于计算比较简单，对数据要求较低。如果分配基准保持稳定，不根据企业实际排放持续更新，这一方法可以以高成本效益的方式为实现减排目标提供强大动力。同时，通过提供针对搁浅资产风险的补偿，历史排放法有助于完成向碳排放权交易体系的平稳过渡。然而，这一方法增加了赚取暴利的可能性，且在防范碳泄漏方面的效果较弱。若与事后调节相结合，则可能导致价格信号扭曲，变相奖励历史排放高的企业。因此，历史排放法难以合理考虑近期经济发展及减排发展趋势。

3. 历史强度法

历史强度法是指以企业自身进行纵向对比，根据企业产品产量、历史强度值、减排系数等分配配额的方法。例如，在企业过去 3 年或 5 年的平均排放水平上叠加减排系数确定基准。核心计算公式为：

$$企业配额量 = 历史强度值 \times 减排系数 \times 当年企业实际产出量 \tag{4-3}$$

历史强度法介于基准线法和历史排放法之间，通常是在缺乏行业和产品标杆数据的情况下确定配额分配的过渡性方法。政府部门可选择使用历史或实时数据计算企业应得的免费配额额度，防止碳泄漏、奖励先期减排行动者的效果较为明显。但是，这种方法也可能造成行政管理上的复杂性。

（三）中国地区碳市场的配额分配

目前我国地区碳市场以免费分配配额为主，小部分配额使用拍卖有偿分配。各碳市场根据自身行业情况选择合适的分配方法，具体如表 4-3 所示。同时，我国碳配额分配具有以下特点：

第一，配额核定方法不固定。各碳市场针对不同行业的配额核定方法会变更。例如，深圳市行业配额分配方法 2021 年度发生较大变化，公交行业、港口码头行业、危险废物处理行业、地铁行业由基准强度法调整为历史强度法。北京市 2022 年度其他发电（抽水蓄能）、电力供应（电网）两个细分行业配额核定方法由历史强度法调整为基准值法。

第二，碳配额年度总量不固定。每年各市场会根据应对气候变化目标、经济增长趋势、行业减排潜力、历史配额供需情况等因素，调整年度配额总量。例如，上海 2023 年度碳配额总量上调 500 万吨，深圳 2023 年度碳配额总量上调 200 万吨，天津 2023 年度碳配额总量上调 100 万吨，湖北 2022 年度碳配额总量下调 200 万吨等。

第三，碳排放权有偿分配已成趋势。尽管有些省市在碳配额分配方案里没有提及有偿分配，但已着手进行相关准备与尝试。例如，2023 年 8 月 1 日，北京绿色交易所组织实施了北京市 2022 年度碳排放配额有偿竞价发放，共 60 家单位通过资格审核的重点排放单位竞价成功，成交总量 150 万吨。统一成交价为 105 元/吨，成交总额为 1.575 亿元。湖北和天津也都有碳配额拍卖的公告。

表 4－3　　中国碳市场配额分配方式及方法

碳市场	配额总量（亿吨）	数量（家）	分配方式	配额分配方法
深圳	0.25	750	97% 免费分配；3% 拍卖	基准线法：供水、供电、供气 历史强度法：公交、地铁、港口码头、危险废物处理、污水处理、平板显示、制造业及其他行业
北京	0.5	886	免费分配	基准线法：火力发电（热电联产）、水泥制造、火力生产和供应、其他发电、电力供应、数据中心重点单位； 历史总量法：石化、其他服务业（数据中心重点单位除外）、其他行业（水的生产和供应除外） 历史强度法：其他行业中的水的生产和供应 组合方法：交通运输（历史总量法和历史强度法）
上海	1.09	323	免费分配；拍卖	基准线法：发电企业、电网企业、供热企业 历史强度法：工业企业、航空港口及水运企业、自来水生产企业 历史排放法：对商场、宾馆、商务办公、机场等建筑以及产品复杂、近几年边界变化大、难以采用行业基准法或历史强度法的工业企业
广东	2.66	217	免费分配；拍卖（50 万吨）	基准线法：水泥行业的熟料生产和水泥粉磨，钢铁行业的炼焦、石灰烧制、球团、烧结、炼铁、炼钢供需，普通造纸和纸制品生产企业，全面服务航空企业 历史强度下降法：水泥行业其他粉磨产品、钢铁行业的钢压延与加工工序、外购化石燃料掺烧发电、石化行业煤制氢装置、特殊造纸和纸制品生产企业、有纸浆制造的企业、其他航空企业 历史排放法：水泥行业的矿山开采、石化行业企业（煤制氢装置除外）
天津	0.75	145	免费分配	历史强度法：建材行业 历史排放法：钢铁、化工、石化、油气开采、航空、有色、矿山、食品饮料、医药制造、农副食品加工、机械设备制造、电子设备制造行业

续表

碳市场	配额总量（亿吨）	数量（家）	分配方式	配额分配方法
湖北	1.82	339	免费分配	历史强度法：热力生产和供应、造纸、玻璃及其他建材（不含自产熟料型水泥、陶瓷行业）、水的生产和供应行业、设备制造（企业生产两种以上的产品、产量计量不同质、无法区分产品排放边界等情况除外） 标杆法：水泥（外购熟料型水泥企业除外） 历史排放法：其他行业
重庆	1.3	—	免费分配；拍卖	行业基准线法、历史强度下降法、历史总量下降法
福建	2	296	免费分配；拍卖	基准线法：电力（电网）、建材（水泥和平板玻璃）、有色（电解铝）、化工（以二氧化硅为主营产品）、民航（航空） 历史强度法：有色（铜冶炼）、钢铁、化工（除主营产品为二氧化硅外）、石化（原油加工和乙烯）、造纸（纸浆制造、机制纸和纸板）、民航（机场）、陶瓷（建筑陶瓷、园林陶瓷、日用陶瓷和卫生陶瓷）

（四）中国全国碳市场配额分配

1. 全国碳市场覆盖行业

全国碳市场目前仅覆盖发电行业。把发电行业作为首批启动行业的原因在于，一是发电行业直接烧煤，二氧化碳排放量比较大。包括自备电厂在内的全国 2000 多家发电行业重点排放单位，年排放二氧化碳超过了 40 亿吨。以发电行业作为首批行业能够充分地发挥碳市场控制温室气体排放的积极作用，且同时可以起到减污降碳协同的作用。二是发电行业产品单一，排放数据的计量设施完备，整个行业的自动化管理程度高，数据管理规范且容易核实，配额分配简便易行。这符合碳市场交易对于数据基础的基本要求。从国际经验看，发电行业都是各国碳市场优先选择纳入的行业。

纳入 2023 年度和 2024 年度全国碳市场配额管理的机组判定标准如表 4 –4 所示。

表 4 –4　　纳入配额管理的机组判定标准

机组类别	判定标准
300MW 等级以上常规燃煤机组	以烟煤、褐煤、无烟煤等常规电煤为主体燃料且额定功率不低于 400MW 的发电机组

续表

机组类别	判定标准
300MW 等级及以下常规燃煤机组	以烟煤、褐煤、无烟煤等常规电煤为主体燃料且额定功率低于 400MW 的发电机组
燃煤矸石、煤泥、水煤浆等非常规燃煤机组（含燃煤循环流化床机组）	以煤矸石、煤泥、水煤浆等非常规电煤为主体燃料（完整履约年度内，非常规燃料热量年均占比应超过 50%）的发电机组（含燃煤循环流化床机组）
燃气机组	以天然气为主体燃料（完整履约年度内，其他掺烧燃料热量年均占比不超过 10%）的发电机组

暂不纳入 2023 年度和 2024 年度全国碳市场配额管理的机组判定标准如表 4－5 所示。

表 4－5　　暂不纳入配额管理的机组判定标准

机组类别	判定标准
生物质发电机组	纯生物质发电机组（含垃圾、污泥焚烧发电机组）
掺烧发电机组	生物质掺烧化石燃料机组：完整履约年度内，掺烧化石燃料且生物质（含垃圾、污泥）燃料热量年均占比高于 50% 的发电机组（含垃圾污泥焚烧发电机组） 化石燃料掺烧生物质（含垃圾、污泥）机组：完整履约年度内，掺烧生物质（含垃圾、污泥等）热量年均占比超过 10% 且不高于 50% 的化石燃料机组 化石燃料掺烧自产二次能源机组：完整履约年度内，混烧自产二次能源热量年均占比超过 10% 的化石燃料燃烧发电机组
特殊燃料发电机组	仅使用煤层气（煤矿瓦斯）、兰炭尾气、炭黑尾气、焦炉煤气（荒煤气）、高炉煤气、转炉煤气、石油伴生气、油页岩、油砂、可燃冰等特殊化石燃料的发电机组
使用自产资源发电机组	仅使用自产废气、尾气、煤气的发电机组
其他特殊发电机组	燃煤锅炉改造形成的燃气机组（直接改为燃气轮机的情形除外）； 燃油机组、整体煤气化联合循环发电（IGCC）机组、内燃机组； 在发放年度核定配额前已关停的机组

2. 全国碳市场碳配额总量设定

碳排放配额总量由碳市场覆盖范围、经济增长预期和控制温室气体排放目标等因素共同决定，“自下而上”确定配额总量，具体如图 4－1 所示。

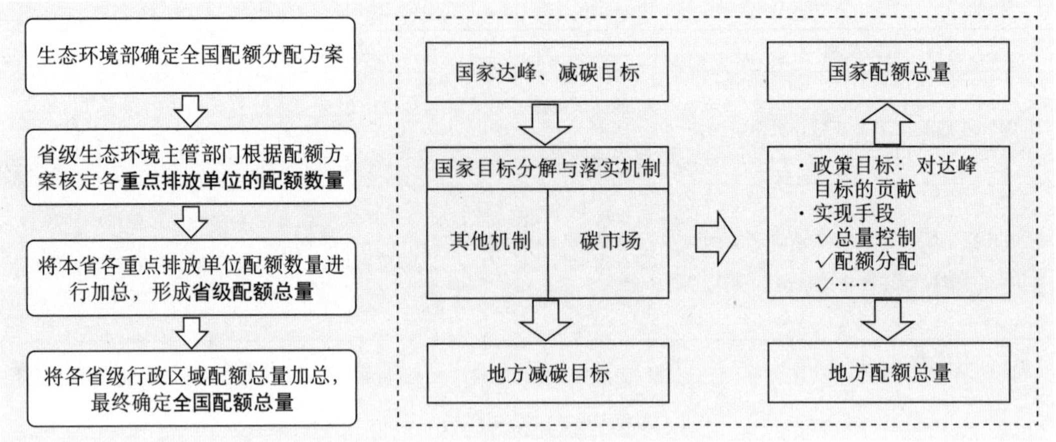

图 4-1　全国碳市场总量设定流程

3. 全国碳市场配额分配方法

全国碳市场采取行业基准线法并结合机组层面豁免机制核定机组应发放配额量。根据《2023、2024 年度全国碳排放权交易发电行业配额总量和分配方案》，2023 年度和 2024 年度发电供热基准值是在 2023 年度平衡值的基础上，综合考虑经济社会发展、产业结构调整、行业发展阶段、排放强度变化、市场调节需要等因素，结合各类鼓励导向，以及近四年纳入全国碳排放权交易市场的火电机组碳排放强度年度变化率，按照行业总体盈亏平衡、略有缺口的原则综合确定的。在配额发放的方式上，采用"预分配 + 核发"两步走的方式，预分配比例依旧为基准年配额量的 70%。

其中，燃煤机组配额分配技术如下：

燃煤机组的 CO_2 排放配额计算公式如下：

$$A = A_e + A_h \tag{4-4}$$

其中：

A—机组 CO_2 配额总量，单位为 tCO_2；

A_e—机组发电 CO_2 配额量，单位为 tCO_2；

A_h—机组供热 CO_2 配额量，单位为 tCO_2。

机组发电 CO_2 配额量计算方法为：

$$Ae = Q_e \times B_e \times F_l \times F_f \tag{4-5}$$

其中：

Q_e—机组发电量，单位为 MWh；

B_e—机组所属类别的发电基准值，单位为 tCO_2/MWh；

F_l—机组冷却方式修正系数，如果凝汽器的冷却方式是水冷，则机组冷却方式修正系数为1；如果凝汽器的冷却方式是空冷，则机组冷却方式修正系数为1.05；对于背压机组等特殊发电机组，冷却方式修正系数为1；

F_f—机组调峰修正系数。

参考《常规燃煤发电机组单位产品能源消耗限额》（GB 21258—2017）及《热电联产单位产品能源消耗限额》（GB 35574—2017），常规燃煤机组调峰修正系数按照表4-6选取，其他类别机组调峰修正系数为1。

表4-6　　　　机组调峰修正系数

统计期机组负荷（出力）系数	修正系数
F<65%	$1.015^{(16-20F)}$

注：F为机组负荷（出力）系数，单位为%。

机组供热 CO_2 配额计算方法为：

$$A_h = Q_h \times B_h \tag{4-6}$$

其中：

Q_h—机组供热量，单位为GJ；

B_h—机组所属类别的供热基准值，单位为 tCO_2/GJ。

燃气机组配额分配技术公式如下：

燃气机组的 CO_2 排放配额计算公式如下：

$$A = A_e + A_h \tag{4-7}$$

其中：

A—机组 CO_2 配额量，单位为 tCO_2；

A_e—机组发电 CO_2 配额量，单位为 tCO_2；

A_h—机组供热 CO_2 配额量，单位为 tCO_2。

机组发电 CO_2 配额计算方法为：

$$A_e = Q_e \times B_e \tag{4-8}$$

其中：

Q_e—机组发电量，单位为MWh；

B_e—机组所属类别的发电基准值，单位为 tCO_2/MWh；

机组供热 CO_2 配额计算方法为：

$$A_h = Q_h \times B_h \tag{4-9}$$

其中：

Q_h—机组供热量，单位为GJ；

B_h—机组所属类别的供热基准值，单位为 tCO_2/GJ。

4. 配额最新分配方法的变化及影响

《2023、2024年度全国碳排放权交易发电行业配额总量和分配方案》（简称《方案》）的变化主要体现在以下六点：

一是基准值以“发电配额”替代“供电配额”。机组发电配额与发电量和相关基准值、调整系数直接相关，此次改变了之前两个履约周期配额核算根据各类机组供电量进行核算的方式。以《方案》公布的平衡值为基准，各机组第三履约周期配额基准值下降情况如表4-7所示，可以看出大机组的下降比例较小。与前两个履约周期明显不同的是，第三个履约周期配额分配下降的部分主要集中于300兆瓦等级以下和非常规机组。按第一个履约周期机组比例进行估算，2023年基准值平均下降超过0.60%、2024年平均下降1.1%（无2024年平衡值，按2023年平衡值对比），如果全国碳市场排放量为52亿吨，初步估算2023—2024年总的缺口约8840万吨，较前两个履约周期的整体缺口大幅增加。

表4-7　　第三履约期各类型机组配额分配基准值收紧比例

<table>
<tr><th rowspan="2">机组类别</th><th colspan="2">发电基准值</th><th colspan="2">供热基准值</th></tr>
<tr><th>2023年相较
2023年平衡值</th><th>2024年相较
2023年平衡值</th><th>2023年相较
2023年平衡值</th><th>2024年相较
2023年平衡值</th></tr>
<tr><td>300MW等级以上</td><td>-0.40%</td><td>-0.89%</td><td rowspan="3">-0.29%</td><td rowspan="3">-0.77%</td></tr>
<tr><td>300MW等级以下</td><td>-0.80%</td><td>-1.30%</td></tr>
<tr><td>非常规燃煤机组</td><td>-0.80%</td><td>-1.30%</td></tr>
<tr><td>燃气机组</td><td>+2%</td><td>+1.5%</td><td>+2%</td><td>+1.5%</td></tr>
</table>

二是取消供热量修正系数。前两个履约周期的配额分配方案中，供电配额=供电量×（1-供热比）×基准值×其他修正系数。由于2023年度及以后年度的供热比数据仅作为报告项，《方案》中发电配额计算方法取消了供热量修正系数，通过调整基准值实现对发电机组供热进行合理激励。

三是负荷（出力）系数修正调整为“机组调峰修正系数”，补偿负荷率上限调整。前两个履约周期的配额分配方案中，负荷率修正系数在“<75%”“75%—80%”“80%—85%”分别设置不同的系数计算方式，给予常规燃煤机组大于1的配额补偿；《方案》中仅对“<65%”的情形计算负荷率修正系数，其他情形均为“1”。

四是购入使用电力产生的二氧化碳间接排放不再纳入配额管理范围。由于发电行业间接排放占比较低，为减轻企业报告、核算工作负担及核查的监管成本，不再将购入使用电力产生的二氧化碳间接排放纳入配额分配的考虑范围，并相应调整了配额基准值。

五是引入配额结转机制。《方案》中提出，“重点排放单位将持有的2024年度及其之前年度配额结转为2025年度配额”“2025年度履约原则上应使用2025年度配额”。最大可结转量=净卖出量×结转倍率。其中，净卖出量是指2024年1月1日至2025年12月31日，所有年度配额的卖出量与买入量的差值，结转倍率为1.5。配额结转政策实质上是为了刺激盈余企业卖出配额，提供市场流动性，企业2019—2024年度的配额如有盈余，需通过出售一定数量配额的方式，结转剩余部分至2025年度及之后使用。这一政策一方面会刺激久未出售配额的盈余企业卖出一部分配额，另一方面也会促使部分一直卖出配额的盈余企业考虑结转而减少配额卖出量。一般而言，结转对卖出总体影响偏于心理预期，对于阶段性供给不足的情况有一定改善，但具体影响力度待观察。

六是开启年度交易履约。重点排放单位应于2024年12月31日前完成2023年度履约工作；于2025年12月31日前完成2024年度履约工作。意味着之前两个履约周期的“两年一履约”，变更为“一年一履约”。这一调整有利于提升市场活跃度，也改变了企业的决策规律。同时本次结转周期较长，意味着企业可在两个年度的交易履约中任选时机处理结转交易需求，因此，会起到平抑价格波动的作用。

二、碳信用

（一）碳信用的概念

碳信用（Carbon Credit）是指按照相关标准或机制制定的规则、程序和方法学开发温室气体减排或增汇项目产生的，经过独立第三方机构的审定、核查和核证，签发的温室气体减排指标。企业或组织机构可购买碳信用抵消其部分或全部温室气体排放量。因此碳信用的主体是碳减排量，而碳配额的主体是碳排放量。碳配额与碳信用的差异如表4-8所示。

表4-8　碳配额与碳信用的差异

	碳配额	碳信用
包含权利	可排放的温室气体量	减少的排放量
产生方式	政府发放给企业（有偿或无偿），且配额数量事先确定	事后产生，减排行为实际发生后，经过专业机构核证后确认
交易目的	满足企业低成本履约的需要	满足企业社会责任的要求
交易系统	碳排放权交易市场	碳排放权交易市场、自愿碳市场

碳信用的概念最早可追溯至1997年12月由国际组织签订的《京都议定书》。《京都议定书》允许签署国通过转移或买卖碳减排信用额实现减排目标，并制定了三大碳交易市场

机制，分别是国际排放贸易（International Emissions Trading，IET）、清洁发展机制（Clean Development Mechanism，CDM）和共同减量机制（Joint Implementation，JI）。在这个体系下，一些非政府国际组织又陆续建立了多个独立第三方碳信用机制，如核证减排标准（VCS）、黄金标准（Gold Standard）、REDD + 交易架构（ART）、气候行动储备（CAR）等。此外，部分国家和地区也建立起自身的抵消和中和机制，以碳信用来抵消排放或实现碳中和，逐渐形成碳信用市场（即自愿减排交易市场）作为碳市场一个重要组成部分，碳信用即为这个市场的交易产品。

专栏4-1　知识拓展

碳信用的“洗绿”嫌疑与高质量碳信用

由于减排技术壁垒及高昂的减排成本，购买相对价格较低、作为碳信用类型之一的生态系统碳汇已逐渐成为企业抵消碳排放、实现碳中和的重要手段之一。然而目前对于森林、草地、海洋等生态系统的减排增汇项目产生的碳信用存在不少争议，如有报道称美国加州有近29%的林业减排增汇项目存在核算缺陷，高估了实际的减排量。国际上对林业减排增汇还存在重复计算、碳泄漏和社会负面影响的质疑。另外，雀巢（nestle）、达能（Danone）和英国食品服务连锁店Leon等企业通过抵消实现了碳中和目标，但却被消费者协会和环保组织指责“洗绿”。随后，雀巢重申了2050年实现净零碳排放的目标和路线图，称将通过再生农业、可持续的物流、包装和制造等内部努力的方式实现净零排放。奢侈品品牌古驰（Gucci）的母公司开云集团宣布推出碳抵消市场；石油巨头壳牌集团取消了每年向基于自然的解决方案（NBS）的1亿美元投资计划；百事可乐、英国航空公司等大型企业也将更多通过减少能耗、使用低碳技术、优化生产工艺等措施减少碳排放，而不是碳抵消。

对碳信用质量存疑的原因主要可从数据的核算和审核以及碳汇效益的估计两个方面来分析。数据方面，减排效益的核算需要真实可靠的数据支撑，而很多情况下，这一要求很难实现。一方面，不同减排机制下的信息披露标准不统一，且缺乏高效的信息共享机制，将导致在多个碳信用机制下注册并签发碳信用的减排项目产生重复计算的问题；另一方面，减排项目基准线可能会随实际情况和环境发生调整，如为了追求更快的减碳效益而降低基准线，导致最终的碳信用额度失真；此外，审核流程的不透明也增加了更多低质量碳信用项目存在的可能性。

为了避免以上针对碳信用的质疑，高质量碳信用概念应运而生。普遍的观点认为，高质量的碳信用应当准确地或较为保守地表示减少向大气中排放或从大气中移除的二氧化碳量，并在国际公认的碳标准下得到认证。碳信用的“质量”是指人们对使用该碳信用实现碳抵消的信心水平，在核算方面，需要修正量化方法防止对减排量的高估，减排量应根据可靠的基线、额外性、泄漏和持久性的计算结果来量化得出，在项目影响层面，需要重新审查项目对环境和社区的影响，发挥社会与环境多重效益，以提高使用碳信用的信心。高质量碳信用需要以真实和额外的减排量为基础，确保经过严格核算、精心设计、定期监测并符合相关碳信用标准的要求。目前国际机构定义的高质量碳信用原则如表 4－9 所示。

表 4－9　　高质量碳信用原则

机构	原则
自愿碳市场诚信委员会（ICVCM） 碳信用核心准则（CCP）	• 碳抵消量：额外性；永久性；准确量化碳信用；无重复计算 • 治理：有效治理；追踪；透明度；独立第三方审定与核查 • 可持续发展：可持续发展的效益和保障措施；对净零排放的贡献
牛津大学 净零排放碳抵消原则	• 减排：优先减少自身排放；确保环境完整性；透明度 • 转向使用碳汇的抵消 • 转向长效储存 • 支持发展净零排放抵消市场：采用长期协议；形成行业联盟；支持恢复和保护自然和半自然的生态系统；将以上原则纳入监管和标准制定
VCMI 临时承诺实践准则	被公认的、有公信力的标准制定机构认证；具有高环境质量；符合人权；促进公平，采用社会保障措施，并展示积极的社会经济影响；有助于保护和提高环境质量
CGQI 评估碳信用质量的方法学	• 确定碳抵消量：额外性；脆弱性（只适用于崩溃的市场）；准确量化碳减排量和碳汇量 • 避免重复计算：健全的登记和项目数据库系统；避免重复签发；避免重复使用；避免重复声明 • 解决非永久性问题：非永久性风险的重要性；碳信用项目解决非永久性风险方法的稳健性 • 促进向净零排放的转型：加强低排放、零排放或负排放技术和实践的采纳 • 强有力的制度安排和流程：整体项目治理；透明度；健全的第三方审计 • 环境和社会影响：碳信用项目的环境和社会保障措施的稳健性；对可持续发展的影响；对提高适应能力和韧性的贡献 • 国家的雄心：国家对全球温升目标的承诺；国家目前 NDC 的严格程度和覆盖面；碳信用项目使该国能够利用部分减排来实现 NDC 的能力

续表

机构	原则
TNC Raise the Bar	基线；额外性；永久性；碳泄漏；准确性和保守性；社会保障和效益
UNDP 高完整性的自愿碳市场(VCM)：森林国家的新问题	• 环境完整性：避免重复计算；确保碳减排量和移除量的估算质量；额外性 • 碳核算之外的方面：健全的社会和环境措施；健全的项目治理；可靠的承诺；使用碳信用的明确性和合法性
VCS 确保真实且公平地记录温室气体信息的标准	相关性；完整性；连续性；准确性；透明度；保守性
SEI & Greenhouse Gas Management Institute 确保气候效益：碳抵消的使用指南	额外性；避免过高的估计；永久性；减排量独家认领/未被其他实体认领；避免对社会和环境的危害
WWF 森林减缓气候 NbS 的利益共享诚信原则	• 公平：深入、有意义的参与；广泛、有包容性的利益相关方代表；公平地分享利益；多元化的价值体现 • 负责任的：透明且易于理解的；有效和适当的申诉机制 • 基于权利的：尊重原住民和当地社区；自由、事先、知情同意 • 有效的：净正效益；适当的补偿；保持额外性、追求正反馈；适应性管理
CI，TNC & Meridian 高质量蓝碳原则	• 原则：保护自然；公众参与；采用最佳实践和碳汇计量准则；因地制宜；推动资本市场高效投资 • 指导：核算的准确性；保护与恢复；适应性管理；额外性与基线；蓝碳生态系统状况；持久性与逆转的风险；减缓逆转的风险
VCM Primer 解释自愿碳市场	• 真实、额外的减排量：量化碳减排量和碳汇量；可靠的基线；确保额外性；预防和核算碳泄漏；确保永久性 • 高质量的项目：与政策一致；保障措施；透明和公平地共享利益
Gold Standard 碳补偿黄金标准手册	额外性；可验证性；可追踪性；持久性；对可持续发展的贡献
Shell energy 对自愿碳市场的展望	质量和合法性问题；标准化；透明度；基础设施；将长期承诺转化为实际承诺；强制性市场关联

综合以上不同的原则，高质量的碳信用应具备以下五个特征：

一是在碳抵消量计算方面，高质量的碳信用需要确保减排增汇真实有效，提供明确的气候减缓效益。

二是项目产生的碳信用应当准确、恰当地量化。碳信用的计算应在项目开始前识别了基线的基础上，充分利用现有的信息和技术方法，采取保守、科学的量化方法，进行完整的方法学审批流程，定期更新方法学，并计算项目可能产生的碳泄漏量。

三是碳信用应当具有额外性，项目带来的减排增汇量必须是在没有该项目的情况下不会产生的，即相对于基线情景是额外的。

四是碳信用须避免重复计算的问题，健全的注册登记和项目数据库系统是避免重复计算的关键前提，能够核查重复签发、重复使用和重复声明等情况，建立机制确保同一个项目仅被计入一次气候减缓承诺中或前一项承诺取消后才能重新被计入另一气候承诺。

五是项目干预措施产生的碳信用应当具有永久性，需要评估项目是否由于自然灾害、管理不当或当地环境条件发生变化等因素而面临减排量或增汇量发生逆转的风险，若有这些风险，则应制定有效且充足的弥补机制和计划。

资料来源：大自然保护协会．高质量碳信用的原则、特征和应用［R］. 2023. 6.

（二）碳信用的管理机制

根据碳信用产生与管理方式，碳信用分为国际机制、独立机制、国家和地方的管理机制。

1. 国际机制

国际机制是指受国际气候公约制约的机制，通常由国际机构管理。目前主要是《京都议定书》下的清洁发展机制 CDM 和联合履约机制 JI。CDM 是签发碳信用和注册减排项目最多的碳信用机制，发放的碳信用 75% 以上集中在工业气体和可再生能源两个领域。根据联合国环境规划署数据，截至 2021 年 4 月 1 日全球注册备案 CDM 项目数共计 8415 个。其中，2004—2012 年注册备案项目占比近 95%。

2. 独立机制

独立机制是指由独立第三方认证的碳信用机制，主要存在于自愿减排市场中。目前，主要独立机制有自愿碳减排核证标准（Verified Carbon Standard，VCS）、黄金标准（Gold Standard）、美国碳注册（American Carbon Registry，ACR）等。其中，自愿碳减排核证标准（VCS）由气候组织、国际排放交易协会、世界可持续发展商业委员会和世界经济论坛等于 2005 年共同创建，目的是为全球自愿减排项目提供认证和信用签发服务，目前参与国家有 72 个，是目前最大的独立碳信用机制。黄金标准（Gold Standard）由世界自然基金会、南南—南北合作组织等国际非政府组织于 2003 年共同发起组建的碳信用机制，发达国家之间通过项目级的合作，其所实现的减排单位可以转让给另一发达国家缔约方，但必须在转让方的“分配数量”配额上扣减相应的额度。当前占主导地位的独立第三方自愿减排机制包括：核证减排标准（VCS）、黄金标准（GS）、美国碳注册登记处（ACR）、美国气候行动储备方案（CAR）等，几乎占据全球自愿减排信用总量的2/3。

专栏4-2　案例

核证减排标准（VCS）

核证减排标准（Verified Carbon Standard，VCS）是世界上使用最广泛的温室气体（GHG）信用机制。VCS由非营利组织Verra建立，而VERRA是由气候组织（CG）、国际排放交易协会（IETA）及世界经济论坛（WEF）于2005年共同开发，致力于为自愿碳减排交易项目提供一个全球性的质量保证标准（见图4-2）。VCS重点关注蓝碳、碳捕捉与储存、农业，林地和其他土地利用，以及能源转型领域，项目类型覆盖能源、制造业、建筑业、化工业、金属制造、垃圾处理和填埋、农林和其他土地利用、畜牧业和废料管理等15个部门，引导推动资金流向减少和消除排放、改善生态和保护自然的活动。VCS签发的碳信用为VCUs（Verified Carbon Units）。截至目前，全球共95个国家使用VCS，已注册VCS的减排项目超过2100个，涉及的减少和消除的温室气体排放量达到1.2亿吨。

图4-2　核证减排标准VSC官网

VCS认证体系由四个部分组成，分别是标准、独立验证、核算方法学和注册系统。标准方面，VCS项目定义了所有项目必须遵守的规则和流程，包括要求、程序、模板和指南。相关标准文件定期发布更正或澄清版本，以保证标准的准确性和清晰度。验证方面，VCS项目需要经Verra工作人员和具有资质的第三方机构进行独立审计，以确保项目符合当地法律法规、标准的规则和要求，保障当地相关利益者的权益。注册系统方面，与VCS项目的所有相关信息都储存在VCS的注册系统中，对公众公示，同时跟踪所有 VCU 的产生和退出情况。此外，每个 VCS 项目会经历一段公开评论期，在此期间，任何人都可表明他们是否认可该项目符合 VCS 的标准。这些意见将被记入注册系统，项目负责人需对此进行考量。

VCS 签发需经过五个主要步骤：

一是选择合适的方法学，以确认温室气体减排量核算和设定的具体规则。项目开发者需根据项目实际情况和条件，通过 VCS、CDM、CAR 等标准选择适合的方法学。若现有方法学不能满足项目需求，则可开发新的方法学并交由 VCS 审批。

二是项目描述及公开。项目开发者需提供项目说明书等文件，表明项目符合所有 VCS 标准和方法学条件。此外，项目开发者需在 VCS 登记处（APX 或 Markit）开设账户，并在 VCS 项目库中公示项目情况。

三是审核项目。项目开发者需聘用经审批通过的独立第三方机构，对项目说明书等文件进行审核和验证，证实项目的描述情况全部严格遵守 VCS 规则，并出具项目核查报告。

四是减排量监测和核实。项目开始运行后，项目开发者根据要求，对减排量和其他关键数据进行监测和记录，并编制监测报告。监测报告须经第三方机构核证并出具相应报告。

五是碳信用签发。项目开发者提交项目注册及签发碳信用的申请，经 VCS 登记注册处核实后，合格的项目将获得相应减排量，并将其归入账户中。

3. 国家和地方机制

除了国际机制与独立机制外，还有只适用于一个国家、省内或者几个国家的国家和地方以及区域的碳信用机制，一般只受到本国、本省或双边国家的制度约束。区域、国家和地方碳减排机制由各自辖区内立法机构管辖，通常由区域、国家或地方各级政府进行管理，如中国的国家核证自愿减排量、加拿大魁北克抵消信用机制、美国区域温室气体倡议二氧化碳抵消机制。

从存量项目角度看，国际碳减排机制项目占据主导，但是从增量项目发展趋势来看，碳减排市场从国际碳减排机制占主导逐渐过渡为独立碳减排机制、国内减排机制占主导的格局。

（三）CCER 的概念与发展

1. CCER 的概念

CCER 是中国核证自愿减排量（Chinese Certified Emission Reduction），是指经国家自愿减排管理机构签发的减排量，即中国的 CER。CER 是清洁发展机制（CDM）下经核证的减排量，CDM 规定发达国家企业提供技术和资金帮助发展中国家的企业实现温室气体减排，其获得的减排量经核证后可以抵消其减排指标。

CCER 是可以全社会共同参与温室气体减排行动的一项制度创新。重点排放单位可按照有关规定，CCER 可用于抵消碳排放配额，即纳入碳排放交易的单位可以通过购买国家核证自愿减排量抵消其超额温室气体排放。抵消机制的设计进一步扩大了碳排放交易市场对国家核证自愿减排量的需求，进而激励了温室气体自愿减排项目的实施。因此 CCER 交易市场是全国碳排放权交易市场的重要补充。

2. CCER 的发展历程

我国 CCER 自 2012 年启动以来，经历了以下几个阶段：

2012—2014 年，试点阶段。2012 年国家发展改革委发布了《关于开展温室气体自愿减排交易试点工作的通知》启动了 CCER 体系的建设。同年发布《温室气体自愿减排交易管理暂行办法》指出，CCER 可作为清缴配额用于履约，抵消企业部分实际排放量，但是抵消企业部分超额排量完成履约时会设定抵消上限，主要原因是：一是经常调整抵消比例会带来行政自由裁量权过大，可能产生行政权力的滥用；二是经常调整抵消比例，会导致市场预期不明确，带来市场价格的异常波动。

2015—2017 年，扩展阶段。国家发展改革委发布了《关于进一步做好温室气体自愿减排交易工作的通知》，扩大了 CCER 体系的适用范围和交易渠道，上线“自愿减排交易信息平台”，CCER 开始进入交易阶段。此阶段主要是为了响应《巴黎协定》的签署，提高我国应对气候变化的国际影响力，推动碳市场的规模化和多元化。

2018—2020 年，暂停阶段。国家发展改革委发布了《关于暂停受理温室气体自愿减排交易项目备案申请及核证减排量登记申请有关事项的通知》，暂停了 CCER 体系的运行。此阶段主要是为了配合全国碳市场的建设，进行 CCER 体系的改革和完善，避免与全国碳市场产生冲突和重复。

2021 年至今，重启阶段。生态环境部发布了《碳排放权交易管理办法（试行）》，明确了 CCER 作为全国碳市场抵消机制的地位和作用。此阶段主要是为了适应全国碳市场的要求，提高 CCER 的信誉度和可交易性。2023 年 10 月 20 日，生态环境部正式颁布《温室气体自愿减排交易管理办法（试行）》，标志着 CCER 重启提上日程。新的《管理办法》进一步明确了项目类型和准入要求，对项目和减排量计入时间、项目审定和减排量核查流程也进行了修改。新的《管理办法》与 2012 年《温室气体自愿减排交易暂行办法》的差异如表 4 - 10 所示。生态环境部、国家市场监督管理总局、国家气候战略中心等出台了新政策与新方法学，如表 4 - 11 所示。为保障温室气体自愿减排交易的顺利开展，同时，国家气候战略中心被确定为 CCER 注册登记机构，北京绿色交易所作为 CCER 交易机构。

CCER 制度体系逐步完善。

表 4－10　《管理办法（试行）》与《暂行办法》对比

	温室气体自愿减排交易管理办法（试行）	温室气体自愿减排交易暂行办法
气体种类	二氧化碳、甲烷、氧化亚氮、氢氟碳化物、全氟化碳、六氟化硫、三氟化氮 7 种温室气体	二氧化碳、甲烷、氧化亚氮、氢氟碳化物、全氟化碳、六氟化硫 6 种温室气体
主管单位	生态环境部	国家发展改革委
项目备案流程	文件设计—公示—审定—申请项目登记	文件设计—公示—审定—申请备案—专家评估—项目备案审批—登记
减排量备案流程	减排量核算—公示—第三方核查—申请减排量登记	监测报告—公示—核证—申请备案—专家评估—减排量备案审批—登记
项目开始时间	2012 年 11 月 8 日以后开工	2005 年 2 月 16 日以后开工
减排量追溯期	应在 2020 年 9 月 22 日之后	项目开始产生减排量之时
交易机构	北京绿色交易所	全国 9 个交易试点
新增内容	第三方机构管理、监管和惩罚、限制项目类型和法律责任	—

表 4－11　中国 CCER 最新政策体系

发布时间	发布单位	政策名称
2023. 10	生态环境部、市场监管总局	温室气体自愿减排交易管理办法（试行）
2023. 10	生态环境部	温室气体自愿减排项目方法学　并网光热发电
2023. 10	生态环境部	温室气体自愿减排项目方法学　并网海上风力发电
2023. 10	生态环境部	温室气体自愿减排项目方法学　红树林营造
2023. 10	生态环境部	温室气体自愿减排项目方法学　造林碳汇
2023. 11	国家气候战略中心	温室气体自愿减排项目设计与实施指南
2023. 11	国家气候战略中心	温室气体自愿减排注册登记规则（试行）
2023. 11	国家气候战略中心	温室气体自愿减排交易和结算规则（试行）
2023. 12	国家市场监督管理总局	温室气体自愿减排项目审定与减排量核查实施规则

2024 年 1 月 22 日，全国温室气体自愿减排交易市场启动仪式在北京举行，标志着 CCER 市场正式重启，与 2021 年 7 月启动的全国碳排放权交易市场共同构成完整的全国碳市场体系。根据北京绿色交易所统计，市场启动首日总成交量 375315 吨，总成交额 23835280 元。据此测算，首日 CCER 成交均价 63. 51 元/吨，略低于当日全国碳排放权（CEA）交易成交价格 70. 67 元/吨。展望未来，伴随碳中和进程的推进，免费碳配额供应料将持续下降，碳配额及 CCER 供需将持续向好，进而带动价格长期上涨。对标海外，

1 月 19 日，欧盟 EUA 连续合约成交价为 61.38 欧元/吨，中国碳价存在较大提升空间。

3. CCER 方法学

方法学是指导温室气体自愿减排项目开发、实施、审定和减排量核查的主要依据，对减排项目的基准线识别、额外性论证、减排量核算和监测计划制定等具有重要的规范作用。

2017 年暂停新项目受理之前我国已备案的旧方法学超过 200 个，涉及 16 个领域，基本涵盖了大部分的减排类型。这 200 个旧方法学中有 173 个是从联合国清洁发展机制（CDM）翻译转化而来的，165 个方法学从未得到实际应用。整体而言，CCER 旧方法学总体脱离我国目前的实际情况，部分方法学已不符合当前产业政策导向，对近年涌现的创新减排技术缺乏相应方法学支持。2023 年 10 月 24 日，生态环境部公布了首批 CCER 项目四个新方法学，即《造林碳汇方法学》《并网光热发电方法学》《并网海上风力发电方法学》以及《红树林营造方法学》，明确了碳汇项目开发具体要求和相关流程，进一步规范全国温室气体自愿减排项目设计、实施、审定和减排量核算、核查工作。这四个温室气体自愿减排项目方法学，包括两个能源领域方法学和两个林业领域方法学，覆盖了绿碳、蓝碳和可再生能源三个方向为环境保护和减少碳排放开辟了新的途径。新方法学与国际上的 VCS 的框架有很多相似之处，有利于未来中国 CCER 与国际接轨。

第三节 碳市场交易工具

碳市场交易工具是指在碳排放权交易基础上，以碳配额和碳信用为标的的金融合约，可以帮助市场参与者更有效地管理碳资产，为其提供多样化的交易方式、提高市场流动性、对冲未来价格波动风险、实现套期保值。

一、碳期货

碳期货与现货相对，是极其重要的碳金融衍生产品。碳期货是指在将来进行交收或交割的标的物（二氧化碳排放量），交收期货时间可以是一个月之后、三个月之后或者一年之后。买卖碳期货的合同或者协议叫作碳期货合约，是指以碳排放权配额或核证减排量等现货作为合约标的物的期货合约。碳期货对碳金融和低碳经济的发展具有重要作用，对于控排企业而言，碳期货可以为参与者提供套期保值等风险规避手段。对于市场而言，碳期货可以弥合市场信息不对称情况，增加市场流动性；碳期货交易过程反映供求双方对未来某个时间供求关系变化和价格走势的预期，价格信息具有连续性、公开性和预期性的特点，有利于增加市场透明度，提高资源配置效率。

目前国际上主流的碳期货主要包括欧洲气候交易所碳金融合约（ECX CFI）、欧盟碳配额期货（EUA Future）、核证减排量期货（CER Future），以及可在美国洲际交易所（ICE）进行交易的英国碳配额（UK Allowances）、加利福尼亚碳配额（CCAs）和区域温室气体倡议配额（Regional Greenhouse Gas Initiative Allowances）等。我国目前正在大力推进碳期货研发，2016 年《关于构建绿色金融体系的指导意见》已提出“探索研究碳排放权期货交易”，但由于碳市场不具备期货交易所资质，碳期货尚未落地。2021 年 4 月 19 日，随着广州期货交易所揭牌，碳期货品种研发进程正式启动，目前正大力推进碳排放权期货品种研究工作。

专栏 4－3　案例

欧盟 EUA 期货合约

欧盟碳期货市场是目前世界上规模最大、运行时间最长的碳期货交易市场。

这一市场是欧洲碳排放交易体系（EU ETS）最重要的组成部分，其运行与发展均是在 EU ETS 框架内进行的，因此欧盟碳期货市场的发展阶段和运行特点与 EU ETS 同步。欧盟碳排放权配额（EUA）期货是最早的碳期货产品，由欧洲气候交易所（ECX）于 2005 年推出与现货同时开始交易。EUA 期货始终占据市场交易的绝大部分。EUA 期货合约要素如表 4－12 所示。

表 4－12　EUA 期货合约

交易单位	1000 单位二氧化碳欧盟配额（EUA）；每单位欧盟配额代表 1 吨二氧化碳同等气体的权利
最小交易量	1000 单位 EUA
报价	欧元/吨
最小变动价位	0.01 欧元/吨
涨跌停板幅度	无限制
合约月份	6 个季度合约和 2 个月度合约。合约截至 2030 年 12 月（欧盟排放制度第四期结束）
到期日	合约月份最后一个星期一。如最后一个星期一是非营业日或该星期一之后四日有一个非营业日，则最后交易日为交割月的倒数第二个星期一
交易系统	交易会在洲际交易所期货电子交易平台或通过合规格的独立软件售卖商
交易模式	交易时间内连续交易
结算价格	每日收市期（16：05—16：15 英国当地时间）加权平均价

续表

交割	实物交割，欧盟排放配额从在国家注册处的卖方账户转移到买方账户。所有转移需经过清算会员的账户和洲际交易所欧洲清算，交割在最后交易日后三天进行
清算	洲际交易所欧洲清算作为中央对手方
增值税	零增值税率
保证金	初始保证金及可变保证金以洲际交易所欧洲清算标准

二、碳期权

碳期权是在碳期货基础上产生的碳金融衍生品，指交易双方在未来某特定时间以特定价格买入或卖出一定数量的碳标的（如碳排放权配额）的权利。碳期权合约是交易双方签署的合法凭证，期权的买方向卖方支付一定数额的权利金后，获得合约有效期内的选择权。碳期权的交易方向取决于购买者对于碳排放权价格走势的判断。与碳期货一样，碳期权可以帮助买方规避碳价波动带来的不利风险，具备一定的套期保值功能。国际主要碳市场中的碳期权与碳期货交易已相对成熟，我国当前碳期权主要为场外期权，并委托交易所监管权利金与合约执行。

专栏 4－4　案例

我国首笔碳配额场外期权合约

2016 年 6 月 16 日，深圳招银国金投资有限公司、北京京能源创碳资产管理有限公司、北京绿色交易所（北京环境交易所）正式签署了国内首笔碳配额场外期权合约，交易量为 2 万吨。2016 年 7 月 11 日，北京绿色交易所发布了《碳排放场外期权交易合同（参考模板）》，场外碳期权成为北京碳市场的重要碳金融衍生工具（见图 4－3）。

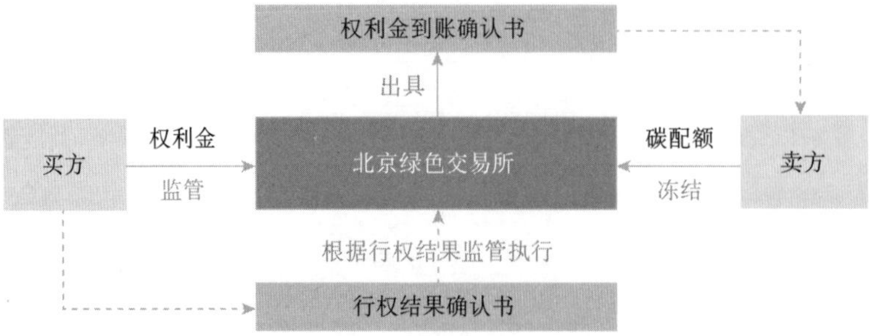

图 4－3　北京碳期权运行图

资料来源：平安证券研究所。

三、碳远期

碳远期交易是指双方约定在将来某个确定的时间以某个确定的价格购买或者出售一定数量的碳配额或核证减排量等，碳远期是适应规避现货交易风险的需要而产生的，可用于锁定碳收益或碳成本。清洁发展机制（CDM）项目产生的核证减排量（CER）通常采用碳远期的形式进行交易。项目启动之前，交易双方就签订合约，规定碳额度或碳单位的未来交易价格、交易数量以及交易时间。碳远期在国际市场的核证减排量交易中已十分成熟且运用广泛。我国上海、广东、湖北等试点碳市场进行了碳远期交易探索，其中广州碳排放权交易所提供了定制化程度高、要素设计相对自由、合约不可转让的远期交易，湖北、上海碳市场则提供了具有合约标准化、可转让特点的碳远期交易产品。由于成交量低、价格波动等原因，国内的碳远期交易仍有待完善。

专栏4－5　案例

上海碳配额远期产品

2017年1月上海碳配额远期产品上线，上海碳配额远期（SHEAF）是以上海碳排放配额为标的、以人民币计价和交易的，在约定的未来某一日期清算、结算的远期协议。交易所为上海碳配额远期提供交易平台，组织报价和交易；上海清算所为上海碳配额远期交易提供中央对手清算服务，进行合约替代并承担担保履约的责任（见图4－4）。

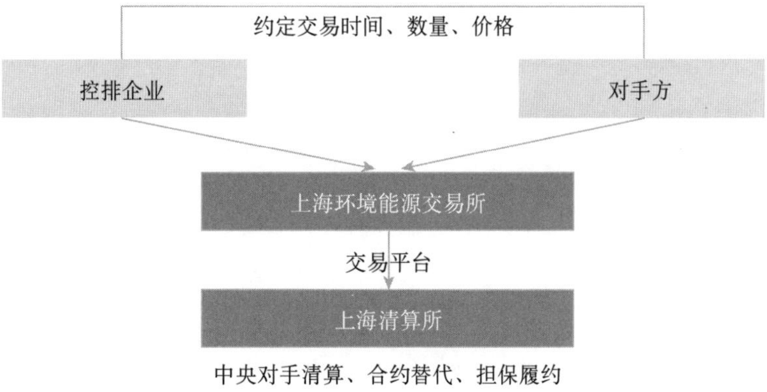

图4－4　上海碳配额远期运行图

资料来源：上海环境能源交易所、平安证券研究所。

四、碳掉期（互换）

碳掉期（互换）是指交易双方以碳排放权为标的物，双方以固定价格确定交易，并约定未来某个时间以当时的市场价格完成与固定价格交易对应的反向交易，最终对两次交易的差价进行现金结算。碳掉期（互换）实际上就是交易双方交换碳资产或等价现金流合约，以场外交易为主。我国的碳掉期主要有两种模式：一是由控排企业在当期卖出碳配额，换取远期交付的等量 CCER 和现金；二是由项目业主在当期出售 CCER，换取远期交付的不等量碳配额。在实践中，碳配额场外掉期通常有两种形式：一是以现金结算标的物即期与远期差价，碳市场交易场所主要负责保证金监管、交易鉴证及交易清算和结算；二是不同标的资产间的互换交易，如试点碳市场中常见的配额 CCER 互换交易。

专栏 4－6　案例

我国首笔碳配额场外掉期合约

2015 年 6 月 15 日，中信证券股份有限公司、北京京能源创碳资产管理有限公司、北京绿色交易所在“第六届地坛论坛”正式签署了国内首笔碳配额场外掉期合约，交易量为 1 万吨。掉期合约交易双方以非标准化书面合同形式开展掉期交易，并委托北京绿色交易所负责保证金监管与交易清算工作。2016 年，北京碳市场发布场外碳掉期合约参考模板，场外碳掉期成为北京碳市场的重要碳金融创新工具之一（见图 4－5）。

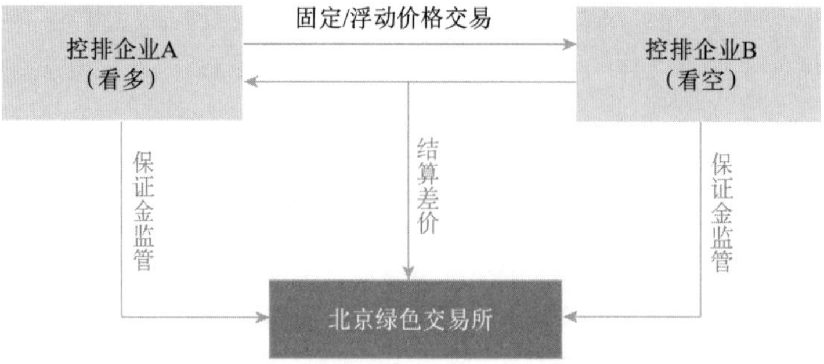

图 4－5　北京碳配额掉期运行图

资料来源：平安证券研究所。

第四节　碳市场融资工具

碳市场融资工具是指以碳资产为标的进行各类资金融通的碳金融产品，可以为碳资产创造估值和变现的途径，帮助企业拓宽融资渠道。

一、碳质押

碳质押是指以碳资产作为质押物进行的一种融资方式，碳排放权质押贷款是以碳排放权配额或核证减排量为质押，向符合条件的市场主体发放的贷款。从业务的底层逻辑来看，碳质押是质押融资的一种，只是质押物换成了碳资产，因此碳质押本身具有所有质押融资业务的共性特点。由于碳资产这一质押物的特殊性，其业务发展与碳资产登记制度的完善、交易市场的发展、碳资产评估体系的建立紧密相关。上海、广东碳市场已出台针对碳质押的业务规则，碳质押已成为较为规范化的融资工具。

2014 年 9 月 9 日，湖北宜化集团和兴业银行签订“碳排放权质押贷款协议”，湖北宜化集团利用碳排放配额获得 4000 万元的质押贷款，这是我国首单碳资产质押贷款项目。随后，我国多家商业银行探索创新了碳配额质押、CCER 质押、林业碳汇质押、碳资产质押保险结合等多种模式。2021 年，上海环境能源交易所全年共推动 16 笔 SHEA 质押融资业务落地，融资总规模 4100 多万元。但受制于融资主体主观质押意愿不强、制度体系、财税司法等配套政策有待进一步明确等因素，碳资产质押业务在商业银行存量信贷领域中占比仍偏小。

商业银行评估抵押品的优良属性，主要从押品的价值量是否足够、价格波动是否剧烈、流通性高低等维度评判。碳资产与传统抵押品的属性对比如表 4 – 13 所示。目前阶段碳资产的各项属性距优质押品仍有距离，一般无法作为核心风险缓释手段。各家银行采用的碳资产质押配套碳保险、第三方保证等方式，也是基于碳资产在押品属性上的某些不足进行的综合风控考量。

表 4 – 13　　商业银行抵押品属性对比

抵押品类型	价值量	价格波动性	流动性	贷后处置难易程度
碳资产	低	较高	低	难

续表

抵押品类型	价值量	价格波动性	流动性	贷后处置难易程度
固定资产	高	较低	低	一般
股票	较高	高	高	易

全国碳排放交易市场叠加 CCER 重启的双重利好，使碳资产质押融资的规模化成为可能，其重要意义在于量化减排项目的环境效益，增加碳市场交易主体。尽管目前拥有可质押碳资产的大中型头部企业质押融资积极性不高，但八大重点领域涉及的产业链、供应链上下游普惠型小微企业的碳资产，可以作为银行普惠信贷押品的有力补充。传统商业银行的普惠信贷以房产抵押、税费贷、政府采购贷等为主，小微企业在固定资产押品匮乏的情况下，碳资产目前虽无法达到核心押品的属性要求，却可以在小微企业信用属性上作为有力的普惠风险缓释手段，有利于激发融资人端、银行端、外部监管端的多方参与积极性，商业银行也可以同时完成普惠信贷投放、绿色信贷投放的双重考核（见图 4－6）。

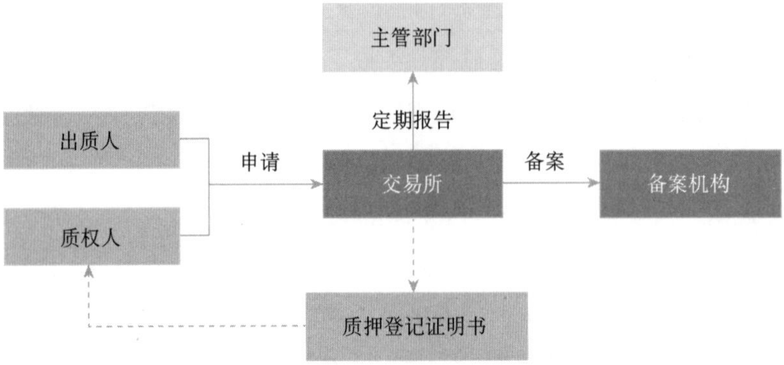

图 4－6　上海碳市场碳质押标准业务流程图（以碳配额为例）

资料来源：上海环境能源交易所，平安证券研究所。

专栏 4－7　案例

山东省碳排放权抵押贷款业务

2021 年 7 月 21 日，山东省首批两单碳排放权抵押贷款业务同时落地。山东熙国能源有限公司向日照银行抵押 61 万吨碳排放配额，成功获得 3000 万元贷款，利率低于本行抵质押贷款利率 0.56 个百分点；兖州农商银行向兖州市银河电力有限公司发放 3 年期碳排放权抵押贷款 1000 万元，利率低于本行企业贷款加权平均利率 1.72 个百分点。两笔贷款均采用“快审快贷”简易办理程序，实现了押品登记、授信审批、贷款发放当日完成。

专栏 4-8　案例

工行深圳市分行“双碳贷”融资产品助力科创企业“绿色”转型

2022 年，工行深圳市分行推出“科创双碳贷”融资产品，以碳排放配额质押融资创新模式，盘活深圳王子新材料股份有限公司“碳资产”，为其拓宽企业融资路径。工行深圳市分行结合企业经营的实际情况，以信用附加数百吨碳排放权质押为担保方式，成功为企业发放数千万元流动资金贷款，用于购买新型环保原材料。该笔业务是工行深圳市分行首笔碳排放权质押贷款，为后续进一步推进“碳金融”发展提供了宝贵的经验。

专栏 4-9　案例

深圳担保集团开启碳资产 ABS 产品交易新模式

2023 年，深圳担保集团与深圳市芭田生态工程股份有限公司、深圳市立德通讯器材有限公司完成全国首单碳资产 ABS 产品的签约，将实现全国碳资产 ABS 业务从“0 到 1”的突破。该项目打造了“碳金融”深圳新模式——以企业碳资产未来预期收益为支撑，通过发行市场流通证券为企业提供融资支持，预期总融资规模达 1 亿元。

二、碳回购

碳回购是指一种通过交易为企业提供短期融资的碳市场创新安排，碳排放配额回购是碳排放管控单位或其他配额持有者，向碳排放权交易市场其他机构交易参与人出售配额，并约定在一定期限后按照约定价格回购所售配额，从而获得短期资金融通的交易活动。碳排放配额持有者作为碳排放配额出让方，其他机构交易参与人作为碳排放配额受让方，双方签订《回购协议》，约定出售的配额数量、回购时间和回购价格等相关要点，在协议有效期内受让方可以处置碳排放配额。我国交易所还推出跨境碳资产回购业务，境外投资者以境外资金参与碳市场，持有碳资产的管控单位以碳资产为标的获得境外资金用于企业低碳发展。该业务为管控单位拓宽了融资渠道，使其有机会使用境外低成本资金，同时盘活了其碳资产，并通过不同品种之间的碳资产互换，获得置换收益，实现企业资产值。

专栏 4-10　案例

我国首单跨境碳资产回购交易

2014年8月，深圳排放权交易所获得国家外汇管理局批准，成为国内首个允许境外投资者参与的碳交易平台，且境外投资者参与深圳碳市场不受额度和币种限制。2016年3月，在深圳排放权交易所的协助下，深圳能源集团股份有限公司（简称深能源）控股的妈湾电力有限公司和BP（英国石油），完成国内首单跨境碳资产回购交易业务，交易标的为400万吨配额，交易额达亿元人民币规模，同时也是全国试点碳市场启动后交易规模较大的单笔碳交易。深圳能源集团将利用本次交易资金投入公司可再生能源的生产，为深圳市优化发电产业结构，构建低碳能源体系作出新贡献。此次跨境碳资产回购业务的落地，是深圳碳金融创新服务实体经济的实践典范，开创了境外投资者运用外汇或跨境人民币参与中国碳排放权回购交易的先河，为深圳以及未来全国碳市场注入了新的活力。

专栏 4-11　案例

全国首笔组合式碳资产回购交易

中信证券与深圳拓邦股份有限公司签约全国首笔组合式碳资产回购交易。该业务是在深圳市生态环境局、深圳排放权交易所指导下达成的一项全国性碳金融创新，也是深圳碳市场首笔金融机构为主体开展的回购交易。本次交易规模达数百万元，拓邦股份以碳排放配额、国家核证自愿减排量为标的与中信证券开展组合式回购交易，利用交易资金投向生产线智能化升级项目，通过购入异型插件机、自动化测试设备、自动焊锡机等自动化设备，提质增效，实现精益化生产，持续提升智能制造能力，有效降低制造环节碳排放。

三、碳基金

碳基金是指由政府、金融机构、企业或个人投资设立的专门基金，投资于碳市场、碳减排项目、新能源项目等，通常其收益与碳价变化或减排项目回报挂钩，是重要的融资工具，主要以一级市场投资为主。碳基金的融资方式主要包括：一是政府全部出资，这种方式主要由政府出资并管理的碳基金选择，如芬兰、奥地利碳基金等；二是政府和企业按比例共同出资，这是最常用的一种方式，这种方式比较灵活，筹资速度快，筹资量大，可以由政府先认购碳基金一定数目的份额，其余份额由相关企业自由认购；三是政府通过征税的方式筹资，这种方式好处是收入稳定，而且通过征收能源使用税也可以采用价格杠杆限制对能源的过度使用，促进节能减排；四是企业自行募集，主要为企业出资的碳基金所采用。

国际碳基金的投资方式主要有三种：碳减排购买协议（ERPAs）、直接融资（Direct Financing）以及 N/A 方式。具体来说，碳减排购买协议为碳基金直接收购温室气体减排量；直接融资为碳基金直接为低碳或减排项目提供融资支持，以较低价格获得碳信用指标，如 ERUs 和 CERs 等；N/A（Not Available）投资方式则是指碳基金考虑投资项目的目标，是一种更具灵活性的投资方式。

从碳基金的发展路径上看，国际范围内碳基金最主要采用的投资方式是碳减排购买协议（ERPAs），然而随着国际碳市场的不断发展成熟，越来越多的私人资本涌入，私募碳基金的数量开始激增，而私募基金更偏好直接融资的方式，因此国际碳基金采取直接融资方式进行投资的比例有所上升。

碳基金在运作模式上，体现出显著的特点：多以信托的方式在基金投资者和基金管理公司之间建立起托管人与受益人的关系；管理结构与有限责任公司和股份有限公司相似；业务运行通常由基金托管人负责，往往会设立专业的碳基金业务管理团队来具体执行。

专栏 4－12　知识拓展

我国碳基金的类型与发展

相比于欧洲，我国碳基金仍然处于起步阶段。早期，我国低碳基金大部分是专注于投资绿色低碳企业股权的私募基金，投资于国内碳市场的基金在 2014 年后才逐渐开始涌现。主要有以下三种类型：

1. 国家层面的碳基金

中国清洁发展机制基金成立于 2007 年 11 月 9 日，由财政部主管，扶持对象有限选择 CDM 项目，主要通过提供碳减排技术援助和资金来降低 CDM 项目风险，促进落实 CDM 项目减排量的交易，提高公众的低碳环保意识。这一基金属于按照社会性基金模式管理的政策性基金，其资金来源主要是：通过 CDM 项目转让温室气体减排量所获得的收入中属于国家所有的部分；基金运营收入，国内外机构、组织和个人的捐赠等。

中国绿化基金会成立于1985年9月27日，由林业局主管，旗下设有4个专项基金：中国绿色碳基金（China Green Carbon Fund）、绿色1+1专项基金、碳中和基金和生态城市发展基金，是全国性的公募基金会。

中国绿色碳基金（CGCF）成立于2007年，发起者包括国家林业和草原局、中国石油天然气集团公司、中国绿化基金会和嘉汉林业（中国）投资有限公司，该基金主要用于支持应对气候变化活动的专业造林减排、管理森林和建设能源树林基地等形式增加碳汇等项目。

2. 地方政府背景的碳基金

随着国家各项低碳政策的出台，各省市也开始尝试建立低碳基金。例如，广东省政府于2009年成立的广东绿色产业投资基金，总规模为50亿元，由政府引导资金5000万和社会资金49.5亿元共同组成。投资方向主要是节能减排的项目，或者从事节能装备、新能源开发的高新技术企业股权。

2021年7月16日，全国碳市场线上交易启动仪式湖北分会场暨首届30·60国际会议在武汉举行，会上同时诞生了两只“碳基金”。武汉市人民政府、武昌区人民政府与各大金融机构、产业资本共同宣布，将共同成立总规模为100亿元的武汉碳达峰基金。这是目前国内首只由地方政府牵头组建的百亿级碳基金。该基金将立足武汉，面向全国，优选碳达峰、碳中和行动范畴内的优质企业、细分行业龙头进行投资；基金重点关注绿色低碳先进技术产业化项目，以成熟期投资为主。通过资本赋能加快绿色低碳转型提速，助力湖北省武汉市打造绿色低碳产业集群，实现中部绿色崛起。

3. 社会碳基金

中国碳基金成立于2006年，总部位于荷兰，为国内CDM项目产生的实体减排量进入国际碳排放市场交易提供专业性的服务。为我国与国际碳市场接轨，进行交流与合作提供了平台，以及全流程覆盖的专业服务，是我国碳金融开展国际合作的重要桥梁。

社会碳基金还包括市场化创投碳基金，如浙商诺海低碳基金，该基金由浙商创投于2010年发起，是我国一直致力于低碳领域的私募股权投资基金，主要投资方向为低碳经济领域的节能、环保、新能源等行业中具有自主创新能力和自主知识产权的高成长性企业。

资料来源：赵海清．碳基金相关案例——碳中和专委会碳金融小课堂［EB/OL］．https：//finance. sina. com. cn/esg/2023 - 03 - 10/doc - imykkkfv2939117. shtml0.

专栏 4－13　案例

嘉碳开源基金

2015 年 3 月 14 日，深圳嘉碳资本管理有限公司创立“嘉碳开源基金”，募集资金投资于国内一、二级碳市场、新能源及环保领域中 CCER 项目。嘉碳开源基金的产品包括“嘉碳开源投资基金”及“嘉碳开源平衡基金”。其中，“嘉碳开源投资基金”的基金规模为 4000 万元，而“嘉碳开元平衡基金”的基金规模为 1000 万元，二者均主要投资于核证减排项目及碳市场等。当前两只基金均已结束运行，收益率暂不明确（见图 4－7）。

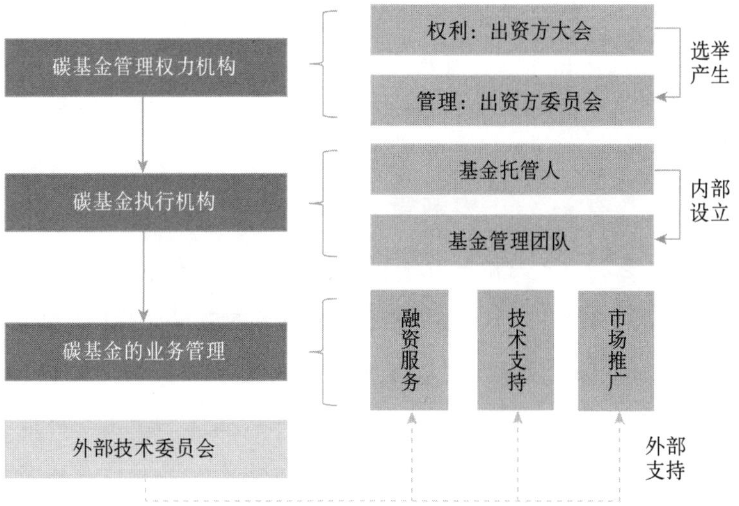

图 4－7　碳基金运行图

资料来源：绿金委碳金融工作组，平安证券研究所。

专栏 4－14　案例

全球首只碳基金

全球范围内首只碳基金由世界银行于 2000 年设立。该碳基金为落实《京都议定书》规定下的清洁发展机制 CDM 和联合实施机制 JI，由承担减排义务的发达国家的政府和企业出资，购买发展中国家环保项目的减排额度。此后，由于碳基金蕴含着巨大的商业机会，越来越多的国家、地区、金融机构等相继出资设立碳基金，在全球范围内开展碳减排或低碳项目的投资，购买或出售从项目中产生的可计量的碳信用指标（CERs）。国际碳基金迎来了高速发展的黄金年代。

四、碳债券

碳债券是指政府或企业等经济主体为筹集低碳经济项目资金而向投资者发行的、承诺在一定时期支付利息和到期还本的债务凭证，属于绿色债券的一个类别。碳债券的票面利率可以与发行主体的减排项目收益挂钩，采取固定利率加浮动利率的产品设计，如将低碳项目的 CDM 收入与债券利率水平挂钩，将 CDM 收入中的一定比例用于浮动利息的支付，项目投资者与债券投资者分享 CDM 收益。碳债券的投向十分明确，主要围绕碳减排或可再生能源项目进行投资，碳债券对于包括 CDM 交易市场在内的新型虚拟交易市场有扩容的作用，有助于促进整个金融体系在碳达峰碳中和目标下向低碳新兴市场转变。碳债券根据发行主体可以分为碳国债和碳企业债券。

专栏 4 – 15　案例

中国首只碳债券

2014 年 5 月 12 日，中广核风电有限公司、上海浦东发展银行股份有限公司、国家开发银行股份有限公司、中广核财务有限责任公司及深圳排放权交易所，共同落地我国首只碳债券“中广核风电附加碳收益中期票据”。该笔碳债券的发行人为中广核风电，发行金额为 10 亿元，发行期限为 5 年，采用“固定利率 + 浮动利率”的形式，其中浮动利率部分与发行人下属 5 家风电项目公司在债券存续期内实现的碳资产（CCER）收益正向关联，浮动利率的区间设定为 5BP—20BP。

五、碳信托

碳信托基金一般是通过信托运作的一种集合资金信托计划，是指发起人通过发行受益权凭证，从投资者手中汇集资金，再将这些集合起来的资金，按照信托协议的约定投资于温室气体减排项目，如通过清洁发展机制和联合履行机制所确定的特定行业的具体项目，在约定期限内将获得的碳信用指标或现金以收益形式回报给投资者。碳信托是根据碳资产开展的金融受托服务，大致可分为碳融资信托、碳投资信托、碳资产服务类信托。

碳融资类信托是信托公司设立信托，以碳资产为抵质押物，向融资人发放贷款，或设立信托，买入返售融资人的碳资产。例如，兴业信托设立“利丰 A016 碳权 1 号集合资金信托计划”，该信托计划以海峡股权交易中心碳排放权公开交易价格作为估价标准，通过受让福建三钢闽光股份有限公司 100 万吨碳排放权收益权的方式，向其提供绿色融资。

碳投资类信托与碳基金模式相似，信托资金主要用于参与碳市场的碳资产交易，在为碳资产提供流动性的同时，通过把握碳资产价格波动趋势获取收益。碳投资信托业务模式目前实践相对较多。以华宝信托“ESG 系列—碳中和集合资金信托计划”为例，信托资金主要投资于国内碳排放权交易所上市交易的碳配额及 CCER。

碳资产服务信托一般是指委托人将其碳资产作为信托财产设立财产权信托，信托公司主要行使资产管理、账户管理等服务性职责。例如，中海信托作为受托人设立的“中海蔚蓝 CCER 碳中和服务信托”，是以 CCER 为基础资产的碳中和服务信托。受托人通过转让信托受益权份额的形式为委托人募集资金，同时提供碳资产的管理、交易等服务。

第五节　碳市场支持工具

碳市场支持工具是指为碳资产的开发管理和市场交易等活动提供量化服务、风险管理及产品开发的金融产品，为了让市场主体了解市场趋势提供风向标，为管理碳资产提供风险管理工具和市场增信手段。

一、碳指数

碳指数是反映碳市场总体价格或某类碳资产价格变动及走势，可以为投资者提供市场价格变化动态，是重要的碳价观察工具，也是开发碳指数交易产品的基础。国内目前比较具有影响力的碳指数主要包括中碳指数体系、复旦碳价指数和中国碳市场 100 指数。除了这些碳中和指数外，还有其他一些相关指数，如上海环境能源交易所、上海证券交易所和中证指数公司共同研究编制的“中证上海环交所碳中和指数”等。

专栏 4-16　案例

中国碳指数产品

“中碳指数体系”是由北京绿色交易所在 2014 年 6 月推出，主要包括“中碳市值指数”和“中碳流动性指数”两只指数。中碳指数选取北京、天津、上海、广东、湖北和深圳6个样本地区碳市场的线上成交数据，根据样本地区配额规模设置权重，以2014年1月2日为基期，是综合反映国内各个试点碳市场成交价格和流动性的指标。当前，中碳指数主要通过北京绿色交易所公众号公布，应用范围相对不广。2021年11月7日，复旦大学以第三方身份推出“复旦碳价指数”（见图4－8）。首批包括五项指数，分别为全国碳排放配额（CEA）价格指数，北京和上海、广州、其他地方试点履约自愿核证减排量（CCER）价格指数以及全国CCER价格指数。复旦碳价指数的创新之处在于对未来1个月的碳价进行预测，可以作为碳资管的重要依据。由于全国碳市场初运行，历史交易数据相对匮乏，其预测准确性仍有提升空间。广州碳排放权交易中心也推出了根据纳入碳市场的上市公司表现，构建了“中国碳市场100指数”，不过该指数并非碳价指数。

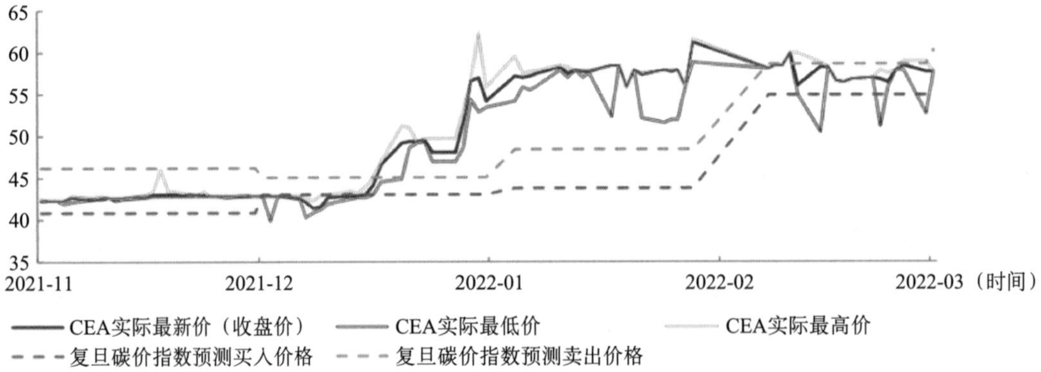

图4－8　复旦碳价指数

2022年1月20日，中证上海环交所碳中和指数由上海环境能源交易所、上海证券交易所和中证指数公司共同研究编制的“中证上海环交所碳中和指数”正式发布。该指数是基于我国现有的能源结构与碳排放状况，从碳中和的实现路径出发，对上市公司温室气体排放水平及碳中和管理举措等角度综合评估候选样本，从深度低碳和高碳减排两大领域选取对碳排放有效管控、为社会积极提供绿色产品或服务的代表性上市公司作为样本。截至2021年年末，指数样本由100只沪深市场上市公司证券构成，样本公司总市值8.5万亿元，占沪深市场上市公司总市值的9.8%。

二、碳保险

碳保险是指通过与保险公司合作，对重点排放企业新投入的减排设备或项目提供减排保险，或者对 CCER 项目买卖双方的 CCER 产生量提供保险。碳保险产品的开发，主要是为了规避减排项目开发过程中的风险，确保项目的核证减排量按期足额交付，降低碳交易项目双方的投资风险或违约风险。有些保险公司已经开发出其他标的物的保险，如碳资产损失类保险、碳排放配额质押贷款保证保险、减排设备损坏碳损失保险等产品。

专栏 4－17 案例

湖北碳排放交易中心“碳保险”开发

2016 年 11 月 18 日，湖北碳排放权交易中心与平安财产保险湖北分公司签署了“碳保险”开发战略合作协议。随后，总部位于湖北的华新水泥集团与平安保险签署了碳保险产品的意向认购协议，由平安保险负责为华新集团旗下位于湖北省的 13 家子公司量身定制碳保险产品设计方案。具体而言，平安保险将为新华水泥投入新设备后的减排量进行保底，一旦超过排放配额，将给予赔偿。这标志着碳保险产品在湖北正式落地。

第六节 中国碳金融产品创新

中国区域碳市场在进行碳金融尝试的过程中，开发出一系列创新型碳金融工具，包括由结构性存款衍化而来的碳结构性存款、由碳回购（碳逆回购）衍化而来的卖出回购（借碳交易）以及碳信托、碳托管等。

一、碳结构性存款

碳结构性存款属于新型理财产品，是运用碳市场价格波动与传统的存款业务相结合的一种创新存款，通过选择权与配额交易的结合，使结构性产品的投资报酬与配额市场价格波动产生联动效应，可以在一定程度上保障本金或获得较高投资报酬率。在实际操作中，碳结构性存款收益可以分为固定收益与浮动收益两部分，其中固定收益部分与普通存款基本一致，而浮动收益部分则通常与碳配额、核证减排量交易价格，或碳债券等其他金融工具价格挂钩，根据碳价或碳金融工具价格的变动决定浮动收益水平。

专栏4-18 案例

挂钩“碳中和”债券指数的结构性存款

2021年5月14日，兴业银行与上海清算所合作发行了挂钩“碳中和”债券指数的结构性存款。产品收益分为固定收益与浮动收益两部分，其中浮动收益与上海清算所“碳中和”债券指数挂钩，该指数的募集资金用途符合国内外主要绿色债券标准指南并具备碳减排效益，符合“碳中和”目标的公开募集债券为样本券。

二、借碳交易（卖出回购）

借碳交易及卖出回购是碳回购及逆回购的变体，是上海环境能源交易所独有的创新型碳金融工具。与常见碳回购或逆回购需要其他非履约机构参与不同的是，借碳交易与卖出回购可以在履约机构之间展开。

借碳交易是指符合条件的配额借入方存入一定比例的初始保证金后，向符合条件的配额借出方借入配额并在交易所进行交易，待双方约定的借碳期限届满后，由借入方向借出方返还配额并支付约定收益的行为。借碳旨在通过碳资产管理机构专业经验，帮助试点控排企业管理碳排放权配额，盘活存量碳资产，提高碳配额流动性，活跃碳市场。卖出回购是控排企业根据合同约定向碳资产管理公司卖出一定数量的碳配额，控排企业在获得相应配额转让资金后将资金委托金融机构进行财富管理，约定期限结束后控排企业再回购同样数量的碳配额。与普通的逆回购不同的是，卖出回购通常将资金委托其他金融机构进行管理。

专栏4-19 案例

国内首笔碳排放配额回购融资

2014年12月30日，中信证券与北京华远意通热力科技股份有限公司正式签署了国内首笔碳排放配额回购融资协议，融资总规模为1330万元，北京环境交易所参与该项业务。春秋航空、兴业银行、上海置信碳资产管理有限公司也于2016年开展过碳排放配额售出回购业务，上海环境能源交易所参与该项业务。2024年年初多家头部券商已经纷纷在全国碳市场开展碳回购业务。中信证券、中信建投、申能碳科技有限公司、华宝证券、柏能新能源（深圳）有限公司、上海迪赛诺化学制药有限公司、东方证券、华泰证券、国泰君安、中金公司等共计10家会员机构及企业于首批次达成7笔上海碳市场回购交易业务。

思考与练习

（1）碳市场工具是什么？可以怎样分类？

（2）碳金融产品有什么作用？

（3）简述我国碳市场工具发展的现状与问题。

（4）简述碳排放权配额的分配方法。

（5）简述我国碳市场的碳配额分配方法。

（6）什么是碳信用？

（7）简述碳配额与碳信用的差异。

（8）碳信用的管理机制有哪些？

（9）简述 CCER 的发展趋势。

（10）什么是碳市场交易工具？

（11）举例说明我国碳市场融资工具的发展情况。

（12）碳市场支持工具包括什么？

（13）举例说明我国碳金融产品创新情况。

推荐阅读材料和网站

（1）天津市生态环境局．天津市 2023 年度碳排放配额分配方案［R］．2023. 12.

（2）上海市生态环境局．上海市 2023 年度碳排放配额分配方案［R］．2024. 3.

（3）深圳市生态环境局．深圳市 2023 年度碳排放配额分配方案［R］．2023. 6.

（4）生态环境部．2023 年度、2024 年度全国碳排放权交易发电行业配额总量和分配方案［R］．2024. 7.

（5）格林大华期货．CCER 新旧方法学、体系对比和政策导向［R］．2024. 2.

（6）格林大华期货．我国碳金融主要业务模式及案例［R］．2024. 3.

（7）格林大华期货．欧盟碳期货发展历史与价格走势分析［R］．2024. 5.

（8）平安证券．中国碳市场的金融化之路：星星之火，唯待东风［R］．2022. 7.

（9）银河证券．CCER 重启，绿电、减碳市场迎新机遇［R］．2024. 1.

（10）英大证券．从碳市场建设看碳资产、碳业务和碳金融服务［R］．2022. 4.

（11）中诚研究．国内碳市场发展特征与碳信托业务展望［R］．2021. 12.

（12）中国证监会．碳金融产品——国家行业标准 JR/T 0244—2022，2022. 4.

(13) 参见：CCER 治理新逻辑 高质量碳信用深度解读：https：//mp. weixin. qq. com/s/W_TfEVZ9j9hbCxDfvKqSGQ。

(14) 大自然保护协会. 高质量碳信用的原则、特征和应用 [EB/OL]. (2023 - 06 - 01) [2023 - 12 - 06]. https：//baijiahao. baidu. com/s?id = 1767468262390483100&wfr = spider&for = pc.

(15) 中国企业国有产权交易机构协会. 深圳碳配额质押融资与回购业务创新实践案例——深圳排放权交易所 [EB/OL]. (2023 - 05 - 01) [2024 - 12 - 06]. https：//mp. weixin. qq. com/s?_biz = Mzg2MzUxMDg0Nw == &mid = 2247506489&idx = 1&sn = e188f9854ceb6f776cc4ec7261d84607&chksm = ce751269f9029b7fb3d1f5cc9757b737af9873a2665573caf2452ac322fa267071f27939b755&scene = 27.

第五章　碳市场法律风险与合规

学习目标

1. 了解中国碳市场的法律框架。
2. 掌握中国碳市场面临的风险类别和风险管控措施。
3. 熟悉重点排放单位应履行的主要合规义务。
4. 理解重点排放单位违反碳排放合规义务应承担的法律责任。

本章导读

碳市场法律风险与合规是企业参与碳交易过程中必须高度重视的关键方面，涉及碳市场的法律框架与风险规避、碳交易合规要点、碳市场案例分析等方面。了解我国碳市场的法律框架、掌握我国碳市场面临的风险类别和风险管控措施、熟悉重点排放单位应履行的主要合规义务、理解重点排放单位违反碳排放合规义务应承担的法律责任，能帮助企业规避法律风险，确保在碳市场中的稳健运营和持续发展。

第一节　碳市场法律框架和风险规避

碳交易市场需要以法律为基本保障，通过制定相关法律来规定碳交易市场内相关各方的权、责、利，为碳交易市场设定法律框架。因此，碳交易市场的建立需要一整套法律框架支撑，从而保证碳交易市场的合法运作。例如，《联合国气候变化框架公约》和《京都议定书》是国际碳交易市场建立的国际法律法规基础；欧盟在构建碳交易体系时以《2003 排放交易指令》为法律支撑；《清洁能源未来法案》则是澳大利亚碳交易市场的法律支撑。

为保障碳交易市场的平稳运行，在碳交易立法基础之上，还需要制定其他相应的支撑性法律法规。联合国气候变化谈判后续形成的《马拉喀什协定》对《京都议定书》下开展的碳交易的规则进行了详细规定；联合国气候公约秘书处又制定了《国家温室气体排放清单编制指南》等技术性文件，为国际碳交易制度的操作实施提供了支撑。欧盟在通过《2003 排放交易指令》的同时，又颁布了《登记簿规则》和《温室气体排放监测报告核查规则》等制度，以支持欧盟碳交易市场的正常运转。欧盟碳排放权交易指令还为碳交易市场的顺利运行提供了详尽的法律基础。除此之外，欧盟还颁布了一系列指令、规则、决定等，将体系的各项制度细化，使其更具可操作性。澳大利亚还有其他相关的 18 项立法为《清洁能源未来法案》规定的多项计划设定了政策框架，包括制定碳定价机制总体设计监管方案、温室气体控排目标、配额的发放、国内和国际交易规则、为未纳入碳定价机制的燃料使用制定相当价格、新的税收政策、工业领域的补贴，以及澳大利亚国家登记簿的运行等。

中国在建立碳排放权交易体系的过程中，也逐步建立了相应的法律制度体系。2007 年 6 月，中国颁布《中国应对气候变化国家方案》。这是中国首次发布国家级应对气候变化的综合性方案，标志着中国在气候变化领域采取了更加系统和积极的应对措施。同年 6 月，国务院印发首份《节能减排综合性工作方案》，提出落实节能减排的具体措施和目标。2012 年 6 月，国家发展改革委印发《温室气体自愿减排交易管理暂行办法》；2018 年 11 月，第十三届全国人民代表大会常务委员会第六次会议修订了《中华人民共和国循环经济促进法》；2020 年 12 月生态环境部发布《碳排放权交易管理办法（试行）》（简称《管理办法》）；2024 年 2 月国务院公布《碳排放权交易管理暂行条例》（简称《条例》）。

总体而言，中国碳交易市场的发展还处在初级阶段，各个方面都不完善，相关法律法规应当根据市场情况逐步制定并完善，对碳交易过程中的相关问题作出明确规定。首先，在国家层面，我国应在考虑《联合国气候变化框架公约》、哥本哈根气候大会、“巴厘岛路线图”等国际碳减排行动的基础上，制订专门针对碳排放权分配的法律法规、各阶段计划，为碳排放权分配提供法律依据和指导，保障排放权分配在全国有序开展；其次，在省市地方层面，根据国际碳减排行动及国家层面的法律法规和计划，结合地方特点，制订地方碳减排具体措施和各阶段计划，从而形成中央规范碳排放权分配、地方落实碳减排的一体化法律体系。

一、碳市场法律框架

（一）欧盟碳交易市场的法律保障体系

欧盟负责统一搭建其碳排放交易体系的整体制度框架，相应的实施细则则由各个成员国政府出台，相关的具体操作也是由成员国的相关部门执行。2003 年通过的《建立欧盟温室气体排放配额交易机制的指令》是欧盟碳排放交易体系的基本法律法规、随后该法规于 2004 年、2008 年和 2009 年经历了三次修改，对欧盟碳排放交易体系的设计和运行起到了极为关键的作用。欧盟还在监测报告核证、配额记录等方面进一步出台了一系列有关标准和指南，形成了欧盟范围内统一的、相互衔接的碳交易法律法规体系。欧盟各成员国则各自制定了与欧盟法律相适应的规章制度，其中国家分配方案是各国参与欧盟碳排放交易体系的基本前提。

（二）中国区域试点碳市场的法律保障体系

1. 深圳碳排放权交易市场的法律保障体系

深圳碳排放权交易市场于 2013 年 6 月 18 日启动。2012 年 10 月，深圳市人大常委会通过地方性法规文件《深圳经济特区碳排放管理若干规定》，确立了碳排放管控、配额管理、抵消制度、交易制度、核查制度和惩罚制度等六大碳交易体系核心要素。《深圳经济特区碳排放管理若干规定》是国内首部确立碳交易制度的法规，也赋予了市政府制定碳交易政府规章的权限。在深圳市人大立法的基础上《深圳市碳排放权交易管理暂行办法》（简称《管理暂行办法》）于 2014 年 3 月 14 日以深圳市人民政府令的形式发布，并于 2014 年 3 月 19 日起施行。《管理暂行办法》为配额管理、量化、报告、核查与履约、排放权登记、碳排放权交易和监督管理提供了法律依据。

《深圳经济特区碳排放管理若干规定》和《深圳市碳排放权交易管理暂行办法》等碳交易法律法规，形成了法律层级较为完善的碳交易法律制度体系，是深圳碳排放权交易市场的纲领性文件。此外，深圳还出台了一系列配套文件，对核算、核查、交易、抵消机制、行政处罚等方面进行规范。深圳是首个以地方性法规出台碳排放权交易纲领性文件的试点城市，同时也是法律最完备、对管控单位约束最强的试点城市。2024 年 6 月，深圳市人民政府以政府令的形式颁布《深圳市碳排放权交易管理办法（2024 修正）》，对 2022 年 5 月颁布的《深圳市碳排放权交易管理办法》进行修订，进一步完善了碳交易法律制度体系。深圳碳排放权交易市场主要政策清单如表 5－1 所示。

表 5－1　　深圳碳排放权交易市场主要政策

时间	文件名称
2012 年 10 月	《深圳经济特区碳排放管理若干规定》
2012 年 11 月	《组织的温室气体排放量化和报告规范及指南》《组织的温室气体排放核查规范及指南》
2013 年 6 月	《深圳碳排放权交易所现货交易规则（暂行）》《深圳排放权交易所会员管理规则（暂行）》
2013 年 12 月	《深圳排放权交易所现货交易规则（暂行）》《深圳排放权交易所会员管理规则（暂行）》（第一次修订版）
2014 年 3 月	《深圳市碳排放权交易管理暂行办法》
2015 年 6 月	《深圳碳排放权交易市场抵消信用管理规定（暂行）》
2015 年 12 月	《〈深圳市碳排放权交易管理暂行办法〉行政处罚自由裁量权实施标准》
2016 年 9 月	《深圳市发展和改革委员会关于开展 2016 年度碳排放权交易工作的通知》
2022 年 5 月	《深圳市碳排放权交易管理办法》
2023 年 11 月	《深圳市碳交易支持碳达峰碳中和实施方案》
2024 年 3 月	《关于做好 2023 年度碳排放权交易试点工作的通知》
2024 年 6 月	《深圳市碳排放权交易管理办法（2024 修正）》

2. 上海碳排放权交易市场的法律保障体系

上海碳排放权交易市场于 2013 年 11 月 26 日启动。2013 年 11 月 18 日，上海市人民政府以政府令的形式颁布《上海市碳排放管理试行办法》（简称《试行办法》），并于 2013 年 11 月 20 日起施行。《试行办法》属于地方政府规章，上海未曾对碳排放权交易进行人大立法。《试行办法》为上海碳排放权交易试点市场的纲领性文件，也为碳排放权交易在碳排放管理、核查、审定与配额清缴、配额分配、配额交易等各个环节提供了法律依据。在配套政策方面，上海还通过了核算、核查、配额分配、交易、抵消机制等方面的政策文件。2023 年 8 月，上海市生态环境局颁布了《上海市碳排放管理办法（草案）》（简称《管理办法》）。《管理办法》是建立健全上海市碳排放管理制度体系的规范性文件。上海是首个以政府令的形式正式发布管理办法的试点城市。上海碳排放权交易市场的主要政策清单如表 5－2 所示。

表 5－2　　上海碳排放权交易市场主要政策

时间	文件名称
2012 年 7 月	《上海市人民政府关于本市开展碳排放交易试点工作的实施意见》
2012 年 12 月	《上海市温室气体排放核算与报告指南（试行）》及九个行业温室气体排放核算与报告方法

续表

时间	文件名称
2013 年 11 月	《上海市碳排放管理试行办法》
2013 年 11 月	《上海市 2013—2015 年碳排放配额分配和管理方案》
2013 年 11 月	《上海环境能源交易所碳排放交易规则》及五个相关业务细则（《碳排放交易会员管理办法》《碳排放交易结算细则》《碳排放交易信息管理办法》《碳排放交易风险控制管理办法》和《碳排放交易违规违约处理办法》）
2014 年 1 月	《上海市碳排放核查第三方机构管理暂行办法》
2014 年 3 月	《上海市碳排放核查工作规则（试行）》
2015 年 1 月	《关于上海市碳排放交易试点期间有关抵消机制使用规定的通知》
2015 年 3 月	《上海环境能源交易所碳排放交易信息管理办法（试行）》
2015 年 6 月	《上海环境能源交易所借碳交易业务细则（试行）》
2017 年 2 月	《上海碳配额远期业务规则》
2020 年 6 月	《上海市 2019 年碳排放配额分配方案》
2023 年 8 月	《上海市碳排放管理办法（草案）》

3. 北京碳排放权交易市场的法律保障体系

2013 年 11 月 22 日，北京市发展改革委印发了《关于开展碳排放权交易试点工作的通知》及一系列技术文件，对试点碳交易市场进行部署。2023 年 11 月 28 日，北京碳排放权交易试点市场启动交易。2013 年 12 月 27 日，北京市人大常委会通过《关于北京市在严格控制碳排放总量前提下开展碳排放权交易试点工作的决定》（简称《决定》），《决定》为碳排放权交易在总量控制、配额管理、交易、报告核查及处罚等环节提供了法律依据，其中关于处罚的规定保证了碳排放权交易试点工作的法律约束力。2014 年 5 月 28 日，根据《决定》，北京市人民政府印发了《北京市碳排放权交易管理办法（试行）》，使北京成为继深圳之后第二个既有人大法律支撑，又有管理办法的试点城市。另外，北京除了发布关于碳排放核算、核查、配额分配、交易的制度文件外，还发布了专门的场外交易细则、行政处罚自由裁量权规定、公开市场操作办法等文件，是制度设计最为细致的试点城市。2024 年 3 月，北京市人民政府根据国务院 2024 年 1 月颁布的《碳排放权交易管理暂行条例》（中华人民共和国国务院令第 775 号）和《关于北京市在严格控制碳排放总量前提下开展碳排放权交易试点工作的决定》，制定了《北京市碳排放权交易管理办法》，以规范北京市行政区域内开展的碳排放权交易及相关活动。北京碳排放权交易市场主要政策清单如表 5 – 3 所示。

表 5－3　北京碳排放权交易市场主要政策

时间	文件名称
2013 年	《关于开展碳排放权交易试点工作的通知》 《北京市碳排放配额场外交易实施细则（试行）》 《北京环境交易所碳排放权交易规则（试行）》 《关于北京市在严格控制碳排放总量前提下开展碳排放权交易试点工作的决定》
2014 年	《北京环境交易所碳排放权交易规则配套细则（试行）》 《关于发布行业碳排放强度先进值的通知》 《规范碳排放权交易行政处罚自由裁量权的规定》 《北京市碳排放权交易管理办法（试行）》 《北京市碳排放权交易公开市场操作管理办法》 《北京市碳排放权抵消管理办法（试行）》 《关于进一步开放碳排放权交易市场加强碳资产管理有关工作的通告》 《关于推进跨区域碳排放权交易试点有关事项的通知》
2015 年	《北京市碳排放报告第三方核查程序指南（2015 版）》 《北京市碳排放第三方核查报告编写指南（2015 版）》 《交通运输企业（单位）配额核定方法（2015 版）》
2016 年	《节能低碳和循环经济行政处罚裁量基准（试行）》 《关于公布碳市场扩容后 2015 年度新增重点排放单位名单的通知》 《关于合作开展京蒙跨区域碳排放权交易有关事项的通知》 《关于北京市 2016 年碳排放权交易有关事项补充的通知》
2017 年	《关于非履约机构开立北京市碳排放权交易注册登记账户有关事项的通告》 《北京市 2017 年碳排放第三方核查机构和核查员名单》
2018 年	《关于公布 2017 年北京市重点排放单位及报告单位名单的通知》 《关于重点排放单位 2017 年度配额核定事项的通知》
2019 年	《关于调整机动车自愿减排量抵消比例的通知》
2020 年	《关于做好 2020 年重点碳排放单位管理和碳排放权交易试点工作的通知》
2021 年	《关于做好 2021 年重点碳排放单位管理和碳排放权交易试点工作的通知》
2023 年	《关于做好 2023 年本市碳排放单位管理和碳排放权交易试点工作的通知》
2024 年	《北京市碳排放权交易管理办法》 《关于做好 2024 年本市碳排放单位管理和碳排放权交易试点工作的通知》

4. 广东碳排放权交易市场的法律保障体系

2013 年 12 月 19 日，广东碳排放权交易市场正式启动交易。2014 年 1 月 15 日，广东省人民政府以政府令的形式公布《广东省碳排放管理试行办法》（简称《试行办法》），并于 2014 年 3 月 1 日起施行。广东是继上海之后第二个以政府令的形式发布碳排放权交易管理办法的试点省份。广东同上海一样也未曾对碳排放权交易试点进行人大立法。在《试行办法》公布之前即 2013 年 11 月 25 日，广东省发展改革委印发《广东省碳排放权配额首次分配及工作方案（试行）》，公布了纳入企业名单、配额总量、配额分配方式及时间表，并对即将启动的试点交易工作进行了总体部署。另外，广东还发布了交易、配额分配与管理、报告与核查等方面的配套政策。2020 年 5 月广东省发布了《广东省碳排放管理试行办法（2020）》对 2014 年制定的《广东省碳排放管理试行办法》进行了修订。2023 年 8 月，广东省生态环境厅印发《广东省碳交易支持碳达峰碳中和实施方案（2023—2030 年）》为发挥广东碳交易市场机制作用，有力支撑广东省实现碳达峰碳中和目标提供依据。2024 年 1 月，广东省生态环境厅制定了《广东省 2023 年度碳排放配额分配方案》从纳入碳排放管理和交易的企业、配额总量、配额分配方法以及配额发放等方面对 2023 年度的碳排放管理和配额分配工作进行总结。广东碳排放权交易市场主要文件清单如表 5－4 所示。

表 5－4　　广东碳排放权交易市场主要政策

时间	文件名称
2012 年	《广东省碳排放权交易试点工作实施方案》
2013 年	《广东省碳排放权配额首次分配及工作方案（试行）》 《2013 年度广东省碳排放权配额核算方法》 《广州碳排放权交易所（中心）碳排放权交易规则》 《广州碳排放权交易所（中心）会员管理暂行办法》
2014 年	《广东省碳排放管理试行办法》 《广东省企业碳排放信息报告与核查实施细则（试行）》 《广东省企业二氧化碳排放信息报告指南（试行）》 《广东省企业碳排放核查规范（试行）》
2015 年	《广东省发展改革委关于碳排放配额管理的实施细则》 《广东省发展改革委关于企业碳排放信息报告与核查的实施细则》 《广东省企业二氧化碳排放信息报告指南（2014 版）》 《广东省企业碳排放核查规范（2014 版）》 《广东省重点企（事）业单位温室气体排放报告工作实施方案》 《广东省 2015 年度碳排放配额有偿发放方案》

续表

时间	文件名称
2017 年	《广东省民航行业 2016 年度碳排放配额分配方案》 《广东省造纸行业 2016 年度碳排放配额分配方案》 《广东省白水泥企业 2016 年度碳排放配额分配方法》 《广东省发展改革委关于碳普惠制核证减排量管理的暂行办法》 《碳排放权交易风险控制管理细则（2017 年修订）》
2018 年	《广州碳排放权交易中心国家核证自愿减排量交易规则》（2018 年、2019 年两次修订） 《广州碳排放权交易中心碳排放配额交易规则》（2018 年、2019 年两次修订） 《广州碳排放权交易中心广东省碳普惠制核证减排量交易规则》（2018 年、2019 年、2020 年三次修订）
2019 年	《广东省碳排放配额托管业务指引（2019 年修订）》 《广州碳排放权交易中心广东省碳排放配额回购交易业务指引（2019 年修订）》 《广东省 2019 年度碳排放配额分配实施方案》
2020 年	《广东省碳排放管理试行办法（2020）》
2023 年	《广东省碳交易支持碳达峰碳中和实施方案（2023—2030 年）》
2024 年	《广东省 2023 年度碳排放配额分配方案》

5. 天津碳排放权交易市场的法律保障体系

2013 年 12 月 20 日，天津市人民政府办公厅印发《天津市碳排放权交易管理暂行办法》，该办法自发布之日起施行并定期更新，最新一版于 2020 年 6 月 1 日发布，新版主要对原办法中因机构转隶后产生的管理职能变化进行了修改和明确。2013 年 12 月 24 日，天津市发展改革委印发了《关于开展碳排放交易试点工作的通知》，部署关于碳排放监测报告报送和配额管理的具体工作安排，并发布了五个行业碳排放核算指南、排放报告编制指南、配额分配方案和抵消机制相关方案。2013 年 12 月 26 日，天津碳排放权交易市场正式启动交易。2023 年 12 月，天津市生态环境局印发《天津市 2023 年度碳排放配额分配方案》，为持续推进天津碳交易试点建设和推动年度履约提供规范指引。截至目前，天津市未发布以人大地方性法规或政府令形式的管理办法。天津碳排放权交易市场主要政策清单如表 5－5 所示。

表 5－5　天津碳排放权交易市场主要政策

时间	文件名称
2013 年 2 月	《天津市碳排放权交易试点工作实施方案》
2013 年 12 月	《天津市碳排放权交易管理暂行办法》

续表

时间	文件名称
2013 年 12 月	《天津市发展改革委关于开展碳排放交易试点工作的通知》以及天津市五个分行业碳排放核算指南、《天津市企业碳排放报告编制指南（试行）》《天津市碳排放权交易试点纳入企业碳排放配额分配方案（试行）》
2013 年 12 月	《天津排放权交易所碳排放权交易规则（试行）》
2015 年 7 月	《天津市发展改革委关于天津市碳排放权交易试点利用抵消机制有关事项的通知》
2018 年 5 月	《天津市碳排放权交易管理暂行办法》
2019 年 12 月	《天津市生态环境局关于我市碳排放权交易试点纳入企业 2019 年度配额安排的通知》
2020 年 6 月	《天津市碳排放权交易管理暂行办法》
2023 年 12 月	《天津市 2023 年度碳排放配额分配方案》

6. 湖北碳排放权交易市场的法律保障体系

2013 年 2 月 18 日，湖北省人民政府印发《湖北省碳排放权交易试点工作实施方案》，明确了湖北省碳排放权交易的重点工作、部门分工、保障措施和进度安排。2014 年 4 月 2 日，湖北碳排放权交易市场正式启动交易。2014 年 4 月 4 日，湖北省人民政府以政府令的形式发布《湖北省碳排放权管理和交易暂行办法》，为配额分配和管理，碳排放权交易，监测、报告与核查，激励和约束机制提供了法律依据。此外，湖北省相继出台了监测、报告与核查以及抵消机制、交易等具体环节的配套政策。2014—2023 年，湖北省陆续发布了每年的《湖北省碳排放权配额分配方案》。其中，2023 年 11 月 6 日，印发的《湖北省 2022 年度碳排放权配额分配方案》提出纳入企业可以使用由湖北电力交易中心、湖北碳排放权交易中心共同认证的绿色电力交易凭证对应减排量抵消实际碳排放。2023 年 12 月 13 日，湖北省人民政府审议通过了《湖北省碳排放权交易管理暂行办法》，并于 2024 年 3 月 1 日起施行。湖北碳排放权交易市场主要政策清单如表 5－6 所示。

表 5－6　湖北碳排放权交易市场主要政策

时间	文件名称
2013 年	《湖北省碳排放权交易试点工作实施方案》
2014 年	《湖北省碳排放权配额分配方案》 《湖北省碳排放权管理和交易暂行办法》 《湖北省工业企业温室气体排放监测、量化和报告指南（试行）》 《湖北省温室气体排放核查指南（试行）》 《湖北碳排放权交易中心配额托管业务实施细则（试行）》 《湖北碳排放权交易中心碳排放权交易规则（试行）》

续表

时间	文件名称
2015 年	《关于 2015 年湖北省碳排放权抵消机制有关事项的通知》 《湖北省碳排放配额投放和回购管理办法（试行）》 《湖北省碳排放权出让金收支管理暂行办法》 《湖北省 2015 年碳排放权配额分配方案》
2016 年	《关于修改〈湖北省碳排放权管理和交易暂行办法〉第五条第一款的决定》 《湖北省应对气候变化和节能"十三五"规划》
2017 年	《湖北碳排放权交易中心碳排放权交易规则（2016 年第一次修订）》 《湖北碳排放权交易中心碳排放权现货远期交易规则》 《湖北碳排放权交易中心碳排放权现货远期交易履约细则》 《湖北碳排放权交易中心碳排放权现货远期交易结算细则》 《湖北碳排放权交易中心碳排放权现货远期交易风险控制管理办法》 《湖北省 2016 年碳排放权配额分配方案》
2018 年	《湖北省 2017 年碳排放权配额分配方案》
2019 年	《湖北省 2018 年碳排放权配额分配方案》
2020 年	《湖北省 2019 年碳排放权配额分配方案》
2021 年	《湖北省 2020 年度碳排放权配额分配方案》
2022 年	《湖北省 2021 年度碳排放权配额分配方案》
2023 年	《湖北省碳排放权交易管理暂行办法》 《湖北省 2022 年度碳排放权配额分配方案》

7. 重庆市碳排放权交易市场的法律保障体系

2014 年 4 月 29 日重庆市人民政府发布了《重庆市碳排放权交易管理暂行办法》（简称《暂行办法》），成为重庆市碳排放权交易的纲领性政策文件。《暂行办法》仅仅是单纯性的政府文件，并不具有法律效力，其约束力相对较低。2014 年 5 月 28 日，重庆市发展和改革委员会制定了《重庆市碳排放配额管理细则（试行）》，实行碳配额总量控制制度，采用历史总量下降法的配额分配方式。同日，重庆市发展改革委还发布了《重庆市工业企业碳排放核算和报告指南（试行）》《重庆市企业碳排放核查工作规范（试行）》以及《关于下达重庆市 2013 年度碳排放配额的通知》三个核算和核查的制度文件。2014 年 6 月 19 日，重庆市碳排放权交易市场正式启动。2017 年 3 月，重庆市政府先后出台了《重庆联合产权交易所碳排放交易结算管理办法（试行）》《重庆联合产权交易所碳排放交易风险管理办法（试行）》《重庆联合产权交易所碳排放交易信息管理办法（试行）》、以及

《重庆联合产权交易所碳排放交易违规违约处理办法（试行）》四份配套文件。2020 年 2 月，《重庆联合产权交易所碳排放交易细则（试行）（修订）》发布，对 2014 年 5 月印发的《重庆联合产权交易所碳排放交易细则（试行）》进行了修订。2023 年 2 月，重庆市人民政府印发《重庆市碳排放权交易管理办法（试行）》对 2014 年 4 月发布的《重庆市碳排放权交易管理暂行办法》进行了修订。由于 2014 年 5 月印发的《重庆市碳排放配额管理细则（试行）》无法适应新形势的要求，2023 年 9 月，重庆市生态环境局制定了《重庆市碳排放配额管理细则》，对《重庆市碳排放权交易管理办法（试行）》进行了调整和完善。重庆碳排放权交易市场主要政策清单如表 5－7 所示。

表 5－7　　重庆市碳排放权交易市场主要政策

时间	文件名称
2014 年 4 月	《重庆市碳排放权交易管理暂行办法》
2014 年 5 月	《重庆市碳排放配额管理细则（试行）》 《重庆市工业企业碳排放核算和报告指南（试行）》 《重庆市企业碳排放核查工作规范（试行）》 《关于下达重庆市 2013 年度碳排放配额的通知》 《重庆联合产权交易所碳排放交易细则（试行）》及四个相关业务管理办法（《重庆联合产权交易所碳排放交易结算管理办法》《重庆联合产权交易所碳排放交易信息管理办法》《重庆联合产权交易所碳排放交易风险管理办法》和《重庆联合产权交易所碳排放交易违规违约处理办法》）
2017 年 3 月	《重庆联合产权交易所碳排放交易结算管理办法（试行）》 《重庆联合产权交易所碳排放交易风险管理办法（试行）》 《重庆联合产权交易所碳排放交易信息管理办法（试行）》 《重庆联合产权交易所碳排放交易违规违约处理办法（试行）》
2020 年 2 月	《重庆联合产权交易所碳排放交易细则（试行）（修订）》
2023 年 2 月	《重庆市碳排放权交易管理办法（试行）》
2023 年 9 月	《重庆市碳排放配额管理细则》

8. 福建省碳排放权交易市场的法律保障体系

2016 年 8 月中共中央办公厅、国务院办公厅联合印发的《国家生态文明试验区（福建）实施方案》明确提出，支持福建省深化碳排放权交易试点。福建省委、省政府要求福建省在 2016 年年底前初步建成具有福建特色的碳市场。自 2016 年 9 月起福建省人民政府及省发展改革委先后出台《福建省碳排放权交易管理暂行办法》《福建省碳排放权交易市场建设实施方案》《福建省碳排放配额管理实施细则（试行）》以及《福建省 2016 年度碳排放配额分配实施方案》四项制度文件。2016 年 12 月 22 日，福建省碳排放权交易市场正式启动交易。根据《福建省碳排放权交易市场建设实施方案》，2016 年福建省碳市场覆盖电力、钢铁、化工、石化、有色金属、民航、建材、造纸、陶瓷九个行业，并首个采用了国家颁布的碳核查标准和指南。2017 年 5 月，海峡股权交易中心对《福建省碳排放权交易规则（试行）》作出修改。2017 年 12 月，海峡股权交易中心发布《福建海峡股权交易中心碳排放权业务会员管理办法（2017 年修订）》。2020 年 8 月，福建省人民政府又对 2016 年 9 月发布的《福建省碳排放权交易管理暂行办法》进行修订。福建碳排放权交易市场主要政策清单如表 5－8 所示。

表 5－8　　福建省碳排放权交易市场主要政策

时间	文件名称
2016 年 8 月	《国家生态文明试验区（福建）实施方案》
2016 年 9 月	《福建省碳排放权交易管理暂行办法》 《福建省碳排放权交易市场建设实施方案》
2016 年 12 月	《福建省碳排放配额管理实施细则（试行）》 《福建省 2016 年度碳排放配额分配实施方案》
2017 年 5 月	修改《福建省碳排放权交易规则（试行）》
2017 年 12 月	《海峡股权交易中心碳排放权交易业务会员管理办法（2017 年修订）》
2020 年 8 月	修改《福建省碳排放权交易管理暂行办法》

总的来讲，各试点市场立法基于中国现行立法体制，省、直辖市、计划单列市等地方立法权，具体形式可以分为以地方人大决议或地方政府令（地方政府规章）的形式发布。两者间最大的区别在于，地方人大决议可以在国家授权范围内设立较高的处罚额度，而地方政府令只能在允许的限度内设立处罚额度。人大立法的特点是约束力强，但程序复杂，通过难度较大；政府令的特点是通过相对容易，但处罚力度较小。

从各试点实践看（见表 5－9），采取人大立法结合管理办法形式的有深圳、北京，采用单一管理办法的有广东、上海、湖北、天津和福建。值得注意的是，北京人大通过的是“决定”，有别于深圳人大通过的“若干规定”。由于重庆和天津的立法层级较低，对市场参与者的约束力较小，因而其市场运行情况明显较差，特别是重庆履约期进展较慢。在管理办法方面，上海、湖北、广东、福建、深圳公布的是政府令，北京、天津、重庆则是市政府文件。

表 5－9　　国内碳排放权交易试点立法情况一览

区域性试点	文件名称	内容
深圳	《深圳经济特区碳排放管理若干规定》	结合深圳经济特区实际规定的碳排放安排
	《深圳市碳排放权交易管理暂行办法》（深圳市人民政府令第 262 号）	规范本市行政区域内碳排放权交易及其监督管理活动
	《关于对未按时足额提交配额履约的碳排放权交易管控单位进行处罚有关事宜的公告》	明确未履约的管控单位的处罚警告及措施
上海	《上海市碳排放管理试行办法》（上海市人民政府令第 10 号）	关于上海市碳排放管理的目的、适用范围、配额管理、碳排放核查与配额清缴、配额交易、监督和法律责任等方面的内容
北京	《关于北京市在严格控制碳排放总量前提下开展碳排放权交易试点工作的决定》	北京将实行碳排放总量控制制度，实施碳排放配额管理和碳排放权交易制度，以及实行碳排放报告和第三方核查制度
	《北京市碳排放权交易管理办法（试行）》	北京市碳排放各项标准
	《规范碳排放权交易行政处罚自由量裁权的规定》	北京市发展改革委在法定行政处罚权限内，将自主决定对碳排放权交易违法行为是否给予行政处罚、给予何种行政处罚以及给予何种幅度行政处罚
广东	《广东省碳排放管理试行办法》（广东省人民政府令第 197 号）	广东省碳排放的管理及要求
天津	《天津市碳排放权交易管理暂行办法》（津政办发〔2013〕112 号）	天津市关于碳排放权交易实施的暂行准则
湖北	《湖北省碳排放权管理和交易暂行办法》（湖北省人民政府令第 371 号）	湖北省碳排放权交易的管理及要求
重庆	《关于碳排放管理有关事项的决定（征求意见稿）》	重庆市碳排放权交易的纲领性政策文件
	《重庆市碳排放权交易管理暂行办法》（渝府发〔2014〕17 号）	结合“十二五”规划，重庆市对于碳排放的规范准则
福建	《福建省碳排放权交易管理暂行办法》（福建省人民政府令第 176 号）	规范本省行政区域内碳排放权交易及其监督管理活动

（三）中国全国统一碳排放权交易市场的法律保障体系

2013 年 11 月，《中共中央关于全面深化改革若干重大问题的决定》将建设碳交易市场纳入全面深化改革的重点任务之一。2014 年 12 月，国家发展改革委发布《碳排放权交易管理暂行办法》，明确了全国统一碳排放权交易市场发展方向，规范了排放权交易市场的建设和运行。另外，国家发展改革委办公厅分别于 2013 年 10 月、2014 年 12 月、2015 年 7 月分三个批次就 24 个行业发布行业企业温室气体排放核算方法与报告指南，具体包括《关于印发首批 10 个行业企业温室气体排放核算方法与报告指南（试行）的通知》《关于印发第二批 4 个行业企业温室气体排放核算方法和报告指南（试行）的通知》和《关于印发第三批 10 个行业企业温室气体排放核算方法和报告指南（试行）的通知》，作为行业企业温室气体排放核算的基础性规范准则。

2017 年 12 月 18 日，国家发展改革委印发《全国碳排放权交易市场建设方案（发电行业）》，明确了我国碳市场建设的指导思想和主要原则，确立了将碳市场作为控制温室气体排放政策工具的工作定位，并决定以发电行业为突破口率先启动全国碳排放权交易体系，分阶段、有步骤地推进碳市场建设。同年 12 月 19 日，国家发展改革委组织召开全国碳排放权交易体系启动工作电视电话会议，会议就落实《全国碳排放权交易市场建设方案（发电行业）》要求、推动全国碳排放权交易市场建设进行了动员部署，标志着全国碳排放权交易体系建设正式启动。生态环境部于 2020 年 12 月 31 日正式发布《碳排放权交易管理办法（试行）》（简称《管理办法》），成为继 12 月 30 日发布的《2019—2020 年全国碳排放权交易配额总量设定与分配实施方案（发电行业）》后又一份重要的全国碳市场顶层设计政策文件，为从 2021 年 1 月 1 日开始的全国碳市场第一个履约周期的平稳运行提供保障。作为部门规章的《管理办法》可以指导全国碳市场的建设工作，可以对全国碳市场交易的各项准备工作进行部署，保障交易活动顺利开展。2021 年 5 月，生态环境部印发《碳排放权登记管理规则（试行）》《碳排放权交易管理规则（试行）》和《碳排放权结算管理规则（试行）》三项文件，为全国碳排放权交易市场的建设提供了重要规则支撑。

2024 年 1 月，国务院颁布《碳排放权交易管理暂行条例》（简称《暂行条例》），并于 2024 年 5 月 1 日起施行。《暂行条例》是中国应对气候变化领域的首部专项法规，与部门规章、规范性文件以及技术规范等共同构成全国碳排放权交易市场政策法规基础框架。全国统一碳排放权交易市场主要政策清单如表 5－10 所示。

表 5－10　全国统一碳排放权交易市场主要政策

时间	文件名称及内容
2013 年 11 月	党的十八届三中全会通过《中共中央关于全面深化改革若干重大问题的决定》，全国碳市场建设成为全面深化改革的重点任务之一，标志着中国正式启动全国碳市场建设工作
2014 年 12 月	《碳排放权交易管理暂行办法》（中华人民共和国国家发展和改革委员会令第 17 号）正式发布，明确了全国碳市场的总体框架
2015 年 7 月	国家发展改革委组织召开《全国碳排放权交易管理条例（草案）》听证会

续表

时间	文件名称及内容
2015 年 9 月	《中美元首气候变化联合声明》提出，中国于 2017 年启动全国碳排放交易体系，《生态文明体制改革总体方案》提出，“逐步建立全国碳排放权交易市场，研究制订全国碳排放权交易总量设定与配额分配方案，完善碳交易注册登记系统，建立碳排放权交易市场监管体系。”
2015 年 10 月	《中国共产党第十八届中央委员会第五次全体会议公报》提出，“建立健全用能权、用水权、排污权、碳排放权初始分配制度。”
2016 年 1 月	《碳排放权交易管理条例》（送审稿）公开征求意见，国家发展改革委发布《关于切实做好全国碳排放权交易市场启动重点工作的通知》，对全国碳市场建设作出了统一部署，要求确保 2017 年启动全国碳市场
2016 年 3 月	《中华人民共和国国民经济和社会发展第十三个五年规划纲要》提出，“推动建设全国统一的碳排放交易市场，实行重点单位碳排放报告、核查、核证和配额管理制度。”
2016 年 10 月	《“十三五”控制温室气体排放工作方案》（国发〔2016〕161 号）在“建设和运行全国碳排放权交易市场”部分提出，“建立全国碳排放权交易制度，启动运行全国碳排放权交易市场，强化全国碳排放权交易基础支撑能力。”
2017 年 12 月	《全国碳排放权交易市场建设方案（发电行业）》（发改气候规〔2017〕12191 号）的发布，标志着全国碳市场完成总体设计，正式启动
2020 年 12 月	《2019—2020 年全国碳排放权交易配额总量设定与分配实施方案（发电行业）》的发布，吹响了全国碳市场最后冲刺的号角
2020 年 12 月	《碳排放权交易管理办法（试行）》的发布，为全国碳市场第一个履约周期的平稳顺利运行提供了保障
2021 年 5 月	生态环境部印发《碳排放权登记管理规则（试行）》《碳排放权交易管理规则（试行）》和《碳排放权结算管理规则（试行）》，为全国碳排放权交易市场的建设提供登记、交易、结算重要管理规则
2024 年 1 月	国务院颁布的《碳排放权交易管理暂行条例》，是中国应对气候变化领域的首部专项法规

建立法律法规是碳排放权交易市场有效运行的前提，也是市场公信力的来源。因此，为碳排放权交易市场建立一套完善的法律法规体系，将各项要素设计以法律法规和政府公文的形式确定下来，是碳排放权交易市场顺利运行的重要保障。中国碳市场的法律制度框架仍然在发展的进程中，《暂行条例》的制定迈出了重要的一步，但法律制度框架的完善仍需继续。还有诸多问题仍有待学术界、立法者、监管机构和市场参与者共同努力探索，包括碳排放权的法律性质、资产属性等，这些问题在全球范围内都没有标准答案，但如果能够基于各方的探索达成进一步的共识，并以高位阶立法确定下来，则将会大大增强中国碳市场的法律制度基础，进一步夯实碳市场发展的法治基石。

二、碳市场风险规避

当前，全国碳市场仍处于发展阶段。尽管各区域试点碳市场在应对相关风险方面积累了一定经验，但中国碳市场在不断完善的过程中仍不可避免地会面临一系列风险，并对其风险管理体系提出较高要求。为确保碳市场健康发展，需要加强风险识别和风险控制，完善风险管理体系。

（一）风险识别

现阶段，中国碳市场面临的风险类别包括政策风险、市场风险、流动性风险、信用风险和操作风险。

（1）政策风险。碳市场作为一种有效的环境经济政策工具，受政策影响较大。政策调控的不确定性以及相关监管的不确定性，如政策实施方式的变化或相关规定的调整，可能会加剧价格波动。例如，欧盟碳排放权交易体系在第一阶段由于配额过剩，导致碳价大幅下跌并一度接近于零，对市场信心、市场的有效性和持续性产生了负面影响。

（2）市场风险。现货市场总体价格波动较大，容易受到突发事件的影响，并且市场体系缺乏有效的信用风险规避机制。

（3）流动性风险。市场发展的有序性在很大程度上取决于市场参与者和公众能否及时、准确地获得交易规模、质量、价格等方面的信息。目前，市场信息不对称的现象普遍存在，导致碳排放权流动性不足，从而增加碳金融交易成本或造成价值损失。

（4）信用风险。国内市场缺乏信用评级和信息服务等机构的参与，这对市场准入标准、参与者身份认证方式以及信息技术层面的识别带来了困难。

（5）操作风险。国内缺乏参与碳交易的人才储备，系统不完善、参与者对规则不清楚以及恶意欺诈都可能引发操作风险。交易平台系统的稳定性维护和交易流程的合理性排查也可能导致交易操作失误。

（二）风险控制

在交易层面的风险控制上，我国碳市场通过当日涨跌幅限制、配额最大持有限制、大户报告制度、风险警示制度、交易信息披露与管理等一系列方式有效防范交易过程中可能出现的各种风险。从国内外经验来看，风险控制手段包括交易产品的监控、交易过程中的监控（如涨跌停板制度、市场行为监控、持仓限额制度、交易或账户的暂停或冻结），以及其他保障制度（如信息报告制度、保证金制度、风险警示制度）等。

（1）对当日涨跌幅进行限制。涨跌停板幅度由交易所设定，交易所根据市场风险状况调整涨跌停板幅度限制。当碳排放配额价格出现同方向连续涨跌停板、临近碳排放配额清缴期、交易所认为市场风险明显变化或交易所认为必要的其他情况时，交易所可以根据市场风险调整其涨跌幅限制。碳排放配额挂牌交易的涨跌停板幅度为上一交易日收盘价的 ±10%。

（2）配额最大持有量限制。会员和客户的配额持有数量不得超过交易所规定的最大持有量限额。通过分配取得配额的会员和客户按照其初始配额数量适用不同的限额标准，年度初始配额量不超过 10 万吨的，同一年最大持有量不得超过 100 万吨；年度初始配额量在 10 万吨以上且不超过 100 万吨的，同一年最大持有量不得超过 300 万吨；年度初始配额量超过 100 万吨的，同一年最大持有量不得超过 500 万吨。如因生产经营活动需要增加持有量，可按照相关规定向交易所另行申请额度。未通过分配取得配额的会员或客户最大持有量不得超过 300 万吨。

（3）大户报告制度。会员或客户的配额持有量达到交易所规定的最大持有量限额的 80% 或者交易所要求报告的，应于下一交易日收市前向交易所报告。

（4）风险警示制度。交易所认为必要的，可以单独或者同时采取要求会员和客户报告情况、发布书面警示和风险警示公告等措施，以警示和化解风险。

（5）交易信息披露与管理。交易信息是指有关碳排放权交易的信息与数据，包括配额的交易行情、交易数据统计资料、交易所发布的公告通知以及重大政策信息等。交易所实行交易信息披露制度，每日发布即时行情，内容包括配额代码、前日收盘价格、最新成交价格、当日最高成交价格、当日最低成交价格、当日累计成交数量、当日累计成交金额、涨跌幅，以及实时最高三个买入申报价格和数量、实时最低三个卖出申报价格和数量。此外，交易所还会及时编制反映市场成交情况的周报表、月报表和年报表，发布一定周期内的最高成交价格、最低成交价格、累计成交数量、累计成交金额及其他可能影响市场波动的信息。

第二节 碳交易合规要点

一、重点排放单位应履行的主要合规义务

根据《碳排放权交易管理暂行条例》第九条规定，重点排放单位应当控制温室气体排

放，如实报告碳排放数据，及时足额清缴碳排放配额，依法公开交易及相关活动信息，并接受设区的市级以上生态环境主管部门的监督管理。具体而言，其主要合规义务包括以下几个方面：

（一）真实、完整、准确编制温室气体排放报告

（1）重点排放单位应当根据生态环境部制定的温室气体排放核算与报告技术规范，编制该单位上一年度的温室气体排放报告，载明排放量；

（2）每年3月31日前将温室气体排放报告上报生产经营场所所在地的省级生态环境主管部门；

（3）温室气体排放报告所涉数据的原始记录和管理台账应当至少保存五年；

（4）重点排放单位对温室气体排放报告的真实性、完整性、准确性负责；

（5）配合省级生态主管部门对其提交的温室气体排放报告的核查，对核查结果有异议的可以自被告知核查结果之日起七个工作日内，向组织核查的省级生态环境主管部门申请复核。

（二）及时清缴碳排放配额

（1）重点排放单位应当根据其温室气体实际排放量，向分配配额的省级生态环境主管部门及时清缴上一年度的碳排放配额；

（2）重点排放单位的碳排放配额清缴量，应当大于或者等于省级生态环境主管部门核查确认的该单位上一年度温室气体实际排放量；

（3）重点排放单位足额清缴碳排放配额后，配额仍有剩余的，可以结转使用或出售其依法取得的碳排放配额；不能足额清缴的，可以通过在全国碳排放权交易市场购买配额等方式完成清缴；

（4）重点排放单位可以购买经过核证并登记的温室气体削减排放量，用于抵消其一定比例的碳排放配额清缴。

（三）遵守交易规则

（1）重点排放单位在全国碳排放权交易市场交易碳排放配额时，应当遵守生态环境部颁发的相关规则及交易所的相关细则；

（2）不得通过欺诈、恶意串通、散布虚假信息等方法操纵或者扰乱全国碳排放权交易市场秩序、妨害或者有损公正交易。

（四）依法信息披露

重点排放单位应当在完成碳排放配额清缴后，及时公开上一年度温室气体排放情况。

二、重点排放单位违反碳排放合规义务的法律责任

《碳排放权交易管理暂行条例》第三十四条规定，重点排放单位违反本条例规定，有以下行为之一的，由其生产经营场所所在地设区的县级以上地方生态环境主管部门责令改正，处五万元以上二十万元以下的罚款；逾期未改正的，由重点排放单位生产经营场所所在地省级生态环境主管部门组织测算其温室气体实际排放量，作为该单位碳排放配额的清缴依据：

（1）未按要求及时报送温室气体排放报告，或者拒绝履行温室气体排放报告义务的；

（2）温室气体排放报告所涉数据的原始记录和管理台账内容不真实、不完整的；

（3）篡改、伪造排放数据或者台账记录等温室气体排放报告重要内容的。

《碳排放权交易管理暂行条例》第二十五条规定，重点排放单位违反本条例规定，不清缴或者未足额清缴碳排放配额的，由其生产经营场所所在地设区的市级以上地方生态环境主管部门责令改正，处十万元以上五十万元以下的罚款；逾期未改正的，由分配排放配额的省级生态环境主管部门在分配下一年度碳排放配额时，等量核减未足额清缴部分。

《碳排放权交易管理暂行条例》第二十六条规定，重点排放单位未按时足额清缴碳排放配额的，由其生产经营场所所在地设区的市级以上地方生态环境主管部门责令限期改正，处二万元以上三万元以下的罚款；逾期未改正的，对欠缴部分，由重点排放单位生产经营场所所在地的省级生态环境主管部门等量核减其下一年度碳排放配额。

综上所述，从《碳排放权交易管理办法（试行）》到《碳排放权交易管理暂行条例》的实施，国家对重点排放单位的处罚措施趋于严格，且碳排放监管力度日益加大已是不争的事实，越来越多企业开始真正意识到“减排降碳是一场真金白银的较量”。伴随被纳入重点排污单位范围的扩大，企业应该在充分研习法律规定和监管要求的前提下，率先制定符合企业发展需求的综合性合规方案，搭建企业合规体系，重视碳排放合规义务，从“被动履约”转为“主动部署”，防止因违规行为遭受行政处罚，从而对企业的信用评级与综合发展评价产生不利影响。同时建议相关企业可与其环境律师或顾问进一步探讨碳排放合规的实现路径，共同追求借助合规减排探索新型商业模式的目标。

第三节 碳市场案例分析

一、中国石油天然气股份有限公司参与碳交易案例

中国石油天然气股份有限公司（简称“中国石油”）是全国乃至全球主要的油气生产商和供应商之一，其长期关注和开展碳交易业务，是全国碳市场的积极参与者。

中国石油关注碳市场已经有很长一段时间了。早在2008年，中国石油就与天津产权交易中心、芝加哥气候交易所共同出资设立了天津排放权交易所。2016年，中国石油和英国石油等10个油气行业气候倡议组织（OGCI）成员公司共同签署《OGCI共同宣言》，旨在控制和减少油气行业的温室气体排放。2020年，中国石油将绿色低碳纳入公司发展战略，明确了清洁替代、战略接替和绿色转型的战略部署。

2021年7月16日，全国碳市场上线启动。中国石油获得“全国碳市场首日交易集团证书”，成为参与全国碳交易的首批企业。在第一个履约期内，中国石油累计采购600余万吨碳排放配额，是率先完成履约任务的国有大型企业之一。

在2019—2020年全国碳市场纳入发电行业重点排放单位的名单中，共有8家公司隶属于中国石油，分布在辽宁、吉林和新疆。其中，独山子石化分公司、乌鲁木齐石化分公司和锦州石化分公司都参与了全国碳市场首日的交易，这三家公司也是中国石油子公司中积极减排的典范。

独山子石化分公司在第一个履约周期内建立了中国石油最大的碳配额储备。2021年，独山子石化先后实施119项节能降耗措施，打造“绿色无味工厂”，成为首批入选“中国石油绿色企业”的8家单位之一。公司完善能效管控体系，并深入研发节能降耗技术，自主研发的能源管控平台为企业碳交易提供了有力支撑。

乌鲁木齐石化分公司自2019年起就邀请专家开展碳排放核算及交易知识培训，并制订相关管理标准和工作方案，还将碳排放数据纳入绩效指标。

锦州石化分公司同样重视节能减排工作，自2020年起推行节能降耗项目，淘汰高耗能设备。通过新技术推广应用、技术改造及管理创新等多项举措，节约了大量资金。

2023年，中国石油加快了低碳转型的步伐，布局绿色产业。2023年3月17日，中国

石油吉林油田美字风电场成功并网发电，这是中国石油首个风电项目，年发电量达2.6亿千瓦时。2023年5月15日，中国石油首个二氧化碳捕集项目建成，该项目也是大庆市二氧化碳捕集、封存和利用（CCUS）技术应用重点项目，每年可回收40万吨高浓度二氧化碳。截至2023年11月30日，该项目已累计向大庆油田输送二氧化碳1.82万吨，为大庆油田的生产提供助力。2023年8月4日，中国石油吉林油田新立采油厂Ⅲ区块光热系统正式并网运行，成为亚洲最大陆上采油平台集群零碳示范区。中国第一桶“零碳”原油在此诞生。

在应对气候变化方面，中国石油建立了自己的管理体系。《中国石油2022年度环境、社会和治理报告》显示，公司成立了碳达峰碳中和领导小组，将能耗、温室气体排放等指标纳入总部部门和分公司年度业绩考核，并设立了温室气体核查核算中心。2022年，公司国内单位油气产量温室气体排放量同比下降了4%。

除此之外，中国石油还制定了《碳交易管理办法》《温室气体排放统计考核管理办法》等内部文件，开发建设碳资产管控平台，规范碳市场交易企业履约管控，推动碳资产规范化管理，并鼓励开发碳资产项目和国家自愿减排项目。

专栏5－1　知识拓展

中国地方碳交易试点和全国碳排放权交易体系中的抵消

中国国家温室气体自愿减排机制是由当时的国家气候主管部门于2012年着手建设的。该机制产生的减排量称为国家核证自愿减排量（简称CCER）。该机制主要是为了规范中国境内的自愿减排项目开发及减排量交易的市场活动，提供有关中国国内自愿减排市场的权威信息以避免市场分散和市场信息不完善造成的负面后果。

该机制的规则和程序与清洁发展机制（简称CDM）非常相似；机制中使用的技术标准很大一部分是改编自CDM。例如，该机制目前使用的大约200种方法学中，有151种是直接从CDM方法学中翻译出来的；只进行了一些必要的小的修改，主要是删除了那些不适用于中国的规定。其余的方法学是专门为CCER开发的，主要集中在林业领域。

尽管该机制并非专门为中国的碳排放权交易服务，但作为成本控制措施和对未覆盖行业的减排激励，它在地方试点碳市场中发挥了重要作用。全国碳市场2021年开始运行后，中国国家温室气体自愿减排交易机制还可为其提供减排指标，抵消上限为企业实际清缴配额量的5%。

在中国所有七个碳交易试点中，除了一些供应量很小的地方减排指标外，受管控实体还可以使用 CCER 抵消一定数量的配额，通常达到实体实际排放量或免费配额量的 5% 或 10%。

除了数量限制外，用于抵消的 CCER 还存在其他限制，包括项目类型、地理来源、减排指标的期限和项目边界等。在一些试点碳市场中水电、工业气体（氢氟碳化合物、全氟化碳、N_2O 和六氟化硫）减排、化石燃料发电和供热项目产生的 CCER 是排除在外的。在地理来源方面，一些试点碳市场要求用于抵消的 CCER 中应有50% 到100% 不等来自试点辖区或与其签订合作协议的辖区内的减排项目。在期限方面，一些试点要求减排发生在某个时间点之后，如 2013 年（大部分试点开始运行的时间）。为了避免重复计算，所有试点都禁止使用碳排放权交易体系覆盖范围的核证排减量。对于全国碳市场来说，预计可接受来自可再生能源、碳汇、甲烷利用和其他项目的 CCER。

国际民用航空组织（简称 ICAO）理事会无条件接受了中国国家温室气体自愿减排项目作为试点阶段的国际航空碳抵消与减排计划中的抵消来源。

二、宝山钢铁股份有限公司参与碳交易案例

宝山钢铁股份有限公司（简称宝钢股份）是上海市的一家重点控排企业，也是上海碳市场的长期参与者。自 2013 年上海碳市场启动至今，宝钢股份已连续 10 年完成碳排放配额的履约清缴。

宝钢股份主要有四个钢铁制造基地，包括宝山基地、青山基地（武汉钢铁有限公司）、东山基地（宝钢湛江钢铁有限公司）和梅山基地（上海梅山钢铁股份有限公司）。其中，前三个基地分别参与了当地的试点碳市场，即上海、湖北和广东碳市场。通过协议转让、挂牌交易、购买国家核证自愿减排量（CCER）和拍卖等方式，三大钢铁生产基地都能够完成履约。

宝山基地是宝钢股份在上海宝山区域的生产制造基地。宝山基地厂房安装了屋顶光伏，是全球最大的厂房屋顶光伏项目群，装机容量超过 120 兆瓦。在绿电与绿证交易方面，宝山基地完成绿证交易 1 万张，相当于1000 万度的绿色电力。

东山基地位于广东湛江，在 2021 年光伏发电一期工程项目顺利并网的基础上，2022 年，东山基地光伏二期项目成功投运。从公司披露的数据来看，东山基地光伏年均发电量从 2021 年的 4755 万千瓦时增加到了 2022 年的 1 亿千瓦时，相当于每年减排二氧化碳从

4.69 万吨提升至 8.70 万吨。2023 年 12 月 23 日，国内首套百万吨级氢基竖炉在宝钢股份湛江钢铁成功点火投产。与传统工艺同等规模铁水产量相比，每年可减少二氧化碳排放 50 万吨以上。

遵循母公司中国宝武钢铁集团的“双碳”目标，宝钢股份制定了三个五年减碳目标，提出以 2020 年为基准年，2025 年减碳 8%，2030 年减碳 15%，2035 年减碳 30%。钢铁行业是我国制造业 31 个门类中碳排放量最大的行业，超过全国碳排放总量的 15%。毋庸置疑，作为钢铁行业的能源密集型企业，宝钢股份的节能降碳过程面临着较大挑战。

减碳需要技术支持，公司需要投入较大的资金用于低碳冶金技术的研发，然而研发过程存在不确定性。钢铁行业技术的革新也依赖于外部条件，如废钢回收体系和可再生能源等。为此，母公司宝武集团建立了欧冶链金、宝武清能等生态圈企业，建立废钢回收体系，并进行清洁能源的开发和寻源。

宝钢股份所面临的挑战并不仅限于技术层面，政策法规同样对公司施加了压力。按照计划，“十四五”期间，钢铁行业将被纳入全国碳市场。宝钢股份在其 2022 年度可持续发展报告中预测，如果有 95% 的免费配额，且二氧化碳价格按照 60 元/吨计算，公司的履约成本将会达到 2.7 亿元/年。然而目前全国碳市场的碳价已超过 80 元/吨，今后公司的履约成本将比预期高出许多。为应对碳定价机制带来的风险，宝钢股份已制定碳中和路线图，包括每年投资节能减排项目等。公司还成立了碳资产管理团队，分析碳市场波动情况，从而降低公司履约成本。

外部市场环境也给公司带来了新的考验。欧盟碳边境调节机制（CBAM）提出对包括钢铁、水泥、化肥和铝在内的进口商品征收碳关税。这将影响宝钢股份未来产品的出口，如果按照 80 欧元/吨二氧化碳进行征税，预计将会被征收 4000 万—8000 万欧元/年的碳边境税。为应对外部市场的考验，宝钢股份已投身到钢铁产品全生命周期碳足迹的研究中，通过科技创新和绿色发展，降低产品碳排放。

专栏 5－2　知识拓展

中国全国碳排放权交易体系的能力建设

能力建设对任何碳市场启动都很关键，但对于中国全国碳市场这个世界上最大碳排放权交易体系（简称 ETS）的启动来说，能力建设面临的挑战远超任何其他地方。中国全国碳市场正处于起步阶段，将覆盖超过 2000 家企业。所有参与主体都需要具备在排放管理、减排方案以及如何履约方面的专业知识。对于国家部委中负责政策协调的官员以及各省市负责配额分配和执行的官员也是如此。

来自全球的多个政府和机构为支持中国碳市场能力建设作出了贡献，包括市场准备伙伴计划（PMR）、欧盟、德国政府、亚洲开发银行（ADB）、国际碳行动伙伴组织（ICAP）、美国环保协会（EDF）、能源基金会以及挪威、英国和荷兰政府等。早期的能力建设工作侧重于支持地方碳交易试点，包括提供现有ETS的经验和教训，并将其融入地方试点建设中。而试点积累的经验和能力也有助于建设全国碳市场的讨论和筹备。总体而言，能力建设方面的努力有助于整合国际和国内经验和知识、识别“知识缺口”、支持全国碳市场的建设和实施。

2018年全国碳市场的管理职责从国家发展和改革委员会转移到了生态环境部，这短暂性地阻碍了ETS能力建设在中国的推广。许多国家和省市级层面接受过相关管理培训的人员不再负责这项工作，新的官员需要重新进行能力建设。2019年年底生态环境部协调组织了一次大规模的能力建设活动，重点是全国碳市场下的配额分配和其他相关政策。这样做的目的不仅是让所有参与者了解配额分配规则，还可以及时获得他们的反馈，以便不断完善全国碳市场下的配额分配方法和总体设计。7周时间内共17场培训横跨中国，参与者接近5000人。这次大规模培训增强了公共和私营部门的利益相关方迎接并参与全国ETS建设和运行的能力。

综合来看，中国的经验表明能力建设的着眼点远超体系启动。主管部门应采用多种形式和方法，包括发挥相关国际经验的重要作用，从而巩固和拓展国内知识基础。

三、新西兰碳排放权交易体系设计中的政府协调

在筹备新西兰碳排放权交易体系（简称ETS）时新西兰政府成立了一个跨部门的ETS工作组，负责该体系的设计和实施。工作组成员包括来自环境部、财政部、经济发展部、交通运输部、农林部等借调的官员。工作组设在财政部，由环境部派出的官员主导，接受财政部和环境部主要领导的共同监管。这样的组织架构让来自关键部门的一些高素质官员能够直接就ETS设计过程中的技术问题进行协作，同时又保障了各部门对于ETS的广泛支持。

这样的安排使得技术设计和政治决策可以跨部门协调，让覆盖整个经济范围的新西兰ETS得以迅速发展。工作组于2007年4月启动工作，2008年9月新西兰ETS立法获得通过。当然这也得益于新西兰在碳定价方面已经开展的很多工作，包括自20世纪90年代以来对于ETS和碳税的研究和考虑，及在这样的政治呼声尚未消退之前已经开展的针对征收

碳税的能力建设。

政府在第二次评审新西兰 ETS 时采用了不同以往的模式，其重点是在立法中搭建气候政策框架，然后再逐步落实具体措施。这一过程分为两个阶段：第一阶段是强制性的二次评审，第二阶段是起草和制定《应对气候变化（零碳）修正法案》和《应对气候变化（ETS 改革）修正法案》。零碳法案的目的是制定强有力的温室气体减排目标，为新西兰 ETS 改革提供有利的框架和背景。环境部的气候变化负责人牵头，全速推进，召集了来自环境部、第一产业部、财政部和其他部门的主要政府官员召开 1—2 天的系列专项研讨会，迅速解决一系列相对无争议的议题，并就争议较大的重点难点议题提供切入点，包括零碳目标下如何设定新西兰国内的减排目标以及如何将甲烷排放纳入这一目标等。这些讨论以及由此产生的决策为 2018 年 9 月就 ETS 关键政策问题（如逐步减少免费分配和将农业部门纳入新西兰 ETS）进行的后续公众咨询奠定了基础。

《应对气候变化（零碳）修正法案》于 2019 年 11 月 13 日正式成为法律；《应对气候变化（ETS 改革）修正法案》也于 2020 年 6 月 16 日在议会获得通过。

思考与练习

（1）全国统一碳排放权交易市场主要政策有哪些？

（2）我国碳市场主要包含哪些风险类别？

（3）全国碳市场交易风险防控措施有哪些？

（4）重点排放单位参与碳交易应履行的主要合规义务有哪些？

（5）重点排放单位违反碳排放合规义务的法律责任有哪些？

推荐阅读材料和网站

（1）中华人民共和国生态环境部．碳排放权交易管理暂行条例［R］．2024.

（2）中华人民共和国生态环境部．碳排放权交易管理办法（试行）［R］．2020.

（3）中华人民共和国生态环境部．全国碳排放权交易市场第一个履约周期报告［R］．2022.

（4）上海环境能源交易所．上海环境能源交易所碳排放交易风险控制管理办法（试行）［EB/OL］．https：//www. cneeex. com/c/2020－06－30/487431. shtml.

（5）参见：气候金融 |《碳排放权交易管理办法（试行）》解读，https：//iigf. cufe. edu. cn/info/1012/3710. htm。

（6）参见：环境合规普法系列（三）丨解读企业碳排放合规，https：//www. king - capital. com/Content/2022/04 - 14/1010091225. html。

（7）参见：《碳排放权交易管理暂行条例》进一步完善中国碳市场法律制度框架，https：//www. kwm. com/cn/zh/insights/latest - thinking/china - releases - an - interim - regulation - on - management - of - carbon - emissions - trading. html。

第六章　碳市场能力建设

学习目标

1. 了解受排放约束的企业、减排项目开发者、咨询机构以及金融机构等碳金融市场参与者的能力要求。

2. 掌握碳市场交易员能力建设方式、现有培训渠道和培训内容以及交易能力认证标准。

3. 熟悉碳市场参与者网络，了解在数字经济时代碳市场参与可获取的资源和潜在机遇。

本章导读

中国克服自身经济、社会等方面困难，实施一系列应对气候变化战略、措施和行动，参与全球气候治理，应对气候变化取得了积极成效。十几年来逐步深入全面铺开碳排放权交易市场体系工作，持续开展多层次的、有针对性的碳市场能力建设，以提高企业和个人应对气候变化的意识，提升相关的工作技能。通过本章学习，还帮助读者进一步了解碳市场参与者网络以及在新时代参与碳市场面临的可能机遇。

第一节　碳市场参与者的能力要求

建立高素质碳排放管理体系需要加快专业人才培养，提高各类参与者对碳市场工作原理和工作安排的认识，增强参与碳排放权交易市场的能力，夯实碳市场运行基础。

一、碳市场参与度和专业性要求

各省（市）在《碳排放权交易管理暂行条例》框架下，结合国内外碳市场的经验，从遵约管理要求与工作安排、重点排放单位配额变更、碳信用项目类型的选择、碳信用使用比例确定、遵约处罚机制和执法机构设置等方面，建立和完善了各自的遵约管理办法，提升了地方遵约的管理能力，为全国碳市场的运行提供保障。

目前全国碳市场作为新生事物，各参与主体的积极性与专业性将是其真正发挥作用的有力保障。中国社会各方面逐步在应对气候变化问题上达成良好共识，认识到低碳减排的重要性和碳市场可以发挥的巨大作用。通过建立并完善碳普惠制度，持续开展碳普惠活动，激励个人、小微企业践行低碳行动，推动居民的低碳生活与碳市场相结合，形成了全社会参与意识。同时，随着全国碳市场的运行和发展、纳入行业企业的增加，以及碳金融的发展，行业、学科的交叉与融合越来越普遍，碳市场相关从业者的专业能力需求将不断提高。

全国碳市场建成后，作为全球最大的碳市场，若拥有一支数量和素质与碳市场规模相匹配的碳市场运行管理队伍，将有效提升政策的执行力度和市场运行效率。通过对碳市场各参与者开展形式多样的能力培养工作，定期培训和审核，从国外适当借鉴相关技术，引进关键技术人才，可以提高政府部门、重点排放单位、金融机构及第三方核查机构等参与主体和从业人员的专业性，推动低碳技术发展与产品创新。积极引导行业协会、大型企业参与政策法规、配额分配方案等内容的制定过程，基于行业差异性制定符合企业实际情况的政策，形成碳市场政策与行业政策联动，可以提高方案的可执行性，适度减轻重点排放单位的经营压力。

二、企业碳管理能力要求

（一）碳核算能力

碳排放核算是夯实碳排放统计基础数据，提高碳排放数据质量的关键。加强企业碳排放核算能力建设，有利于为我国企业绿色低碳转型提供可靠的数据保障，推动能耗“双控”向碳排放“双控”转变。从企业层面来讲，加强碳排放核算能力建设，保证碳排放数据的真实性、准确性，有利于企业管理温室气体风险、识别减排机会，有利于参与碳交易市场，作为支撑全国碳排放权交易的数据基础。

由于我国企业碳核算工作处于起步阶段，相关方法与制度还不够完善，企业碳核算相关的人员、流程、技术等方面均较为薄弱。现阶段，国内需主动开展碳排放核算的企业包括参与碳排放权交易和部分上市企业，其他企业主动开展碳排放核算的数量很少。企业碳排放核算积极性、主动性较差，且未配备相关的核算人员，未建立碳核算、披露相关的流程和制度，难以实现碳排放的准确核算。

碳核算方法是企业碳核算能力建设最重要、最基础的环节，因此，加快碳核算方法体系建设是提高我国企业碳排放核算能力的重要抓手。企业做好碳排放核算工作是实现碳达峰碳中和的重要基础。当前我国仅部分企业开展了碳排放核算，而这对于我国双碳目标的实现还远远不够，那么，应如何加强企业碳排放核算能力建设和人才培养呢？企业碳排放管理专业性较强，碳排放核算、管理、减碳设计等环节需要专业人才。企业应提升员工整体的碳管理意识，设置专岗人员，加强员工碳核算、管理的专业培训，同时加强数据质量管理，提升企业碳核算的业务能力。重点排放单位还应将碳排放管理纳入战略规划和企业治理，建立董事会层面的碳管理、ESG 治理机制，由董事会负责全面监督企业碳管理体系建设、运行情况。

（二）碳核查能力

碳核查是指第三方服务机构对参与碳排放权交易的碳排放单位提交的温室气体排放报告进行核查的行为，以此确保碳排放单位提交的排放数据的有效性和准确性。碳核查管理对于保障碳数据质量也具有积极作用。碳排放统计核算核查能力（简称碳核查能力）最早在《2030 年前碳达峰行动方案》中提出：要建立统一规范的碳排放统计核算体系。加强碳排放统计核算能力建设，深化核算方法研究，加快建立统一规范的碳排放统计核算体系。支持行业、企业依据自身特点开展碳排放核算方法学研究，建立健全碳排放计量体系。推进碳排放实测技术发展，加快遥感测量、大数据、云计算等新兴技术在碳排放实测技术领域的应用，提高统计核算水平。积极参与国际碳排放核算方法研究，推动建立更为公平合理的碳排放核算方法体系。

碳核查管理通过制定和实施统一的标准和规范，确保数据采集、处理和报告的各个环节都符合规定要求，为确定企业碳配额数量提供科学依据，为保障碳交易的公开公平提供数据基础；同时，碳核查有助于激励企业建立温室气体排放管理体系，提升数据的准确性与完整性，增强数据信息的透明度，为企业制定低碳战略和减排措施提供决策支持。此外，碳核查管理引入第三方独立核查机构，对企业或组织的碳数据进行独立审查，能够及时发现并纠正潜在的问题和错误，防止碳数据失真和舞弊行为。

2022 年，生态环境部公布了一批突出的环境问题，发现存在篡改伪造检测报告、核查程序不合规、核查结论失实、伪造原始检测记录等问题。影响碳数据质量的因素主要可分内外两部分。内部影响因素主要有碳数据采集设备的准确性和稳定性、碳数据采集方法的科学性和规范性、碳数据处理和分析的精度以及碳数据管理系统的健全性等；外部影响因素主要有温度、湿度、气压等造成监测不准确的环境因素、政府监管制度不完善和监管不到位的立法执法因素等。《碳排放权交易管理暂行条例》对碳数据质量管控进一步升级。《条例》规定，重点排放单位要制定并严格执行温室气体排放数据质量控制方案，使用依法经计量检定合格或者校准的计量器具开展温室气体排放相关检验检测。对未按照规定制订并执行温室气体排放数据质量控制方案的重点排放单位，由生态环境主管部门责令改正，处 5 万元以上 50 万元以下的罚款；拒不改正的，可以责令其停产整治。

碳核查管理引入第三方独立核查机构，就第三方机构而言，应加强数据质量保障与风险管理。政策法规方面要求第三方机构建立更严格的数据质量控制流程，包括数据收集、处理、分析、报告等各个环节，确保数据的完整性和准确性；建立数据异常预警系统，对核查过程中发现的潜在数据质量问题及时响应，制订应急处理方案，防止数据失真影响决策。

（三）碳交易能力

作为碳交易市场中的核心角色，碳市场交易员扮演着至关重要的角色。碳市场交易员通过导航碳市场、促进碳交易等方式，推动碳市场的稳定和发展。他们的专业知识和技能使碳市场更具活力和流动性，降低了交易成本，并且为可持续发展目标作出了重要贡献。为了适应碳交易市场迅猛发展的态势，碳市场交易员需要具备以下技能。

1. 碳市场分析技能

了解碳排放政策、环境法规以及相关行业的发展趋势，并对碳市场发展态势进行准确的分析与预测是碳市场交易员的首要技能要求。碳市场交易员应熟悉碳排放政策、国际碳市场的发展趋势、不同行业的碳排放情况以及相关行业的市场动态，以便更好地分析碳市场的供需关系和价格变化，为企业提供准确的市场导向，帮助企业把握碳交易的时机和策略。

2. 数据分析和预测技能

碳市场交易员需要具备优秀的数据分析和预测能力。收集、整理和分析大量的数据能够帮助交易员深入了解碳市场，对碳市场未来走势进行准确预测，帮助企业作出合理的决策。碳市场交易员需要能够运用各种数据分析工具和模型来预测碳市场的走势，为企业制定碳交易策略提供支持。

3. 制定和执行碳交易策略技能

基于对碳市场的分析为企业制定碳交易策略是碳市场交易员的重要技能要求。具体为综合考虑企业的目标、风险承受能力和财务状况，与团队合作确定最佳的碳配额购买和销售时机，制定投资组合以最大化企业的经济效益和环境效益。制定碳交易策略后碳市场交易员需要与碳配额市场、碳金融产品和碳资产等相关方进行交流和协商，以执行碳交易操作。实施碳交易战略后碳市场交易员要跟踪碳市场价格的波动以及碳配额交易的变化，并及时调整交易策略，以保证交易的顺利进行。

4. 评估碳交易风险和决策技能

碳市场的价格波动性较大，市场风险也相应增加。碳市场交易员需要具备出色的风险管理和决策能力，及时识别和评估市场风险，并采取相应的对策来控制和管理风险。首先，需要识别碳交易中的各种风险，包括碳市场价格波动风险、政策变化风险和法律合规风险等。其次，能够评估各种碳交易风险，在复杂的市场环境中作出明智的决策，通过多样化投资组合，制定有效的风险管理方案。最后，需要了解并遵守相关的法规要求，确保企业在碳交易过程中符合法律法规的规定。

三、企业不同职位碳市场参与者能力建设内容

（一）集团领导层及各职能部门负责人

集团领导层及各职能部门负责人应该从宏观层面了解应对气候变化的相关概念，包括低碳经济、气候政策解析等，从深层次了解我国低碳发展转型及企业转型的必要性，了解不同类型企业转型的路径与实践。

（二）职能部门负责人及员工

职能部门负责人及员工应掌握主要气候政策的具体要素设计，从细节上把握政策实施对企业的具体影响。例如，战略投资和产品研发部门需要了解绿色低碳的具体指标，并将其融入企业发展战略和产品研发中；安全环保部门应熟知碳市场运行原理、参与碳市场的主要环节与要求。

（三）工厂负责人及基层工作人员

工厂负责人应了解碳市场配额分配、数据报告与核查等要素，掌握参与碳市场的基础工作内容及分配方式。基层工作人员应熟悉行业碳核算报告体系、第三方核查机构工作流

程与要求、节能降碳的措施等具体工作（见表6－1）。

表6－1　　不同职位人员的能力建设内容

职位	能力建设内容
集团领导层及各职能部门负责人	了解低碳经济、宏观气候政策、企业低碳转型案例
职能部门负责人及员工	掌握气候政策的类型，把握相关政策对企业的影响
工厂负责人及基层工作人员	了解应对碳市场的具体措施，包括碳排放核算工作流程及相关标准、第三方核查流程与要求、节能降碳的措施

第二节　碳市场交易员的培训和认证

碳市场交易行为和交易信息均受相关规则监管。因此，为保障碳市场高效运转和发展对碳市场交易员参与资格提出要求。各企业应重点加强碳市场交易能力建设，重视对了解碳市场相关政策、掌握碳排放核算核查技术和碳市场交易规则的碳市场交易员的培训和认证，这对增强企业参与全国碳市场的能力尤为重要。

一、碳市场交易能力建设方式

碳市场交易员是随着全球气候变化问题日益严重和碳交易市场逐渐成为各国应对气候变化重要手段的背景下，应运而生的一个专业职业。碳市场交易员是指能够按照《碳排放权交易管理办法》《碳排放权交易管理暂行条例》等文件规定，以及碳排放权交易机构的相关规则，制定企事业单位碳排放权交易方案，负责各个碳市场（碳排放交易所）中进行碳产品（包括配额、CCER等）的买卖、抵押等交易活动的专业人员。其主要职能是熟知碳交易原理和行业企业配额分配规则，深度了解碳交易体系和市场动向，帮助企业开发和管理碳资产，制订企事业单位碳排放权交易方案，通过碳排放权购买、出售、抵押等帮助企业完成履约或碳排放权交易，降低碳减排等环境成本，助力企业实现碳排放减少、促进绿色低碳发展和“碳中和”，获取更大的市场收益及商业价值。

常见的碳市场交易员能力建设方式包括定制课程、定期培训、内部组织交流分享等，不同的方式各有其特点与适用场景。

定制课程包括需求调研、课程设计、师资匹配等环节，课程内容更贴合企业的需求，可通过一系列的培训完成全集团及下属企业的能力建设。由于培训规模较大，所需要的人力、经费及时间成本较高，且在接触气候工作初期，各层管理人员及基层员工对低碳发展都较为陌生，可采用定制课程的方式开展培训工作。

定期培训班是指培训机构定期开设的培训班，有标准化的内容和形式，与定制课程相比少了一些针对性，但是具有相当大的灵活性。如果需要对小范围的人员进行培训，可采取这种形式。例如，对碳排放核算与报告负责人员的培训可以通过让其参加定期的碳排放核算系列课程来实现。内部组织交流分享是指在企业内部为相关的职能部门安排针对某个专题的交流分享，可以对气候政策、碳市场等的相关内容进行宣传和培训，也可以对某一企业或部门的良好实践进行分享交流。内部组织交流分享的形式比较方便灵活，但是培训内容较为零散，并要求内部人员具有较高的业务水平。

二、碳市场交易员能力培训

政府等官方机构应组织地方应对气候变化主管部门、行业协会、重点排放单位、技术支撑机构、第三方核查机构、交易机构、金融机构和碳资产管理机构等开展深入的能力建设培训，提高各类参与主体对全国碳市场工作原理和工作安排的认识，增强企业参与全国碳市场的能力。

（一）全国碳市场交易员资格培训

全国碳市场交易员资格培训和考试，是由上海环境能源交易所（全国碳市场交易系统的建设、运行和维护主体，简称上海环交所）开发课程并组织进行。学员经过培训且四个科目均考核合格后将获得上海环交所颁发的碳排放交易员资格证书。在全国碳市场进行交易的交易机构的交易员必须持有这个证书。从事的最主要的工作就是碳市场产品的交易，包括碳配额（CEA）、自愿核证减排量（CCER）以及金融衍生品（如碳期货、碳期权、碳基金、碳债券等碳衍生品）。拿到资格证书之后需要在全国碳市场进行交易的交易机构进行注册，方能从事碳产品的交易。地方碳市场颁发的交易员证书，不具备在全国碳市场从事碳产品交易的资格。而全国碳市场颁发的交易员资格证书，经过注册之后，可以代表交易机构在全国碳市场从事碳产品的交易工作。

（二）应对气候变化主管部门组织培训

2019年10月22日至12月8日，生态环境部应对气候变化司在全国各地举行了“碳市场配额分配和管理系列培训”活动（共17期）。本次培训参与者涵盖了各省、自治区、直辖市和新疆生产建设兵团的应对气候变化主管部门的相关领导和电力企业代表，累计约1550家电力行业企业参加了培训。中国PMR（Partnership for Market Readiness，PMR）项目承担单位为本次培训设计了课程体系、编写了培训教材，且多名项目参与人员作为培训讲师参加了所有场次的培训任务。本次培训内容主要包括：参与碳市场工作动员、国际碳交易经验分享、全国碳市场建设相关文件解读、碳市场数据管理体系介绍、企业碳资产管理经验分享、碳信用项目介绍、配额试算、交易模拟等。针对专业性较强的MRV体系，编制了相关培训教材，包括以下六个方面的内容：监测、报告与核查能力建设培训PPT，《低碳政策汇编》《碳交易概述》《监测、报告与核查体系剖析》《国家重点行业企业温室气体核算报告指南解析》《温室气体排放核查认证标准与实践手册》等。

针对企业在参与碳交易相关能力建设方面的实际需求，中国PMR项目先后设计并开展了8场大规模的能力建设培训活动。能力建设培训内容主要包括全国碳交易相关政策法规宣传、碳交易知识普及、国内外碳交易及碳资产管理经验分享、碳市场模拟交易实践等。参加培训的企业覆盖电力、石化、化工、有色金属、建材、钢铁、造纸、航空等八大行业。通过一系列不同行业、不同形式、不同层级的能力建设活动，有效提升了企业对全国碳市场相关政策的认识，对充分调动央企参与全国碳市场的积极性与主动性，促进企业开展集团内部相关行动部署发挥了重要的作用。

全国碳市场的健康运行需要交易机构、金融机构和碳资产管理公司的积极参与。项目在全国层面和六个地方层面的能力建设活动中，从课程设计、师资安排、组织安排等方面展开工作。在课程设计方面，除全国碳市场政策设计和配额分配等相关通用课程外，还针对交易机构、金融机构和碳资产管理机构增加了全国碳排放权交易系统、登记系统和结算系统的设计，以及碳金融、碳资产管理等方面的课程。在师资安排方面，邀请了全国碳市场登记簿系统和交易系统的牵头机构、试点地区交易机构以及碳金融和碳资产管理机构的从业人员为相关全国碳市场参与主体授课。在组织安排方面，组织各省市交易机构、碳市场相关金融机构、碳资产管理机构和咨询机构积极参与能力建设活动。

（三）地方碳交所组织交易员培训

对重点排放单位、自愿减排项目业主来说，碳资产管理得当，可以减少企业运营成本、提高可持续发展竞争力并增加盈利，管理不当，则可能造成碳资产流失，影响企业可持续发展。对其他机构来说，碳市场已然成为资本博弈的新领域，各类碳金融产品和工具不断探索创新。在这一背景下，培养一批了解碳市场机制原理、最新政策和碳资产管理技术的碳资产管理人才，对相关主体实现碳资产保值增值意义重大，这也将对投资机构参与碳市场产生重要支撑作用。鉴于此，受人力资源和社会保障部社会保障能力建设中心委托，地方碳交易所承接培训活动。

例如，北京绿色交易所组织“碳资产管理”高新技能培训课程。培训对象为三类：纳入全国或区域碳排放权交易市场的重点排放单位的碳排放管理人员；从事碳排放检验检测、排放报告编制审核以及碳资产开发管理的技术服务机构相关技术人员；其他相关市场主体人员和关心关注中国碳市场发展的人士。除此以外，如北京绿色交易所还面向广大社会个体提供的“核证自愿减排量（CCER）开发与交易”“林业碳汇交易”“ESG 理论与实践”等主题的标准化定期（月度或季度）培训课程。截至 2024 年 5 月底，已累计举办常规培训 148 期，其中人力资源和社会保障部高新技能培训项目——“碳资产管理”“核证自愿减排量（CCER）开发与交易”培训举办超百期，累计有超 1.3 万名学员通过考核并获得人社部相关部门颁发的“碳资产管理”或“核证自愿减排量（CCER）开发与交易”高新技能培训证书。

三、碳市场交易能力认证

2023 年 9 月，人力资源和社会保障部、生态环境部共同制定了碳排放管理员国家职业标准。本职业共设五个等级，其中五级/初级工不分工种。碳排放监测员、碳排放核算员、碳排放核查员、碳排放交易员、民航碳排放管理员共设四个等级，分别为：四级/中级工、三级/高级工、二级/技师、一级/高级技师。碳排放咨询员共设三个等级，分别为：三级/高级工、二级/技师、一级/高级技师（见表 6－2 和表 6－3）。

表 6－2　碳排放管理员理论知识权重表

技能等级／项目		五级/初级工（%）	四级/中级工（%）					三级/高级工（%）						二级/技师（%）						一级/高级技师（%）					
		碳排放管理员	碳排放监测员	碳排放核算员	碳排放核查员	碳排放交易员	民航碳排放管理员	碳排放监测员	碳排放核算员	碳排放核查员	碳排放交易员	碳排放咨询员	民航碳排放管理员	碳排放监测员	碳排放核算员	碳排放核查员	碳排放交易员	碳排放咨询员	民航碳排放管理员	碳排放监测员	碳排放核算员	碳排放核查员	碳排放交易员	碳排放咨询员	民航碳排放管理员
基本要求	职业道德	5	5					5						5						5					
	基础知识	20	20					20						10						5					

续表

项目	技能等级	五级/初级工（%）	四级/中级工（%）					三级/高级工（%）						二级/技师（%）						一级/高级技师（%）					
		碳排放管理员	碳排放监测员	碳排放核算员	碳排放核查员	碳排放交易员	民航碳排放管理员	碳排放监测员	碳排放核算员	碳排放核查员	碳排放交易员	碳排放咨询员	民航碳排放管理员	碳排放监测员	碳排放核算员	碳排放核查员	碳排放交易员	碳排放咨询员	民航碳排放管理员	碳排放监测员	碳排放核算员	碳排放核查员	碳排放交易员	碳排放咨询员	民航碳排放管理员
相关知识要求	监测工作准备	20	25	—				20	—					15	—					—					
	核算碳排放量	20	—					—						—						—					
	实施核查计划	20	—					—						—						—					
	碳排放交易	15	—					—						—						—					
	执行监测计划	—	30	—				30	—					25	—					25	—				
	监测数据管理	—	20	—				25	—					25	—					35	—				
	核算准备	—	—	20	—			—	25	—				—	20	—				—	30	—			
	核算实施	—	—	30	—			—	30	—				—	25	—				—	30	—			
	接受核查	—	—	25	—			—	20	—				—	20	—				—	—				
	核查准备	—	—		20	—		—		20	—			—		15	—			—					
	核查实施	—	—		30	—		—		30	—			—		20	—			—		30	—		
	核查质量管理	—	—		25	—		—		25	—			—		30	—			—		30	—		
	碳排放交易准备	—	—			30	—	—			15	—		—						—					
	碳排放交易分析	—	—			25	—	—			15	—		—			25	—		—			15	—	
	碳排放交易实施	—	—			20	—	—			25	—		—			20	—		—			20	—	
	碳排放交易战略管理	—	—					—			20	—		—			20	—		—			25	—	
	咨询工作准备	—	—					—				20	—	—			10	—		—					
	咨询工作实施	—	—					—				20	—	—			10	—		—			10	—	
	咨询工作结题	—	—					—				15	—	—			15	—		—			10	—	
	产品碳足迹评价及应用	—	—					—				10	—	—			15	—		—			20	—	
	绿色金融与碳资产管理	—	—					—				10	—	—			15	—		—			20	—	
	民航监测计划制订和实施	—	—				20	—					20	—					15	—					
	民航统计核算及报告编制	—	—				30	—					30	—					20	—					
	民航碳排放核查组织与实施	—	—				25	—					25	—					15	—					30
	民航碳排放履约	—	—					—						—					15	—					30
	技术管理与能力建设	—	—					—						20	20	20	20	20	20	30	30	30	30		30
合计		100	100					100						100						100					

表 6－3　　　　碳排放管理员技能要求权重表

<table>
<tr><td colspan="2" rowspan="2">技能等级
项目</td><td>五级/初级工（%）</td><td colspan="5">四级/中级工（%）</td><td colspan="6">三级/高级工（%）</td><td colspan="6">二级/技师（%）</td><td colspan="6">一级/高级技师（%）</td></tr>
<tr><td>碳排放管理员</td><td>碳排放监测员</td><td>碳排放核算员</td><td>碳排放核查员</td><td>碳排放交易员</td><td>民航碳排放管理员</td><td>碳排放监测员</td><td>碳排放核算员</td><td>碳排放核查员</td><td>碳排放交易员</td><td>碳排放咨询员</td><td>民航碳排放管理员</td><td>碳排放监测员</td><td>碳排放核算员</td><td>碳排放核查员</td><td>碳排放交易员</td><td>碳排放咨询员</td><td>民航碳排放管理员</td><td>碳排放监测员</td><td>碳排放核算员</td><td>碳排放核查员</td><td>碳排放交易员</td><td>碳排放咨询员</td><td>民航碳排放管理员</td></tr>
<tr><td rowspan="26">技能要求</td><td>监测工作准备</td><td>25</td><td>35</td><td colspan="4">—</td><td>30</td><td colspan="5">—</td><td>15</td><td colspan="5">—</td><td colspan="6">—</td></tr>
<tr><td>核算碳排放量</td><td>25</td><td colspan="5">—</td><td colspan="6">—</td><td colspan="6">—</td><td colspan="6">—</td></tr>
<tr><td>实施核查计划</td><td>25</td><td colspan="5">—</td><td colspan="6">—</td><td colspan="6">—</td><td colspan="6">—</td></tr>
<tr><td>碳排放交易</td><td>25</td><td colspan="5">—</td><td colspan="6">—</td><td colspan="6">—</td><td colspan="6">—</td></tr>
<tr><td>执行监测计划</td><td>—</td><td>35</td><td colspan="4">—</td><td>35</td><td colspan="5">—</td><td>25</td><td colspan="5">—</td><td>30</td><td colspan="5">—</td></tr>
<tr><td>监测数据管理</td><td>—</td><td>30</td><td colspan="4">—</td><td>35</td><td colspan="5">—</td><td>30</td><td colspan="5">—</td><td>40</td><td colspan="5">—</td></tr>
<tr><td>核算准备</td><td>—</td><td>—</td><td>30</td><td colspan="3">—</td><td>—</td><td>30</td><td colspan="4">—</td><td>—</td><td>20</td><td colspan="4">—</td><td>—</td><td>30</td><td colspan="4">—</td></tr>
<tr><td>核算实施</td><td>—</td><td>—</td><td>40</td><td colspan="3">—</td><td>—</td><td>40</td><td colspan="4">—</td><td>—</td><td>30</td><td colspan="4">—</td><td>—</td><td>40</td><td colspan="4">—</td></tr>
<tr><td>接受核查</td><td>—</td><td>—</td><td>30</td><td colspan="3">—</td><td>—</td><td>30</td><td colspan="4">—</td><td>—</td><td>20</td><td colspan="4">—</td><td>—</td><td colspan="5">—</td></tr>
<tr><td>核查准备</td><td>—</td><td colspan="2">—</td><td>30</td><td colspan="2">—</td><td colspan="2">—</td><td>30</td><td colspan="3">—</td><td colspan="2">—</td><td>20</td><td colspan="3">—</td><td colspan="6">—</td></tr>
<tr><td>核查实施</td><td>—</td><td colspan="2">—</td><td>40</td><td colspan="2">—</td><td colspan="2">—</td><td>40</td><td colspan="3">—</td><td colspan="2">—</td><td>20</td><td colspan="3">—</td><td colspan="2">—</td><td>30</td><td colspan="3">—</td></tr>
<tr><td>核查质量管理</td><td>—</td><td colspan="2">—</td><td>30</td><td colspan="2">—</td><td colspan="2">—</td><td>30</td><td colspan="3">—</td><td colspan="2">—</td><td>30</td><td colspan="3">—</td><td colspan="2">—</td><td>40</td><td colspan="3">—</td></tr>
<tr><td>碳排放交易准备</td><td>—</td><td colspan="3">—</td><td>30</td><td>—</td><td colspan="3">—</td><td>25</td><td colspan="2">—</td><td colspan="6">—</td><td colspan="6">—</td></tr>
<tr><td>碳排放交易分析</td><td>—</td><td colspan="3">—</td><td>40</td><td>—</td><td colspan="3">—</td><td>25</td><td colspan="2">—</td><td colspan="3">—</td><td>20</td><td colspan="2">—</td><td colspan="3">—</td><td>20</td><td colspan="2">—</td></tr>
<tr><td>碳排放交易实施</td><td>—</td><td colspan="3">—</td><td>30</td><td>—</td><td colspan="3">—</td><td>25</td><td colspan="2">—</td><td colspan="3">—</td><td>25</td><td colspan="2">—</td><td colspan="3">—</td><td>25</td><td colspan="2">—</td></tr>
<tr><td>碳排放交易战略管理</td><td>—</td><td colspan="5">—</td><td colspan="3">—</td><td>25</td><td colspan="2">—</td><td colspan="3">—</td><td>25</td><td colspan="2">—</td><td colspan="3">—</td><td>25</td><td colspan="2">—</td></tr>
<tr><td>咨询工作准备</td><td>—</td><td colspan="5">—</td><td colspan="4">—</td><td>30</td><td>—</td><td colspan="3">—</td><td>10</td><td>—</td><td colspan="7">—</td></tr>
<tr><td>咨询工作实施</td><td>—</td><td colspan="5">—</td><td colspan="4">—</td><td>20</td><td>—</td><td colspan="3">—</td><td>10</td><td>—</td><td colspan="4">—</td><td>15</td><td colspan="2">—</td></tr>
<tr><td>咨询工作结题</td><td>—</td><td colspan="5">—</td><td colspan="4">—</td><td>20</td><td>—</td><td colspan="3">—</td><td>10</td><td>—</td><td colspan="4">—</td><td>15</td><td colspan="2">—</td></tr>
<tr><td>产品碳足迹评价及应用</td><td>—</td><td colspan="5">—</td><td colspan="4">—</td><td>15</td><td>—</td><td colspan="3">—</td><td>20</td><td>—</td><td colspan="4">—</td><td>20</td><td colspan="2">—</td></tr>
<tr><td>绿色金融与碳资产管理</td><td>—</td><td colspan="5">—</td><td colspan="4">—</td><td>15</td><td>—</td><td colspan="3">—</td><td>20</td><td>—</td><td colspan="4">—</td><td>20</td><td colspan="2">—</td></tr>
<tr><td>民航监测计划制订和实施</td><td>—</td><td colspan="4">—</td><td>30</td><td colspan="5">—</td><td>30</td><td colspan="5">—</td><td>15</td><td colspan="6">—</td></tr>
<tr><td>民航统计核算及报告编制</td><td>—</td><td colspan="4">—</td><td>40</td><td colspan="5">—</td><td>40</td><td colspan="5">—</td><td>20</td><td colspan="6">—</td></tr>
<tr><td>民航碳排放核查组织与实施</td><td>—</td><td colspan="4">—</td><td>30</td><td colspan="5">—</td><td>30</td><td colspan="5">—</td><td>20</td><td colspan="5">—</td><td>35</td></tr>
<tr><td>民航碳排放履约</td><td>—</td><td colspan="5">—</td><td colspan="6">—</td><td colspan="5">—</td><td>15</td><td colspan="5">—</td><td>35</td></tr>
<tr><td>技术管理与能力建设</td><td>—</td><td colspan="5">—</td><td colspan="6">—</td><td>30</td><td>30</td><td>30</td><td>30</td><td>30</td><td>30</td><td>30</td><td>30</td><td>30</td><td colspan="2">30</td><td>30</td></tr>
<tr><td colspan="2">合计</td><td>100</td><td colspan="5">100</td><td colspan="6">100</td><td colspan="6">100</td><td colspan="6">100</td></tr>
</table>

专栏6-1 案例

绿色发展激活人才引擎，天津排放权交易所启动碳交易员培育工作

2023年2月，天津排放权交易所有限公司（简称天排所）开展了碳交易员培训工作，旨在顺应时代发展要求，充分发挥碳市场优势，构建碳交易领域专业技术人才培养和发展的长效机制，为构建绿色低碳的产业链提供智力保障和人才支撑。

碳交易员是指能够按照《碳排放权交易管理办法》等文件规定，以及碳排放权交易机构的相关规则，制订企事业单位碳排放权交易方案，进行企事业单位碳排放权的购买、出售、抵押等各项操作的专业人员。其主要职能是熟知碳交易原理和行业企业配额分配规则，深度了解碳交易体系和市场动向，帮助企业开发和管理碳资产，制订企事业单位碳排放权交易方案，通过碳排放权购买、出售、抵押等帮助企业完成履约或碳排放权交易，降低碳减排等环境成本，助力企业实现“碳中和”，获取更大的市场收益及商业价值。

2021年10月26日，国务院发布《2030年前碳达峰行动方案》。方案指出：要将碳达峰贯穿于经济社会发展全过程和各方面，重点实施能源绿色低碳转型行动、节能降碳增效行动、工业领域碳达峰行动、城乡建设碳达峰行动等“碳达峰十大行动”。同时，该方案指出要加强创新能力建设和人才培养，创新人才培养模式，深化产教融合。

据悉，为全面推行以市场导向为主的碳交易体系，提高资源能源节约高效、循环利用，推动能源可持续发展，天津排放权交易所基于我国碳交易市场现状，进行深入调研，邀请了碳排放权交易所资深专家及众多顶级专家学者打造培养碳交易员的课程培训体系，详细解读碳排放权有关政策和技术标准体系，开展了国内国际自愿减排市场及交易机制、碳市场定价原理及价格影响因素、碳资产管理与项目开发、核查流程及要求、绿色金融创新与实践等重点课程，以此提升碳交易员专业能力和综合素质。

天津排放权交易所（TCX）成立于2008年9月，是全国首家综合性环境能源交易机构；国家首批温室气体自愿减排交易备案交易机构之一；天津区域碳市场、建筑能效市场和主要污染物市场指定交易平台；天津碳普惠创新示范中心；天津自贸区联动创新示范基地；碳标签授权评价机构；天津市政府指定的全国碳市场联建实施机构。2016年9月5日，国家发展改革委同意天津市发展改革委委托天津排放权交易所设立全国碳市场能力建设（天津）中心。

随着“双碳”目标的提出，碳排放权交易作为应对气候变化与减少温室气体排

放的重要手段，将成为推进低碳经济转型的强大动力，碳交易专业技术人才也必将发挥关键作用。实现“双碳”目标是一场广泛而深刻的经济社会系统性变革，需要掌握专业技能的碳交易员算好节能减排“明白账”，下好绿色经济“先手棋”。碳交易员作为绿色发展的探路者，将成为推进“双碳”工作的行家里手，为我国绿色低碳发展贡献智慧力量。

资料来源：央广网．绿色发展激活人才引擎，天津排放权交易所启动碳交易员培育工作［EB/OL］．（2023－02－14）．https：//tech. cnr. cn/techph/20230214/t20230214_526153962. shtml.

第三节　碳市场参与者的网络和资源

碳市场主要参与者包括供给者、使用者和中介机构，涉及受排放约束的电力企业、减排项目开发者、咨询机构以及金融机构等。企业面临更大减排压力将加紧部署碳排放和碳资产管理工作，金融机构参与到碳交易市场并探索出一系列衍生碳金融产品，碳咨询、碳监测、核查业务需求增加催生一系列碳市场服务机构，这些参与者共同组成碳市场网络和资源。

一、碳市场参与者的网络

（一）企业参与全国碳市场网络

碳交易有两个市场：强制性碳排放权交易市场和自愿性碳排放权交易市场。目前的全国碳排放权交易市场就是基于配额交易的强制性碳排放权交易市场，是开展碳交易的“主战场”。企业参与全国碳市场的碳排放权交易体系是一个复杂的工程，历经十余年，现行碳排放权交易体系主要涉及 15 个环节，分别是法律体系、支撑系统、确定覆盖范围、总量设定、配额分配、MRV 机制、灵活性措施、履约机制、交易机制、抵消机制、市场监管、市场调节、链接、交流与能力建设以及实施、评估与改进。每个环节均涉及或可影响体系主要特征的决策或行动，且在每个环节作出的决策与行动都相互联系、相互依存。

一般来说，在碳交易市场中，交易主体可被分为政府、履约企业、投资机构、非履约企业以及社会组织团体和个人六类。但是，发展阶段不同，纳入的主体也就不同，现阶段全国碳排放权交易市场由生态环境部及其所辖的各级部门承担主管责任，并负责公布纳入全国碳排放权交易市场重点企业名单（电力、钢铁、石化、化工、建材、航空、造纸和有色金属等行业）。名单中的温室气体重点排放单位就是体系下的交易主体。缺配额的企业是买方，而配额盈余的企业是卖方。按照《碳排放权交易管理办法（试行）》规定，参与全国碳排放权交易市场交易的主体需要满足两个条件：一是属于全国碳排放权交易市场覆盖行业；二是年度温室气体排放量达到2.6万吨二氧化碳当量。

为了保障碳排放权交易的顺利进行，国家在湖北武汉建立了全国碳排放权注册登记结算机构，在上海建立了全国碳排放权交易机构。全国碳排放权注册登记结算机构通过全国碳排放权注册登记结算系统记录碳排放配额的持有、变更、清缴、注销等信息，并提供结算服务，这些信息是判断碳排放配额归属的最终依据。全国碳排放权交易机构负责组织开展全国碳排放权集中统一交易。目前，全国跟碳交易有关的系统主要有6个，分别为全国温室气体排放数据直报系统、全国碳排放权注册登记结算系统、全国碳排放权交易系统、碳排放权交易结算系统、碳衍生品交易所系统、全国温室气体自愿减排管理和交易中心。

在承担功能层面，湖北省和上海市分别是全国碳排放权注册登记结算系统和交易系统建设的牵头省市，其他省市共同参与系统建设和运维。全国温室气体自愿减排管理和交易中心由北京绿色交易所筹备，主要负责自愿减排项目的管理和交易，碳衍生品交易所系统则由广州期货交易所负责（见图6-1）。

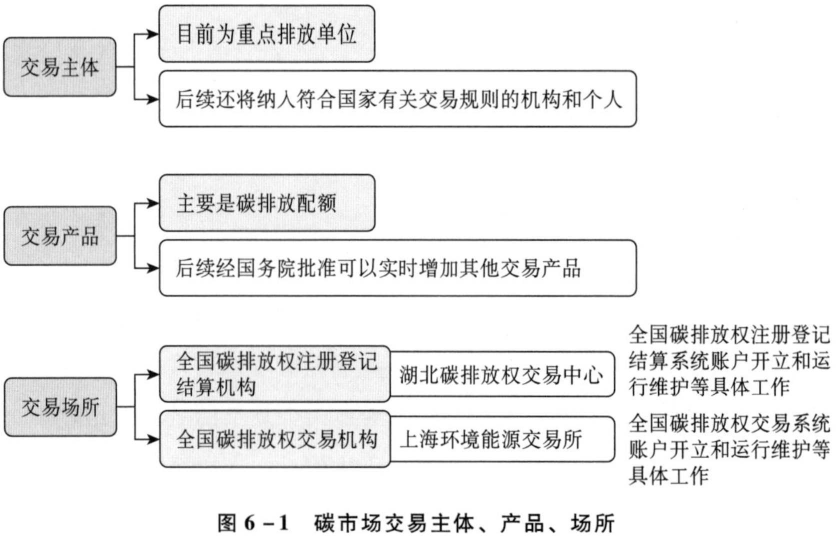

图6-1 碳市场交易主体、产品、场所

（二）个人参与碳市场交易网络

《碳排放权交易管理办法（试行）》规定，符合条件的个人可以作为全国碳排放权交易市场的交易主体，参与碳排放配额交易。也就是说，碳交易将以一种金融投资方式，让更多的普通公众参与进来。个人投资者可以通过参与地方试点碳市场、自愿性碳排放权交易市场、投资金融机构、碳普惠、参与碳汇开发等方式来参与碳交易。

自 2011 年以来，全国在 8 个省市启动了碳排放权交易试点。其中，大部分均允许个人参与碳交易。各交易所对开户要求、资产证明标准也不一。投资者可以在支持个人参与的地方试点碳市场开户后，进行碳交易。个人投资者开户流程与股票开户流程较为相似，先按要求提交申请，通过审核后再进行开户、领取席位号、绑定银行卡、网银签约等操作，按系统提示完成操作后，可通过网上交易客户端或手机 App 进行交易。每一个交易所的开户条件不一样，需以官网提供的信息为准。开完户后就去下载相应交易所的交易软件，登录进去，然后就可以进行碳交易了。由于各个交易所均是以二级配额市场为建设主体，因此在价格机制设计时，一般采取了其他市场价格跟随二级配额市场价格的方式。这一价格机制本身比较脆弱，在一定程度上给潜在的市场操纵者带来了套利机会。参与碳交易的个人需要有更强的风险识别能力，碳市场的投资受全球经济、能源价格等多种宏观因素影响。从碳交易自身的特点来看，其信息披露程度远不及股票市场，从流动性看，也难以具备大规模发展的可行性。如果投资者不熟悉相关政策、形势，那么投资风险可能会很高。

个人投资者还可以参与投资国家核证自愿减排量，即投资者可以去地方试点碳市场开户后购买国家核证自愿减排量来持有，待将来全国碳排放权交易市场开放国家核证自愿减排量履约后，便可进入全国碳排放权交易市场交易，但用这种方法只能交易国家核证自愿减排量。因为，全国碳排放权交易市场对国家核证自愿减排量的政策还不太明朗，所以采用这种方法存在一定风险。

（三）通过投资机构间接参与碳市场

投资机构是碳市场的重要参与者，通过购买这些机构推出的碳理财产品，例如，一些专门投资碳市场的基金，也可以间接参与碳市场交易。这些基金支持控排企业在满足自身需求之外建仓配额和国家核证自愿减排量，也可能直接投资国家核证自愿减排量市场的开发，甚至投资一些碳资产开发公司，支持这些公司开发国家核证自愿减排项目。这种投资方式与投资相关控排企业的股票相比，与碳市场的关联性更强，其收益与碳市场息息相关。

自 2011 年开始，中国的地方试点碳市场经历了 10 年发展，一共覆盖了 100 多个小行业，参与履约的企业有 2800 多家，但投资机构就达 1000 多家，在碳市场试点早期，超过一半的交易额都是投资机构和个人贡献的。投资机构有一定的投资回报要求，而且对市场的反应比企业和个人更灵敏，因此个人通过这些机构间接参与碳市场，也是个不错的选择。从我国当下情况看，金融机构还不能直接参与到全国碳交易市场中去，碳市场的扩容工作有待进一步完善，相关配套政策以及更为详细的标准有待细化，碳市场的整体法律政策体系仍需健全，市场调节机制与交易规则还需构建完善，以赋予碳市场一定的金融属性。

在全国碳市场中，交易行为可能存在的主要风险包括：(1) 信息风险，利用所获得的不对称政策信息进行交易；(2) 关联交易风险，如同一集团下属的企业等利益相关方进行关联交易或串通交易；(3) 价格操纵风险利用市场流动性不足或利用配额的集中持有操纵市场价格以达到自身交易目的。全国碳市场下对交易行为的监管主要包括禁止市场操纵、内幕交易和关联交易。试点碳市场在相关管理办法中均规定交易管理机构可以根据异常交易行为采取相应处理措施。交易管理机构的业务规则对异常行为的类型进行了明确规定，并制定了相应的处罚措施。

为了引入具有不同专业能力和风险承受能力的投资者以适应不同的交易品种，各试点碳市场的管理办法均设立交易参与人资格准入制度，明确了对交易参与人的基本要求，交易管理机构均设立了交易参与人资格准入条件，对机构投资者和个人分别设置了不同要求。对参与交易的机构投资者在注册资本、专业能力、经营状况等方面设立了专门的条件要求；对自然人则设立了投资经验、风险识别和承受能力、金融资产等方面的要求，使投资人的风险承受能力和专业能力与碳市场的发展阶段相适应。

试点碳市场引入适合的投资人参与交易，一方面促进了市场的平稳健康发展，另一方面也防范和降低了不当行为造成的市场风险。此外，上海和北京等试点碳市场还对第三方核查人员以及掌握或有机会接触到碳市场交易政策制定、配额分配情况的相关人员等作出了禁止参与交易的规定。交易参与人向交易管理机构提出申请并获得交易资格后方可参与交易。

全国碳市场中对禁止参与对象的条件可与试点碳市场基本保持一致，对于准入资格的具体要求可由国务院应对气候变化主管部门或交易管理机构制定。一般情况下，应由国务院应对气候变化主管部门制定原则性规定，由交易管理机构提出具体要求并报国务院应对气候变化主管部门备案。

（四）金融机构参与碳交易市场体系

在中国致力于实现“双碳”目标的关键阶段，企业面临的减排资金需求巨大。在此背景下，碳交易市场的作用变得尤为重要，它不仅能够帮助参与方通过更低的成本进行交易和融资，还能够促进资金的有效流动，进而投资于减排项目。在这一过程中，金融机构发挥着至关重要的作用，它们不仅为企业提供专业化服务，帮助优化经营决策，还能够承担交易风险，提供必要的流动性支持，并为碳市场提供资金、技术和人力资源的支持。如果缺乏金融机构的加入，碳交易市场在进行价格确定、引导市场预期以及风险控制等关键功能上的效能会显著降低。

1. 金融机构为欧盟碳市场交易体系提供服务

欧盟的碳市场（EU ETS）之所以相对发展成熟，很大程度上归功于市场初期就推出了碳配额期货、期权、互换等多样化金融产品，并且有商业银行、投资银行、私募投资基金等多种市场参与者的广泛参与，这大幅增强了碳市场的流动性（见图 6－2）。

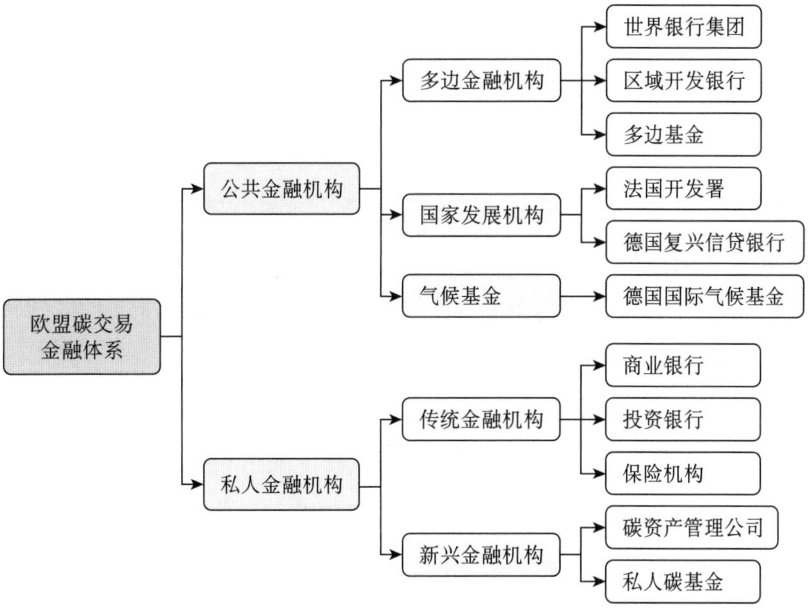

图 6－2　欧盟碳交易金融机构体系

金融机构在 EU ETS 中提供多种服务。作为碳交易供给者向项目开发企业提供贷款，作为中介机构为项目开发企业提供必要的咨询服务（包括项目规划以及相关材料的准备和报送等）、为原始碳排放权的开发提供担保、在二级市场上充当做市商、为碳交易提供必要的流动性、提供碳金融衍生品（期货、期权、远期合约等）、开发了创新金融产品（包括碳基金、绿色债券、信贷、保险产品等。为碳排放权的最终使用者提供风险管理工具，或者为投资者提供新的金融投资工具。

2. 证券公司参与碳市场交易业务

证券公司作为金融机构中灵活性比较强、市场参与度比较高的主体，其参与有助于增加碳市场的活跃程度，引导资本向新能源产业投资，促进碳减排和清洁低碳转型。在碳交易市场中，证券行业发挥着多维作用，包括作为信息和服务提供者、交易平台和中介、融资者、金融产品创新者等。

随着碳金融业务的发展，证券行业已形成了多种成熟的业务模式，包括碳排放权交易、碳减排量购买、买断式回购交易、碳配额与减排量置换以及碳抵消（中和）交易等。这些业务模式不仅为碳市场提供了流动性，还为企业提供了低成本履约方案，促进了碳减排项目的实施和发展。

（1）碳排放权交易业务：证券公司作为中介，向市场提供碳排放权现货的双向交易报价。作为最基础的业务模式，它降低了因市场流动性不足造成的交易成本，满足了企业对于资产配置、变现和履约等多样化需求。

（2）碳配额与减排量置换交易业务：该业务为企业提供了一种低成本的履约解决方案，通过将碳配额和减排量进行置换，帮助企业以较低的成本完成碳排放配额的履约。证券公司在此过程中通过买卖差价为企业创造额外收益，进一步激励了企业参与碳减排活动。

（3）碳减排量购买交易业务：证券公司通过购买尚在申报阶段或未申报的减排项目的减排量，消除了企业因项目申报失败而可能面临的资金损失风险。这一业务模式覆盖了可再生能源、林业碳汇、农业甲烷利用等多个领域，证券公司通过与客户签订购买协议，提前锁定减排量，支持企业的低碳项目发展。

（4）碳抵消（中和）交易业务：通过直接注销减排量来抵消客户碳排放的碳抵消（中和）交易服务，为企业实现碳中和目标提供了便捷的途径。证券公司提供一站式的碳抵消服务，根据客户的具体需求和偏好，设计定制化的碳抵消方案，帮助企业实现其生产运营和大型活动的碳中和目标，展现企业的环保责任与承诺。

（5）买断式回购交易业务：该业务允许企业向证券公司出售其碳排放权，以获得短期资金支持，并在约定期限内以预设价格回购所售碳资产。这种灵活的融资模式不仅为企业提供了流动性支持，还避免了占用企业的信用额度，增强了企业应对碳市场变化的灵活性。

随着全球对气候变化问题的进一步关注，碳交易市场作为绿色金融体系的核心部分，引领着经济社会的可持续发展。在这一进程中，证券公司发挥着不可或缺的作用，通过参与碳排放权的交易和提供相关金融服务，为碳市场注入活力，促进了资本向新能源产业的流动。中国碳交易市场的逐步成熟和发展，反映了市场机制在低碳转型和绿色发展中的重要性。面对碳市场运作中的挑战，包括交易机制和价格形成机制的完善，证券公司通过提供服务和业务创新，展现了其在推动碳减排和清洁低碳转型过程中的关键作用。未来，随着碳市场的进一步发展和完善，证券公司将继续在促进绿色金融发展和实现“双碳”目标中扮演重要角色。

（五）碳资产管理公司参与碳市场降低风险

碳资产管理公司可降低参与、投资主体的风险。碳资产管理公司作为碳交易市场中主要的交易群体，包括从电力行业衍生出的专业碳资产管理公司以及专业碳交易公司。碳资产管理公司提供交易中介服务的途径有两种：一种是场内交易，另一种是场外交易。

场内交易：买卖双方通过碳交易中间商开设账户在交易所内进行交易，中间商凭借专业人员，根据买卖双方的需求，寻求最佳交易时机和价格，从中获取佣金。

场外交易：为供求双方牵线搭桥，帮助买卖双方达成交易，提供市场情报和具体项目开发的组织实施方。同时关系到项目实施的成本控制、买卖双方信任关系的建立、市场知识、专业水平和交易组织技术等（见表6-4）。

表6-4　欧盟碳资产管理企业运作模式

	英国益可环境国际金融集团（摩根大通）	瑞典碳（巴克莱银行）	蓝碳世界资本集团
一级市场交易	参与CDM一级市场交易	购买风力发电、水力发电、天然气蒸汽联合循环发电、水泥余热利用、生物质热点联产、钢铁及垃圾焚烧等领域项目	参与JI项目和CDM项目一级市场开发和购买活动
二级市场交易	EUA现货、期货和期权交易	推出标准化场外交易核证减排期货合同	场内、场外交易ERU、EUA和CER等
股权投资	收购VER销售平台及产品提供ClimateCare，收购CDM项目买家及开发商益可环境	巴克莱通过收购瑞典碳将业务从二级延伸到一级市场	收购俄罗斯JI开发商，收购和创建南非、新加坡和中国多家分公司，投资控股Hestya
融资模式	上市融资、引入投资银行	引入投资银行	母公司直接投资
风险管理	远期交易	项目严格评估、与母公司分工一级市场与二级市场分散管理、控制项目总减排量、套期保值	借鉴大量同行前辈成功管理经验、投资集团内部消化需求

资料来源：中国知网，平安证券研究所。

我国碳资产管理公司是碳交易市场中主要的交易群体。中国构建大型发电企业碳资产管理制度体系，统筹排放与原有节能减排、环境保护等相关部门的职能关系，积极制定相关政策，逐步建立起自身核心数字化分析和决策模型，持续推进技术创新，积极开展有效的碳交易。我国专业碳资产管理公司、私人碳基金发展缓慢（见表6-5）。

表 6-5　　中国专业碳资产管理公司业务

碳资产管理公司名称	碳资产管理业务
中信碳资产管理公司	专门从事节能减排和低碳金融、低碳咨询，包括国际低碳趋势的研究、国内低碳政策的跟踪、为中国城市和企业担当低碳顾问、提供低碳解决方案
中成碳资产管理公司	碳排放 MRV 管理服务、碳资产管理服务、综合履约服务、碳市场咨询服务（碳管理体系建设、能力建设、资讯服务）、减排项目（CCER/CDM/GS）开发咨询服务、垫资开发、现货远期交易
黑龙江中碳伟业碳资产投资管理有限公司	碳资产投资管理；节能减排服务；环保大气、水、固体废弃物、土壤治理服务
中世成碳科技有限公司	专注于中国低碳领域，包括温室气体减排项目（CDM、CCER、GS、VCS 等项目）的开发、监测、碳减排量交易的专业服务，为中外项目业主以及碳信用买家提供基于政策、法规、技术和运营的碳资产管理以及风险管控的相关咨询服务
中科华碳（北京）信息技术研究院	为广大企业提供 CCER、碳配额、碳资产开发等方面的咨询和顾问服务。联合人社部、北京环境交易所、中科华碳（北京）信息技术研究院等机构在全国推出“碳交易师、碳审计师、碳资产管理师”等系列认证培训
上海和碳管理咨询合伙企业（有限合伙）	经营项目为碳排放权交易的配套服务。已在深圳碳排放权交易所开立碳交易账户，买入备案碳资产 13.72 万吨，交易金额 349.84 万元，实现了碳资产首笔交易业务

资料来源：中国知网，南方能源观察，碳交易网，平安证券研究所。

（六）碳咨询机构拓展碳市场业务

咨询通过直销模式开拓业务，直接面向客户提供服务。碳咨询机构主要包括交易项目的技术咨询、碳培训、碳盘查、碳资产托管、回购、质押、置换、协助履约等相关服务，从而使客户达到降低能源消耗、减少履约成本及碳资产保值增值的目的。全国碳排放交易市场运转后，作为“双碳”目标下的新兴服务行业，碳咨询机构将成为重要市场服务商。碳咨询机构主要通过纯咨询和收益分享两种模式提供服务：

（1）收取咨询费用：根据咨询内容和咨询范围收取咨询费用。其中第三方审定和核证机构的费用需要业主自行承担。

（2）分享减排量收益模式：碳咨询公司与业主风险与收益共担，业主不需要支付咨询费用，由碳咨询公司承担开发成本，免费为业主提供项目咨询服务，业主只需要承担碳咨询公司人员的出差费用及第三方审定和核证机构的费用。待项目通过签发可以进行交易时，碳咨询公司按照合同约定收取一定比例的减排量收益。

二、未来碳市场参与可获取的资源和机遇

（一）数字技术应用下参与碳普惠

碳普惠是数字碳中和的典型应用，同时也是推动形成绿色生活方式的有效举措，它能够更好地调动、激发公众积极参与碳减排行动，对加快生态文明进程、促进经济社会高质量发展和可持续发展目标实现具有重要意义。在我国的双碳背景下，碳普惠将成为可持续发展的核心引擎，驱动经济与环境的协同进化。我们应加大碳普惠工具和模式的研发力度，鼓励创新投资和技术应用，从而构建碳普惠生态系统，为可持续发展开辟新的道路，推动绿色低碳循环发展。碳普惠的基本逻辑是利用移动互联网、大数据、区块链等数字技术，依据碳普惠标准或方法学，对公众、社区、中小微企业在衣、食、住、用、行、游等领域的各种绿色低碳行为进行量化、记录、核证，生成个人/企业减排量并汇总到碳账本中，通过减排量交易、政策鼓励、市场化激励，为减排行为赋值的绿色生活回馈机制（见图6－3）。

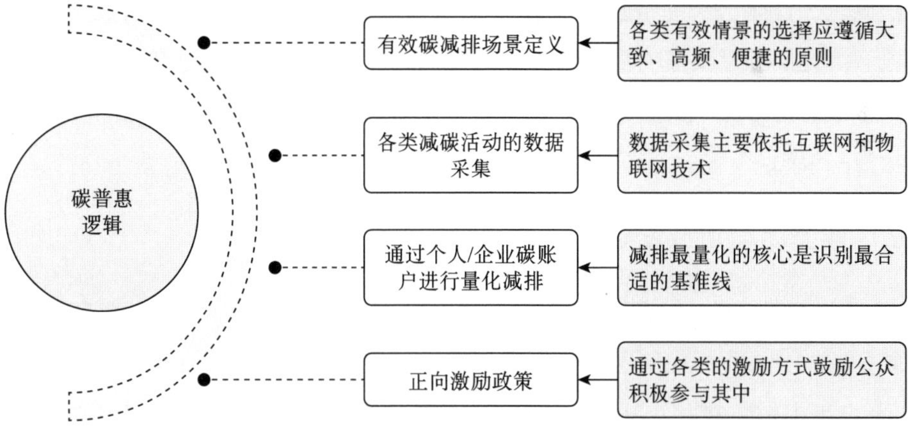

图6－3　碳普惠逻辑

（二）全国碳市场数字化基础设施保障有力

全国碳市场管理平台、注册登记系统、交易系统等基础设施安全稳定运行，实现了各系统互联互通，全业务管理环节在线化、全流程数据集中化、综合决策科学化。

1. 建成全国碳市场管理平台

全国碳市场管理平台是服务于碳排放数据管理、质量监管、核查管理等全业务全流程的一体化管理平台。2023年2月，平台正式上线运行，运用大数据等信息化手段，对碳排放及相关参数异常数据实现自动识别校验，对存疑数据进行预警提示，实现了碳排放管理

重点环节的数字化、智能化。用户涵盖主管部门、重点排放单位、技术服务机构等多类主体，丰富了数据质量管理技术手段，显著提升了工作效率。建设并运行全国碳市场信息网及公众号，集中发布全国碳市场权威信息。截至目前，公众号关注人数突破7000人，网站及公众号访问量达7万次。

2. 持续优化全国碳排放权注册登记系统和交易系统

全国碳排放权注册登记系统和交易系统持续开展功能优化升级，不断强化日常运维管理，与各省级生态环境主管部门建立日常协作机制，保障配额分配、交易、清缴、抵消等工作顺利进行。第二个履约周期，全国碳排放权注册登记系统支撑超100亿吨碳排放配额的发放及清缴，开发并上线履约完成证明、履约风险预警等系统功能，实现配额的统一编码管理；全国碳排放权交易系统实现“碳排放配额21”“碳排放配额22”顺利上线交易，发布全国碳排放权交易市场综合价格行情，统一价格信号。两系统共为2257家重点排放单位及其他各类市场主体提供服务超20万次。

3. 上线运行全国温室气体自愿减排注册登记系统和交易系统

全国温室气体自愿减排注册登记系统和交易系统是全国温室气体自愿减排交易市场的重要基础设施，目前已经完成注册登记系统和交易系统建设并上线运行，开户4582家。注册登记系统提供自愿减排项目和减排量的登记、注销服务；交易系统为市场主体提供核证自愿减排量的集中统一交易结算服务。同时，两系统对标国际通行标准，实现了核证自愿减排量唯一编码。

（三）碳交易增加激发碳排放监测需求

从2013年开始，北京、天津、上海、重庆、湖北、广东、深圳等地区碳市场试点过程中，碳排放权交易作为控制温室气体排放的一种市场化手段已显现出积极效应。2021年7月16日，全国碳排放权交易鸣锣开市，标志着全球最大规模的碳市场正式启动。全国碳市场选择以发电行业为突破口，有两个方面的考虑：一是发电（煤电）行业直接燃煤，火电行业的二氧化碳排放量较大。包括自备电厂在内的全国2225多家发电行业重点排放单位，年排放二氧化碳超过了40亿吨，因此首先把发电行业作为首批启动行业，能够充分发挥碳市场控制温室气体排放的积极作用。二是发电行业的管理制度相对健全，数据基础比较好。交易首先要有准确的数据，排放数据的准确、有效获取是开展碳市场交易的前提。发电行业产品单一，排放数据的计量设施完备，整个行业的自动化管理程度高，数据管理规范，而且容易核实，配额分配简便易行。从国际经验看，发电行业都是各国碳市场优先选择纳入的行业。监测、报告、核查（MRV）机制是碳市场建设的基础，如何准确地监测、核算碳排放量是MRV的重点和难点。我国已经发布的《核算指南》规定了两种核算方法：即排放因子法和物料衡算法，同时提及了在线监测的方法。国际上除了采用排放因子法外，美国等发达国家还积极推广采用连续排放监测法进行电力企业碳排放的核算。目前我国碳监测也在有序推进，碳监测是辅助核算体系的重要支撑。按照生态环境部安排，中国环境监测总站于2021年2月成立了碳监测工作组在全国牵头率先开展系统的碳监测调研、方案设计和试点工作。碳监测是指通过综合观测、数值模拟、统计分析等手段，获取温室气体排放强度、环境中浓度、生态系统碳汇以及对生态系统影响等碳源汇状况及其变化趋势信息，以服务于应对气候变化研究和管理工作的过程。为推进火电厂 CO_2 在线监测，美国、欧盟政府制定了多项法律法规，在此基础上制定了具体实施细则，全面、详细规定了从监测方案、安装运维、质量控制、数据处理与报送等各环节要求，明确了环保主管部门、火电企业、独立第三方各自的法律责任，在保证火电厂 CO_2 排放 CEMS 数据的准确性、及时性的同时，提高了在线监测工作的可操作性和经济性。

生态环境部正在研究制定碳监测试点工作方案，准备开展三项试点。一是排放源监测试点。鼓励电力、钢铁等重点行业内有条件的企业，开展能源和工业过程温室气体集中排放监测先行先试，加快技术标准研发与监测结果比对，探索实测结果在企业排放量核算与交易、减排监管等方面的应用。二是重点城市监测试点。结合现有城市空气质量监测基础，选取有代表性的城市开展 CO_2、CH_4 等温室气体浓度监测试点，组建城市温室气体监测网，探索自上而下的碳排放反演。三是区域监测试点。推进国家大气背景站温室气体监测设施提标改造，结合卫星和无人机遥感监测，提升区域和背景尺度温室气体监测能力。

根据碳监测试点范围，目前碳监测市场主要可分为排放源温室气体监测和环境温室气体监测两大类，为碳市场服务的监测点和政府监测点的市场约有74亿元。如果考虑企业自查和数据披露的需求，碳监测的市场空间更大。国内多家公司已经布局温室气体监测相关业务。例如，先河环保目前已经构建了工业源排放监测、无组织碳排放监测、城市温室气体监测、区域及背景监测、碳汇监测等在内的“五级碳监测网络”，开发出了二氧化碳监测仪、甲烷监测仪、温室气体网格化监测仪等产品，可满足排放源、城市、农村、工业园区、背景点（包括碳汇）等的监测。北京雪迪龙、聚光科技、安徽蓝盾等企业，目前已经在排放源二氧化碳监测设备方面进行了产品储备（见表6-6）。

表6-6 企业在碳监测业务方面的布局

主要企业	大气监测、碳监测相关业务
先河环保	公司已构建涵盖排放源温室气体监测、区域温室气体、背景监测、无组织排放监测等温室气体监测系统，并研发了基于碳监测、碳核算、碳核查技术的碳排放与碳资产管理系统、区域温室气体源汇分布反演系统，可协助地方政府准确摸清碳排放底数，科学规划碳达峰、碳中和路径。部分系统已经在石家庄、唐山发电企业试点应用

续表

主要企业	大气监测、碳监测相关业务
雪迪龙	公司拥有系列在线监测产品及系列便携式监测产品可以用于污染源碳排放监测，GC500 系列在线监测产品可以用于大气温室气体监测。目前碳监测产品多用于开展示范项目。公司主要客户群体覆盖电力、建材、有色、钢铁、石化、化工等行业，拥有下游客户资源
聚光科技	公司深耕工业过程检测领域二十余载，过程分析产品已从单一的激光产品发展到以光谱、色谱、质谱为技术平台的综合性产品群，可为客户提供全流程的过程分析解决方案
蓝盾光电	公司产品大气温室气体 FTIR 监测系统主要用于环境大气中二氧化碳（CO_2）、甲烷（CH_4）、氧化亚氮（N_2O）等温室气体浓度的实时监测
四方光电	公司微流红外、双光束红外、TDLAS 等气体传感器技术可以应用于对工业污染源的多种温室气体排放浓度的监测；基于超声波、差压等原理设计的气体流量传感器可以用于温室气体流速和体积的监测。公司以工业用气体传感器技术平台、分析仪器及工信部沼气工程物联网专项为基础，为大中型沼气工程、生物质燃气工程、煤层气瓦斯气综合利用工程等诸多领域提供了包括测量 CH_4 和 CO_2 等气体的计量装置；上述装置提供了开展清洁发展机制（CDM）碳交易的基础数据
天瑞仪器	公司在污染源监测、工业园区监测领域均已有相关产品布局（主要产品为工业园区监测领域的在线 XRF、污染源监测中的 CEMS 网格化、空气站产品）

资料来源：平安证券研究院。

（四）CCER 重启互补衔接碳交易市场

除了基于全国碳排放权交易市场的强制性碳市场外，还存在一种自愿性碳排放权交易市场，这个市场的产生源于非控排企业低碳发展的需求。国家核证自愿减排项目和清洁发展机制项目一样需要签发，只不过清洁发展机制项目需要联合国清洁发展机制执行理事会签发，国家核证自愿减排项目签发的流程与清洁发展机制项目类似。国家核证自愿减排项目开发也要遵循严格的项目备案和减排量备案流程，主要包括六个步骤，依次是：项目设计文件（PDD）、项目审定、项目备案、项目实施与监测、减排量核查与核证、减排量签发。再加上交易与注销环节，就构成了国家核证自愿减排项目的全生命周期。

2024 年 1 月 22 日，全国温室气体自愿减排交易市场启动，交易产品为经国家发展改革委核证签发的自愿减排量（CCER），其与 2021 年 7 月启动的全国碳排放权交易（CEA）市场共同构成完整的全国碳市场体系。其中 CCER 市场是自愿减排市场，与强制减排市场 CEA 互补衔接，共同助力实现“双碳”目标。目前 CEA 仅涵盖电力行业排放，覆盖约 44.27 亿吨二氧化碳排放量，约占能源使用二氧化碳排放总量的 40%。未来将以电力行业为突破口，以行业排放占比作为决定因素来纳入其他行业，石化、化工、建材等高耗能高排放行业将被逐步纳入，碳交易市场覆盖额有望突破百亿吨，进而带动 CCER 需求增长。

重点排放单位可按照有关规定，CCER 可用于抵消碳排放配额，即纳入碳排放交易的单位可以通过购买国家核证自愿减排量抵消其超额温室气体排放，促进可再生能源、林业碳汇等项目发展。抵消机制的设计进一步扩大了碳排放交易市场对国家核证自愿减排量的需求。通过建设全国温室气体自愿减排交易市场，有利于推动形成强制碳市场和自愿碳市场互补衔接、互联互通的全国碳市场体系，助力实现“双碳”目标。

各类社会主体可以按照相关规定，自主自愿开发温室气体减排项目，项目减排效果经过科学方法量化核证并申请完成登记后可在市场出售，以获取相应的减排贡献收益，有利于支持林业碳汇、可再生能源、甲烷减排、节能增效等降碳增汇项目发展，有利于激励更广泛的行业、企业和社会各界参与温室气体减排行动。

（五）监管制度保障碳市场参与

2024 年 2 月 4 日，国务院颁布《碳排放权交易管理暂行条例》（简称《条例》）。该条例成为中国碳市场管理的最新上位法。《条例》的出台有效提升了立法层级，为全国碳排放权交易市场运行管理提供明确法律依据。《条例》首次以行政法规的形式明确了碳排放权市场交易制度，为全国碳排放权交易市场运行管理提供明确法律依据，提高了全国碳排放权交易市场立法层级，保障和促进其健康发展。

对于碳市场参与者而言，《条例》出台带来制度的重要保障。首先，《条例》进一步明确不同主体的职能分工和权责要求，确保各项工作高效衔接。《条例》明确指出各级主管部门、监督管理部门、交易机构、技术服务机构、重点排放单位以及符合国家有关规定的其他主体等在碳排放权交易及相关活动中的职能工作与权责划分，各主体清晰了解自身在碳排放权交易市场中的职责，由此减少了工作重叠和管理漏洞，从而推动碳排放权交易管理体系高效运转。

其次，提升数据质量法治化管理水平，严格审查机制，对违规方问责惩处力度显著加大。《条例》对数据质量相关违法违规行为明确了没收违法所得、罚款、核减下一年度配额、责令停产整治、取消资质、限制从业等法律责任。相较于《碳排放权交易管理办法（试行）》，《条例》的行政处罚力度大幅提升，强化了对违法违规行为的规范约束，明确了其法律责任，防止重点排放单位数据造假，保障碳排放数据质量。

再次，与有关部门实现信息共享，同时注重面向社会信息公开。《条例》明确要求，国务院生态环境主管部门建立全国碳排放权交易市场管理平台，加强对碳排放配额分配、清缴以及重点排放单位温室气体排放情况等的全过程监督管理，并与国务院有关部门实现信息共享。由此，通过与其他有关部门实现信息共享，国务院生态环境主管部门可以获得全面准确、及时更新的相关数据，涵盖了不同领域的碳排放信息，为制定与完善政策法规提供数据支撑，从而更好地应对气候变化的挑战。

最后，《条例》的颁布有助于提高碳市场交易活跃度，发现碳价格。《条例》的颁布对于中国碳市场交易的健康发展具有深远影响，不仅为市场运行提供了法律保障，还通过建立严格的监管体系和制度框架，增强了市场的稳定性和效率，预期会提高碳市场交易活跃度，未来碳价格有望提高。

专栏6-2　案例

东方证券在碳交易市场的探索路径

《碳交易市场“争先”：多个首单背后，东方证券为何能有“东方速度”》让同业惊叹“东方速度”，让客户了解“碳金融”品牌，东方证券在碳交易市场的探索路径别开生面。

自从2020年提出了碳达峰、碳中和目标以后，我国采取切实行动扎实推进“双碳”目标。目前，中国已经发布2030年前碳达峰行动方案，初步形成了碳达峰、碳中和“1+N”政策体系，并持续落地。中国证监会高度重视证券行业服务“双碳”目标的能力建设，积极推动证券公司直接参与市场交易。东方证券作为一家拥有能源股东背景的获批券商，充分发挥金融机构的比较优势，积极参与和推动碳金融市场建设。东方证券不仅做到了率先在同批6家获批证券公司中落地首单碳排放权交易，还在新业务拓展前期缺乏碳金融领域客户的情况下，敢于主动出击，实现突破。

发展好绿色金融，是落实党中央决策部署、服务美丽中国建设的必然要求，是支持实体经济绿色转型、实现金融高质量发展的重要内容，也是应对气候变化风险的重要方面。站在新的起点上，东方证券表示，将切实增强做好新时代金融工作的责任感和使命感，全面贯彻新发展理念，加快构建新发展格局，以公司的可持续发展推动金融高质量发展，为更好地服务和支撑中国式现代化建设贡献金融力量。

澎湃新闻推出“探路东方”系列报道，深度剖析东方证券在做好金融“五篇大文章”、助力金融高质量发展方面的实践经验。

1. 5年预备跑出“东方速度”

2023年3月1日，上海环境能源交易所（简称上海环交所）组织同业调研会议。在得知东方证券已落地首单碳排放权交易的消息后，参会人员不由得感叹了一句“东方速度”。

同日，东方证券在上海环境能源交易所通过挂牌交易方式完成首笔碳配额交易，率先在同批6家获批证券公司中落地首单碳排放权交易。此时，距离获得碳排放权交易资格仅过去1个月的时间，2023年1月30日，东方证券与其他5家券商刚刚宣布收到证监会对其公司自营参与碳排放权交易的无异议函。

不久之后，“东方速度”再度上演。2023年4月13日，东方证券成功落地首笔上海碳配额远期SHEAF交易，标志着东方证券碳交易产品线实现从现货到衍生品的跨越。

那么，“东方速度”是如何炼成的？据东方证券相关负责人介绍，他们早在2018年筹备并申请此项业务资格开始，下足了5年时间的苦功夫。在等候的日子里，东方证券完成了碳排放权交易业务的人才储备、业务制度建设、投资策略制定、风控体系构建以及技术系统研发等预备工作。

以人才储备为例，东方证券碳金融业务小组的6名员工均获得了碳排放交易员的资格。“碳排放交易员资格并不是一个门槛，而是一个主动的行为。”相关负责人强调道，考虑到碳交易是新兴市场，为了更好地了解业务知识，团队全员主动参与了上海环交所的培训及考试。“又惊又喜的是，2022年12月，我们刚考出资格证后，次月，东方证券就获得牌照。后续业务的推进也广为受益。”

跑出“东方速度”的另一大原因是，申能集团作为东方证券第一大股东，积极推动了东方证券参与国内碳排放权交易，并在此次资格申请和交易落地过程中给予大力支持。

2. “先立后破”

自2005年以来，中国碳排放量一直居于全球首位，在全球气候合作和国际谈判的大背景下，节能减排、实现碳中和是中国面对的现实挑战。由于中国碳市场参与者层次单一的特点及履约机制的特性，当前仍面临着非履约期流动性不足、成交量潮汐现象明显、碳排放权价格波动剧烈等问题。相关业务负责人表示，包括东方证券在内的证券公司作为碳市场的新鲜血液，承担着助力解决上述问题、进一步推动碳市场发展的重要历史使命，如帮助企业盘活碳资产，实现企业碳资产经济价值，以及发挥金融机构风险定价优势，利用碳金融衍生工具，帮助企业完成碳金融资产套期保值等。

在完成首单交易的阶段性使命之后，东方证券如何在碳市场“三生万物”？在市场拓展前期缺乏碳金融领域客户的背景下，已经具备市场研究能力、风险定价对冲能力和金融资本实力的东方证券要如何继续发光发热？

“碳交易业务与传统业务最大的区别之一在于，由于场内流动性有限，大额交易需要在场外寻找并对接客户。”据东方证券相关负责人介绍，他们制定了“由内而外”的拓客思路。“例如，依托能源背景，优先与相关企业合作，形成示范性案例，再进行模式的复制推广；还可以利用公司内部资源，与公司业务往来密切的客户建立联系，以业务协同的方式一起拜访客户，在为客户提供优质传统业务服务的同时，推介公司碳金融方面的增值服务，增加拓客成功率。”

碳金融业务小组还通过积极参与碳市场活动，利用各种平台及渠道资源扩大东方证券市场影响力，打造东方证券碳金融品牌，从而吸引更多的碳市场客户。据业务负责人介绍，6个人的团队2023年累计参加了20余场碳业务论坛，并作为主题演讲或圆桌讨论嘉宾发表碳金融主题演讲，累计覆盖听众逾5000人次。

东方证券碳金融业务小组还意识到，未来公司各地的证券及期货分支机构将是拓展碳金融客户的中坚力量。为进一步扩大公司碳金融品牌影响力、拓宽碳金融交易对手池，团队以碳金融专业能力为支点，开展各类线上线下业务培训指导，充分调动证券期货分支机构的营销力量和渠道触角，详细梳理面向碳金融客群的推广理念，将行业领先的碳金融服务方案赋能到每一位客户经理身上，从而帮助分支机构开启新思路、拓展新业务、结识新客户，培养以点拓面的碳金融获客模式。他们还花了4个月的时间，多次举办全国营业部的业务培训活动，并飞赴各地营业部，为一线的营业部同事进行碳金融业务培训，2023年覆盖上海、北京、大连、川渝、安徽、广深等地区十多个证券及期货营业部。

此外，由于敬业与专业，东方证券收获了潜在客户的好评。2023年11月中旬，东方证券碳金融业务小组赶赴成都为某电力设计院客户进行碳金融合作模式路演，客户反馈道："这是第一次有金融机构来线下为我们沟通指导碳业务。"该客户还表示："东方证券的服务质量以及专业度令我印象深刻，期待未来加紧落地业务合作。"

3. 擦亮碳金融品牌

在碳交易的道路上，东方证券每走一步都给市场留下了深刻的印记。2023年11月，东方证券参与上海碳配额竞价拍卖，完成首笔拍卖交易，服务2023年上海控排企业履约。同月，落地首笔现货国家核证自愿减排量（CCER）交易。

2024年1月，东方证券首次通过自愿注销减排量抵消公司内部会议产生的碳排放量，获得上海环境能源交易所颁发的碳中和证书；2月，在上海环境能源交易所的大力支持下成功落地首批次上海碳配额回购交易；3月，落地首笔远期CCER项目。

因在碳中和领域作出重大技术创新、提供优秀解决方案、作出突出贡献，东方证券荣获中国节能协会创新奖碳中和领域企业贡献奖，并获评银行间市场清算所股份有限公司2023年优秀绿色金融业务创新机构。

相关业务负责人在采访中强调，券商应清晰自身在碳市场中的多重角色和重要使命，推动碳市场、实体企业和金融机构之间的良性互动，实现碳市场各类参与者之间的有机互补。东方证券集中资源推动碳业务蓬勃发展，快速落地了现货及远期碳配额交易、碳回购业务，积极与碳市场各类参与者建立联系。通过服务履约、投融资、市场交易及资产支持服务等，为控排企业及其他碳市场参与主体提供多元化的碳金融服务方案，提高服务绿色金融发展的能力。

作为一家拥有能源股东背景的券商，东方证券表示，将依托“能源背景，低碳基因”的独特优势，推动碳金融等创新业务发展，积极参与碳市场建设，打造碳金融业务闭环，助力国家“双碳”战略，打造具有东方特色的碳金融品牌。

资料来源：戚夜云．探路东方之二丨碳交易市场“争先”：多个首单背后，东方证券为何能有“东方速度”［EB/OL］．（2024－05－27）．https：//m. thepaper. cn/newsDetail_forward_27522231.

专栏6－3　知识拓展

碳普惠项目建设方向及激励制度

碳普惠可以调动、激发起公众积极参与碳中和行动，可视化所有群体和个体对“双碳”目标的贡献，是数字碳中和的典型应用，是推动形成绿色生活方式的有效举措，对加快生态文明进程、促进经济社会高质量发展和可持续发展目标实现具有重要意义。

碳普惠项目的建设从大方向来说分为三部分：低碳场景开发、程序开发和商业模式开发。

低碳场景开发主要是建立一套低碳行为准则，让居民根据此准则践行的低碳行动来产生减排量，并根据减排量的多少获得相应的权益。例如，骑共享单车出行，我们界定用户每骑行1千米的共享单车可以获得100克的减排量，由此获得100克减排量对应的权益。类似的准则可以设置很多，如开电动车、完成垃圾分类、开展二手物品交换等。低碳行为准则的设置难点在于，如何衡量一位用户的行为是否低碳，以及如何量化该用户低碳行为产生的减排量。目前，全世界范围内都没有较为权威的核算准则，所以各种碳普惠机制在同一低碳行为的减排量计算方面会有很大偏差。

因为碳普惠机制与现实生活中的每位居民有关，所以为了与居民的低碳行为进行交互，需要开发一套程序，这套程序最好是以App或者小程序的形式让用户可以随时参与，同时也为个人低碳行为数据的量化提供工具，如前面提到的骑共享单车1千米。为了这个数据，我们可能需要用户的定位信息或者共享单车运营公司的数据，这些数据最好的载体都是手机。

商业模式是指为了让居民持续参与碳普惠机制而设计的一套符合商业逻辑的模式。要想碳普惠机制长久运行，光靠政府提供补贴或者用户的低碳环保情怀是不行的，因为它们不符合商业逻辑。我们要假设大部分用户参与碳普惠的是可获取利益的，而这个利益通过政府补贴实现就没有形成商业闭环。一旦政府不补贴，项目就会搁浅。目前，常见的方式是通过找到品牌赞助商提供产品的赞助，让用户通过低碳行为获得的权益可以兑换这些产品。只是目前提供的产品较少，用户的权益变现的渠道少，所以参与度不高。

2022 年初，中华环保联合会发布首个团体标准《公民绿色低碳行为温室气体减排量化导则》，提出了公民绿色行为碳减排量化评估标准。该导则从衣、食、住、行、用、办公、数字金融这 7 个方面，提出 40 多个具体的减排行为参考，其中包括共享出行、无纸化办公、使用循环包装、餐饮行业减少食物浪费提供小份（半份）餐食等。目前，相关的减排行为也在逐步增加（见图 6－4）。

低碳消费	绿色出行	低碳生活	低碳活动
· 节约用水、电、气：对接水表、电表、气表 · 户用光伏发电：对接电表 · 光盘行动：手动提交打卡记录 · 公益植树：对接平台积分记录 · ……	· 乘坐公交、地铁出行：对接公交卡或者乘车码 · 共享单车：对接共享单车小程序 · ETC快速过闸：对接ETC记录 · 减少私家车通勤 · ……	· 无纸化账单和门票：对应银行或景点购买记录 · 无餐具外卖：对接电商平台消费记录 · 购买节能家电：对接电商平台购买记录 · 选购新能源汽车 · ……	· 垃圾分类 · 塑料瓶回收 · 废电池回收 · 旧衣物回收 · ……

图 6－4　国内常见的碳减排有效情景和相应的数据采集方式

为了激励公众积极参与减碳活动中，碳普惠制度有着相应的正向激励政策。常用的正向激励包括商业激励、政策激励和交易激励。

（1）商业激励是指通过商业代金券、折扣券、现金券等形式激励公众参与。类似于“积分换商品”，是当下采用最多的激励形式。以广东碳普惠官网为例，可兑换的商品包括了某视频平台会员、某电商平台购物卡、某咖啡连锁店饮料兑换券、某景区门票等。

（2）政策激励是指将碳普惠机制与节能减排相关政策结合，充分利用市场化的补充激励作用，通过政策的鼓励激发参与热情。以深圳市为例，对于自愿购买核证减排量且通过碳普惠统一管理平台实现碳中和的政府机关、企事业单位、社会组织和个人平台将向其发放碳中和证明。此外，也可以考虑对于大型减碳减排企业给予一定的税收优惠作为政策激励措施。

（3）交易激励是指通过将普惠减排量进行核证并签发，通过接入碳市场用于配额抵扣或直接参与碳市场交易的形式完成激励。这种激励方式因为打通了自愿减排和碳市场的链接，最为市场关注。例如，广东、北京、福建等地区的碳市场开展的地区性的碳普惠核证自愿减排量 PHCER、BCER、FFCER 等。

资料来源：邬嘉烨．浅谈碳普惠机制的应用及其挑战［EB/OL］．（2023-09-04）．https：//www. sohu. com/a/717815087_676545.

思考与练习

（1）企业在碳管理方面需要具备哪些能力？

（2）碳市场交易员需要具备哪些重要的技能？

（3）常见的碳市场交易员能力建设方式包括哪些？

（4）碳排放交易员需要具备哪些技能要求？每项技能要求权重比例分别是多少？

（5）碳市场参与网络中包含哪些参与方？金融机构在碳市场参与网络中承担什么作用？

（6）未来碳市场参与可获取的资源和机遇有哪些方面？

推荐阅读材料和网站

（1）参见：北京绿色交易所网站：www. cbgex. com. cn。

（2）参见：联合国环境规划署可持续金融项目网站：http：//unepinquiry. org/。

（3）参见：欧盟委员会网站：https：//ec. europa. eu/。

（4）参见：全国碳市场信息网网站：https：//www. cets. org. cn/。

（5）参见：上海环境能源交易所网站：https：//www. cneeex. com/。

（6）参见：碳排放交易网站：http：//www. tanpaifang. com/。

（7）参见：天津碳排放权交易所网站：https：//www. chinatcx. com. cn/。

（8）参见：中国碳排放权注册登记结算有限责任公司网站：https：//www. chinacrc. net. cn/。

（9）参见：中华人民共和国生态环境部网站：https：//www. mee. gov. cn/。

第七章　碳交易实验实训

学习目标

1. 了解碳交易市场建设的时代背景与发展趋势，熟悉中国碳排放权交易的制度要求与具体规则。

2. 掌握重点排放企业参与碳交易的履约流程与碳市场交易机制。

3. 掌握碳交易虚拟仿真实验步骤，完成实验任务和实验报告。

本章导读

碳交易市场通过市场机制控制温室气体排放，是推动实现经济社会低碳转型的关键政策工具。在实施积极应对气候变化国家战略的过程中，企业碳资产的管理和交易活动是实现高质量发展的重要抓手。碳交易实验借助虚拟仿真技术构建沉浸式体验碳交易场景，帮助学生在实操中掌握我国碳交易规则，切实增强参与碳排放权交易市场的综合能力。

第一节　碳交易实验基础

为了应对气候变化，积极稳妥实现碳达峰碳中和，中国碳排放权交易市场建设稳步推进，已经形成“强制性碳市场＋自愿性碳市场”共同发展的市场格局。碳排放权交易管理制度日趋完善，2024 年 1 月 25 日，国务院颁布《碳排放权交易管理暂行条例》，这是中国应对气候变化领域的首部专项法规，明确了碳排放权市场交易及相关活动的主要环节和各主体的法律责任，强化了依法监督管理和对违法违规行为严惩重罚的相关规定。生态环境部于2020年12月审议通过《碳排放权交易管理办法（试行）》，发布了登记、交易、结算三项规则，对企业参与国内碳市场的温室气体重点排放单位、碳排放配额分配与登记、碳排放配额交易、排放核查与配额清缴等交易逻辑进行了总体安排，与《碳排放权交易管理暂行条例》共同形成了涵盖“行政法规 + 部门规章 + 规范性文件 + 技术规范”的多层级制度体系，为营造良好的碳市场生态、促进未来碳市场进一步扩大提供了重要的制度基础。在这一背景下，中国企业绿色低碳转型面临更高的要求，熟知并积极参与碳减排与碳交易是其承担社会责任与提升市场竞争力的必然选择。

一、重点排放企业

《碳排放权交易管理暂行条例》第七条指出纳入全国碳排放权交易市场的温室气体重点排放单位以及符合国家有关规定的其他主体，可以参与碳排放权交易。第十一条指出，重点排放单位应当采取有效措施控制温室气体排放，制定并严格执行温室气体排放数据质量控制方案，编制上一年度温室气体排放报告，并按照规定将排放统计核算数据、年度排放报告报送其生产经营场所所在地省级人民政府生态环境主管部门。

根据《碳排放权交易管理办法（试行）》，所谓“温室气体重点排放单位”，是指满足“属于全国碳排放权交易市场覆盖行业”和“年度温室气体排放量达到2.6万吨二氧化碳当量”条件的温室气体排放单位。国务院生态环境主管部门会同国务院有关部门，根据国家温室气体排放控制目标，制定重点排放单位的确定条件。省级生态环境主管部门会同同级有关部门，按照重点排放单位的确定条件制定本行政区域年度重点排放单位名录。我国从2017年起就开始组织温室气体排放量达2.6万吨二氧化碳当量（综合能源消费量约1万吨标准煤）及以上的电力、石化、化工、建材、钢铁、有色、造纸、航空八个重点行业企业开展温室气体排放核算与报告。

二、碳排放配额分配与登记

生态环境部根据国家温室气体排放控制要求，综合考虑经济增长、产业结构调整、能源结构优化、大气污染物排放协同控制等因素，制定碳排放配额总量确定与分配方案。省级生态环境主管部门应当根据生态环境部制定的碳排放配额总量确定与分配方案，向本行政区域内的重点排放单位分配规定年度的碳排放配额。

《碳排放权交易管理暂行条例》规定碳排放配额实行免费分配，并根据国家有关要求逐步推行免费和有偿相结合的分配方式。每年 7—8 月，碳交易主管部门按照重点排放单位配额总量的一定比例预分配碳排放配额。重点排放单位可获得的配额计算方法包括基准线法、历史强度下降法和历史排放法。

各级主管部门通过碳排放权注册登记系统来进行具体的配额发放工作。首先，确定配额总量。生态环境部通过注册登记系统创建每年度的配额标的，设定每年度国家配额总量、国家分配总量和国家预留总量。省级主管部门通过注册登记系统设定本省的分配总量以及预留总量，分配总量用于对本省重点排放单位进行分配。其次，完成配额分配。国务院及省级生态环境主管部门通过注册登记系统进行重点排放单位初始配额的划拨发放。

三、监测、报告与核查（MRV）

监测、报告与核查制度直接影响到配额分配和企业履约，是碳排放权交易体系的核心部分之一。监测是指控排企业按照监测计划对碳排放相关参数实施数据收集、统计、记录，并将所有排放相关数据进行计算、累加的一系列活动。报告是指控排企业根据相关技术要求编制完成监测计划和排放报告并报送主管部门的过程。核查是指主管部门或核查机构按照核查准则对控排企业的排放报告进行客观、独立的评审过程。经核查的碳排放相关数据作为配额分配和企业履约的依据。2013 年以来，我国持续对重点排放单位碳排放相关数据进行监测、报告和核查，不断总结经验并完善相关技术要求，现已基本形成了相对完善的核算、报告和核查体系。

重点排放单位应当根据生态环境部制定的温室气体排放核算与报告技术规范，编制该单位上一年度的温室气体排放报告，载明排放量，并于每年 3 月 31 日前报生产经营场所所在地的省级生态环境主管部门。每年 4—5 月，省级生态环境主管部门应当组织开展对重点排放单位温室气体排放报告的核查，并将核查结果告知重点排放单位。核查结果应当作为重点排放单位碳排放配额清缴依据。履约数量确定后，主管部门通过注册登记系统给重点排放单位发放履约通知，规定应履约数量、履约截至日期及抵消规则等。

碳排放监测与报告可以通过企业温室气体排放数据直报系统完成，这是集重点排放单位温室气体排放数据报告与审核、国家、省（市）级生态环境主管部门温室气体排放报告管理、温室气体排放方法学管理、排放数据综合分析与发布等需求于一体的综合性温室气体管控工具。企业温室气体排放数据直报系统由综合管理、数据报告与监测、核算方法与规则管理、数据质量控制与审核、数据分析与发布五大子系统构成。综合管理子系统可支持国家、地方生态环境主管部门或技术支撑机构实现企业和核查机构名单管理、核查关系委托管理、元数据管理等业务；数据报告与监测子系统可支持重点排放单位温室气体排放数据填报、核算、生成排放报告和补充数据表、备案监测计划等业务，支持重点排放单位利用线上线下等多种方式填报，并广泛使用对话框等可视化技术引导填报；核算方法与规则管理子系统可支持政府主管部门或支撑机构对重点行业企业层面或设施层面温室气体排放核算方法或规则进行管理或更新（升级）；数据质量控制与审核子系统可支持政府主管部门或支撑机构依托系统内置的数据质量评估模型多层级、多条件地对报告数据进行审核管理及核查机构核查管理与控制；数据分析与发布子系统可支持政府主管部门或支撑机构进行排放数据挖掘分析，为配额分配、标准制定、形势分析等提供数据，支持选择性发布业务。

四、履约机制

履约是碳排放权交易机制的重要环节，即将核查后重点排放企业实际二氧化碳排放量与所获得的配额进行比较，配额有剩余者可以出售配额获利或者留到下一年使用，配额不足者则必须在市场上购买配额或抵消量，并按照碳排放权交易主管部门要求提交不少于其上年度经确认排放量的排放配额或抵消量。履约期是指从配额分配到重点排放单位向政府主管部门上缴配额的时间，通常综合考虑当地主要排放量、排放数据等实际情况，确定为一年或几年。每年5—6月，重点排放单位应当向分配配额的省级生态环境主管部门清缴上年度的碳排放配额。清缴量应当大于等于省级生态环境主管部门核查结果确认的该单位上年度温室气体实际排放量。主要的履约方式包括：

（一）碳排放配额交易

若重点排放单位配额不能足额清缴的，可以通过在全国碳排放权交易市场购买配额等方式完成清缴；

若重点排放单位足额清缴碳排放配额后仍有剩余，则可以将配额挂牌卖出，也可以不卖出，而通过碳金融实现碳资产增值。

根据碳排放权交易相关管理制度规定，交易所为碳排放权交易提供交易等服务和综合信息服务的基础设施。交易系统是为了支撑整个碳排放权交易各种功能的电子系统，主要作用在于组织碳排放产品的挂单、撮合与成交；信息发布，实时发布每日碳排放权交易的行情信息和市场历史信息；市场监管，负责对交易行为进行监控并发出预警。

（二）国家核证自愿减排量抵消

重点排放单位每年可以使用国家核证自愿减排量抵消碳排放配额的清缴，抵消比例不得超过应清缴碳排放配额的5%。用于抵消的减排量不得来自纳入全国碳排放权交易市场配额管理的减排项目。

重点排放单位向自愿减排交易系统管理机构（北京绿色交易所）提交 CCER 登记系统和交易系统账户开立申请材料，经过交易所审核后完成开户。重点排放单位通过自愿减排交易系统购买符合配额清缴抵消条件的 CCER。绑定自愿减排系统与全国碳排放权注册登记系统账户后，可以发起“全国履约抵消”操作。省级生态环境主管部门审核通过的，完成 CCER 抵消配额清缴。

（三）开展技术改造实现减排

重点排放单位可以通过开展技术改造和技术创新，以提高企业的能源利用效率，降低单位产出的碳排放。例如，燃煤电厂 CO_2 排放主要来自煤的燃烧，因此一般情况下，通过技术改造降低 CO_2 排放水平的同时往往可以提高生产设备的效率，增加电厂的产量和收益，这种双赢方式有助于促进自身减排。技术改造资金来源可以是自有资金、产业投资基金股权投资、技术改造抵押贷款、碳排放配额抵押融资、碳排放配额回购交易等。

五、不履约的惩罚

每年 6 月，主管部门核销重点排放单位碳排放额。重点排放单位虚报、瞒报温室气体排放报告，或者拒绝履行温室气体排放报告义务的，由主管部门责令限期改正，处一万元以上三万元以下的罚款。逾期未改正的，由主管部门测算其温室气体实际排放量，并将该排放量作为碳排放配额清缴的依据；对虚报、瞒报部分，等量核减其下一年度碳排放配额。

重点排放单位未按时足额清缴碳排放配额的，由主管部门责令限期改正，处二万元以上三万元以下的罚款；逾期未改正的，对欠缴部分，由主管部门等量核减其下一年度碳排放配额。

第二节 碳交易实验步骤

2021 年 10 月，《中共中央 国务院关于完整准确全面贯彻新发展理念做好碳达峰碳中和工作的意见》和《国务院关于印发 2030 年前碳达峰行动方案的通知》发布，作为碳达峰碳中和“1 + N”政策体系中的“1”，《意见》对碳达峰碳中和这项重大工作进行系统谋划、总体部署，其中包括推进高等教育高质量体系建设，提高碳达峰碳中和相关专业人才培养质量等重要工作安排。2022 年 4 月，教育部印发《加强碳达峰碳中和高等教育人才培养体系建设工作方案》的通知，对加强新时代各类人才培养提出了新要求，需加强绿色低碳教育，推动专业转型升级，加快急需紧缺人才培养。

为了响应“双碳”目标对人才培养提出的新要求，以实际社会经济系统结构及运行规律为基础，充分利用虚拟仿真技术，构建碳交易虚拟仿真平台，集成碳排放监测、碳配额分配、碳交易执行、财务分析和市场监管等各个环节，为学生提供了一个互动性强、实践性高的学习环境。学生可以扮演控排企业、自愿减排企业、投资机构等不同市场角色，开展碳排放权的买卖、自愿减排产品的投融资决策与碳资产管理等操作，帮助学生深入理解碳市场的运作机制以及碳排放管理的相关法规和政策，为其将来职业发展奠定坚实基础。

一、实验目标

碳交易虚拟仿真平台以真实的碳交易环境为依托，将碳排放相关企业（控排企业、自愿减排企业、投资机构）、生态环境局碳交易中心、碳注册登记中心、银行等角色都纳入实验流程（实验平台架构如图 7－1 所示）。学生可以扮演虚拟企业管理者，体验从公司创建、生产运作、碳排放量数据监测、报告和核查、配额总量设定、配额分配、财务分析、碳排放权交易、资金划转、配额划转、清缴履约等的全部过程，并进行虚拟交易对抗博弈，系统掌握碳管理与交易的相关知识，包括碳交易的基本原理、碳市场的运作机制与监管政策、碳排放报告体系、核查流程以及履约方法等；锻炼学生参与碳交易的实际操作能力，通过模拟碳交易市场与碳资产运营实战，帮助学生了解碳交易规则、提升行情分析与决策制定能力，增强团队合作和沟通能力，为未来的碳市场工作做好全面准备。

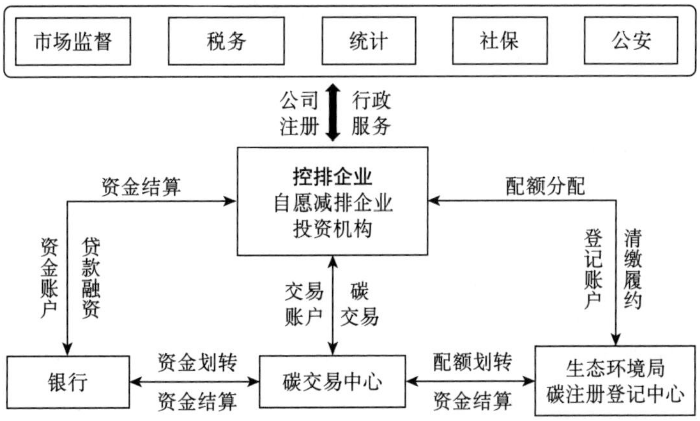

图 7－1　实验平台总体架构

二、教师端设置管理

碳交易虚拟仿真平台由教师端与学生端组成。教师端负责实现实验的创建和管理，根据实践中碳排放权相关制度和竞赛机制完成课前设置。平台包括设置竞赛、开启竞赛、竞赛控制、当前竞赛、历史竞赛五个模块。设置“竞赛邀请码”并全程审核监管学生的实验账户。具体使用步骤如下：

（一）教师登录

在登录页面，点击“教师登录”，输入账户及密码，点击“登录”按钮，进入教师端管理后台（见图7-2）。

图7-2　教师端登录界面

（二）设置竞赛

设置竞赛用于创建单场竞赛课程，设置内容包括：竞赛基本信息、交易产品、参与企业和交易信息。

1. 竞赛基本信息

教师端根据教学课程需求创建竞赛房间，设置竞赛邀请码并告知学生端用户，学生端可通过输入竞赛邀请码进入指定竞赛房间。教师可以设置的竞赛基本信息包括竞赛名称、竞赛类型、竞赛说明、参与人数上限、每个交易季度时长、竞赛开始时间、竞赛邀请码（见图7-3）。

图 7－3　竞赛基本信息设置

2. 交易产品设置

交易产品设置用于设置参与碳交易市场的交易产品的各项参数，教师端可以添加多个不同交易产品，添加后显示具体交易产品信息，包括：序号、交易产品代码、交易产品名称、第 0 季度收盘价（即第 1 季度开始时交易产品的开盘价），可以根据需要修改、删除已设置的交易产品。平台预设交易产品如表 7－1 所示。

表 7－1　平台预设交易产品（可以自定义参数）

序号	交易产品代码	交易产品名称	第 0 季度收盘价
1	CEA	碳配额	50.00 元
2	CCER	自愿减排量	25.00 元

3. 参与企业设置

参与企业设置用于设置参与碳交易市场的各类企业参数，企业类型包括控排企业、自愿减排企业和投资机构等三类，学生端在加入竞赛时可以选择相应的企业类型，并受到教师的统一调控。建议控排企业占比 50%，自愿减排企业占比 30%，投资机构占比 20%。

（1）控排企业。

控排企业因其生产制造过程中产生温室气体排放，被纳入碳市场中接受碳排放量控制，要按照规定履约，并参与碳市场的交易。系统中的控排企业模拟一家生产制造型企业，根据市场需求和减排目标，制订生产计划，计算碳排放量，结合碳排放配额分配情况，进入碳交易市场进行碳排放权交易，满足企业碳排放需求，在每年年末完成碳排放报告、碳排放核查、配额清缴履约工作。通过使用碳交易市场提供的各种碳金融工具，在完成履约任务的同时在碳交易市场和产品销售市场中实现利益最大化。

在设置其参数的过程中需要考虑生产制造与碳排放之间的关系。控排企业可配置的参数包括初始资金、单位产品成本、单位产品销售价格、季度基础运营成本、未履约罚款倍率、每个季度产品生产数量上限、每个季度产品生产数量下限、生产单位产品的碳排放量、季度碳配额等。竞赛默认单位产品销售价格恒定，且生产的产品可全部售出。教师端可统一设置所有控排企业每个季度产品生产数量的上限及下限，学生端在竞赛进行过程中可控制各个企业在产品生产数量的上下限区间中进行生产经营决策（见图7－4）。

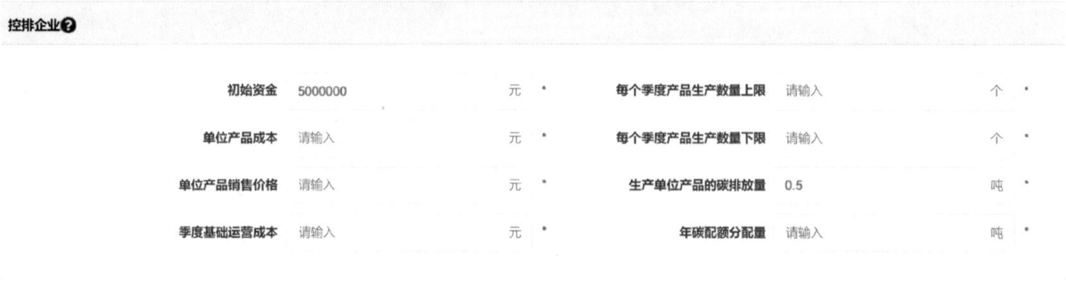

图7－4　控排企业设置

（2）自愿减排企业。

自愿减排企业并非一定为控排企业，因其自身存在可减少温室气体排放的项目技术，可申请开发碳资产自愿减排量。自愿减排企业可对企业持有的自愿减排项目进行开发，并利用获得的碳资产与企业持有资金参与到碳交易市场中，通过使用碳交易市场赋予的各种碳金融工具，在碳交易市场中实现利益最大化。

自愿减排企业可配置的参数包括初始资金、年碳排放量、季度碳配额分配量、季度基础运营成本、季度开发自愿减排量。平台默认自愿减排企业不纳入控排企业，年碳排放量及年碳配额分配量为0，可根据教学需要进行修改（见图7－5）。

图7－5　自愿减排企业设置

（3）投资机构。

投资机构自身并不会产生自愿减排量或者碳配额，但可通过企业持有资金参与碳交易市场。投资机构通过使用碳交易市场赋予的各种碳金融工具，在碳交易市场中实现利益最大化（见图7－6）。

图 7－6　投资机构设置

4. 交易信息设置

交易信息设置用于设置单场教学竞赛内各项影响参数，影响参数包括：单笔挂牌交易最大申报数量、单笔大宗交易最小申报数量、挂牌交易涨幅、挂牌交易跌幅、自愿减排量履约比例、交易手续费率、结算手续费率、大宗协议交易成交价格波动范围、单向竞价总量最小值。其中，单笔大宗交易最小申报数量必须大于等于单笔挂牌交易最大申报数量。大宗协议交易成交价格范围指大宗协议交易的成交价格在上一个交易季度收盘价的基础上增减的幅度（见图 7－7）。

图 7－7　交易信息设置

（三）开启竞赛

开启竞赛用于管理已创建的竞赛课程，编辑修改竞赛参数，审核参赛学生，并开启竞赛（见图 7－8）。

图 7－8　开启竞赛界面

1. 修改竞赛参数

修改竞赛参数用于对已创建的竞赛参数进行修改。可修改的参数包括竞赛基本信息、交易产品设置、参与企业设置、交易信息设置等信息（见图7－9）。

图7－9　修改竞赛参数

2. 参赛审核

参赛审核用于查看并审核申请参加单场竞赛课程的学生，不具备资格的可以驳回；加入竞赛时编号和公司类型输入错误的也可以驳回，驳回后需重新加入竞赛。教师可以通过参赛人名称、公司名称、公司类型进行筛选，允许教师批量审核与批量驳回（见图7－10）。

图 7－10　参赛审核

3. 修改编号和企业类型

修改编号和企业类型用于查看并修改已通过审核准备参加竞赛课程的学生参数，可修改的参数包括参赛人名称、公司名称、学生编号、企业类型（见图 7－11）。

图 7－11　修改编号和企业类型

当教师确认所有学生均已申请加入竞赛且审核完毕后，教师可以开启竞赛。

（四）竞赛控制

竞赛控制用于控制正在进行中的竞赛课程，包括查看竞赛参数、修改编号、竞赛控制。点击“竞赛控制”，进入竞赛控制页面，可查看竞赛基本信息、把控赛季节奏进入下一赛季、发起单向竞价、将企业移入或移除竞赛（见图7－12）。

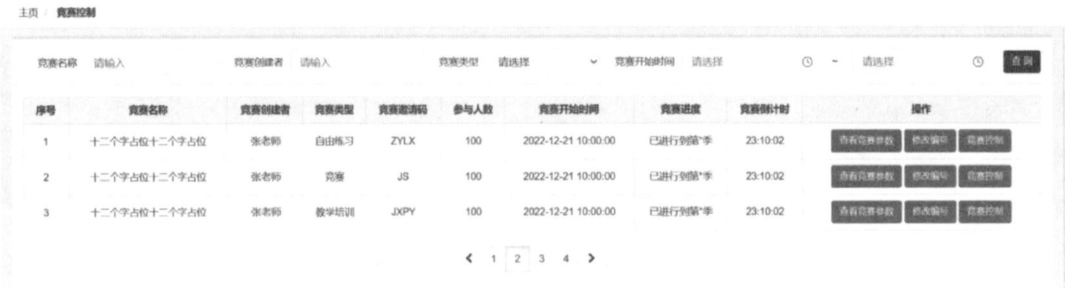

图7－12　竞赛控制主页

1. 进入下一赛季

当所有学生完成经营决策提交后，点击“进入下一季度”，时间进入下一个季度，同时可以查询截至上一季度的运营成果（见图7－13）。

图7－13　进入下一赛季

2. 发起单向竞价

点击“发起竞价”，可在正在进行中的竞赛中发起竞价，教师端的发起竞价操作和学生端的发起竞价类似，教师端是代表生态环境局发起的单向竞价，竞价发起人为生态环境局且买卖方向只能为卖出。

发起竞价需选择交易产品代码、竞价总量、竞价最低价、最小加价幅度和竞价时长等竞价信息，竞价时长不能高于当前季度剩余时长。竞价发起后，学生可以在竞价申报中发起申报。

发起竞价的用户可以在竞价列表中查看发起的竞价，包括竞价信息、报价信息等，报价信息包括竞价编号、客户编号、客户名称、申报价格、申报数量、申报时间等（见图 7－14）。

图 7－14　发起单向竞价

3. 移入移出企业

竞赛控制中可查看竞赛中的公司，选择对应的公司移出比赛，同时可查看已被移出的公司，让对应的公司继续比赛。当竞赛开始后，教师可以根据教学课程需求随时结束竞赛并进行结算。已结束的竞赛可以在历史竞赛中查看（见图 7－15）。

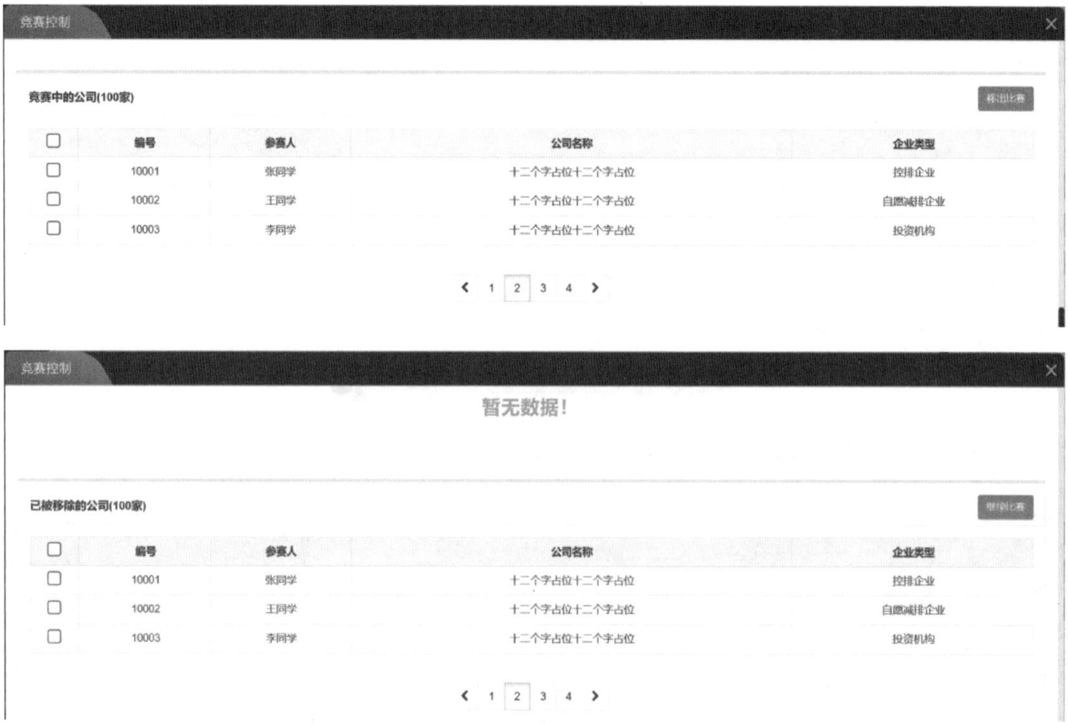

图 7－15　移入移出企业

（五）当前竞赛

当前赛季用于查看正在进行中的竞赛参数及竞赛成绩（见图 7－16）。

图 7－16　当前竞赛界面

（六）历史竞赛

历史赛季用于查看已经结束的竞赛参数及竞赛成绩（见图 7－17）。

序号	竞赛名称	竞赛创建者	竞赛类型	参与人数	竞赛开始时间	竞赛结束时间	竞赛进度	操作
1	十二个字占位十二个字占位	张老师	自由练习	100	2022-12-21 10:00:00	2022-12-21 16:00:00	共进行*季	查看竞赛参数 查看竞赛排名
2	十二个字占位十二个字占位	张老师	竞赛	100	2022-12-21 10:00:00	2022-12-21 16:00:00	共进行*季	查看竞赛参数 查看竞赛排名
3	十二个字占位十二个字占位	张老师	教学培训	100	2022-12-21 10:00:00	2022-12-21 16:00:00	共进行*季	查看竞赛参数 查看竞赛排名

图 7-17 历史竞赛界面

点击“查看竞赛成果”进入当前竞赛界面，竞赛成果的排名按照企业类型（控排企业、自愿减排企业、投资机构）分别进行，其排名依据是所有权权益（见图 7-18）。

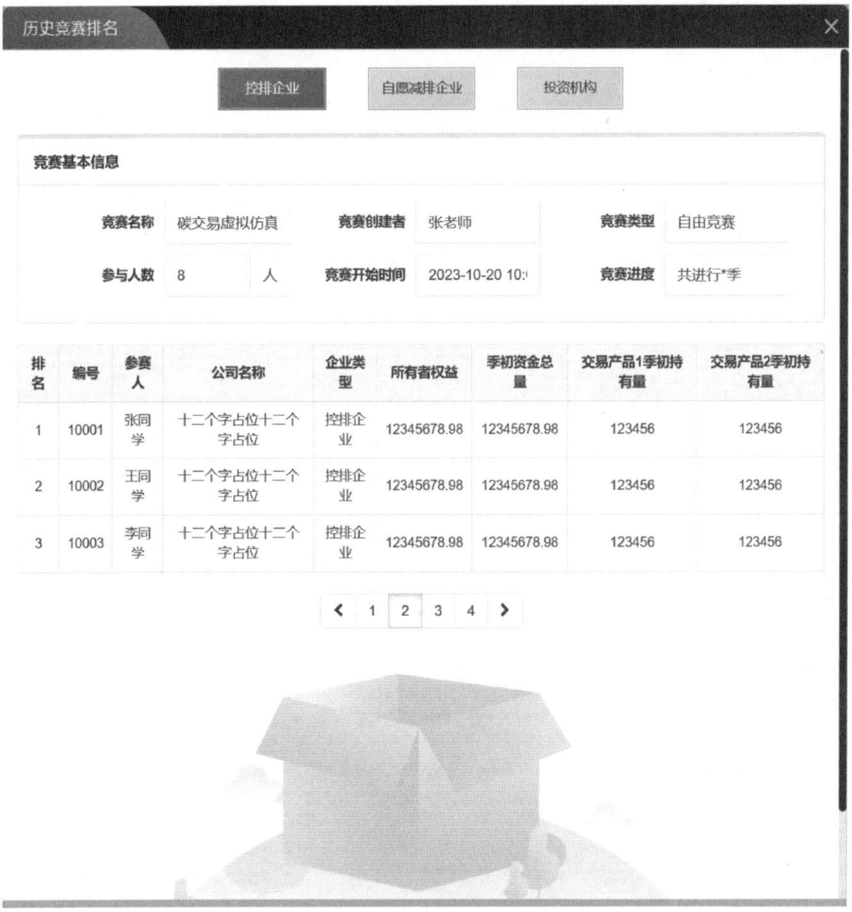

排名	编号	参赛人	公司名称	企业类型	所有者权益	季初资金总量	交易产品1季初持有量	交易产品2季初持有量
1	10001	张同学	十二个字占位十二个字占位	控排企业	12345678.98	12345678.98	123456	123456
2	10002	王同学	十二个字占位十二个字占位	控排企业	12345678.98	12345678.98	123456	123456
3	10003	李同学	十二个字占位十二个字占位	控排企业	12345678.98	12345678.98	123456	123456

图 7-18 查看竞赛成果

三、学生端操作流程

学生使用学生端完成实验内容学习和操作。学生根据教师设置的参与主体角色在碳交易虚拟仿真平台上完成碳排放履约与碳交易操作等实验任务。平台运行流程如图 7－19 所示。

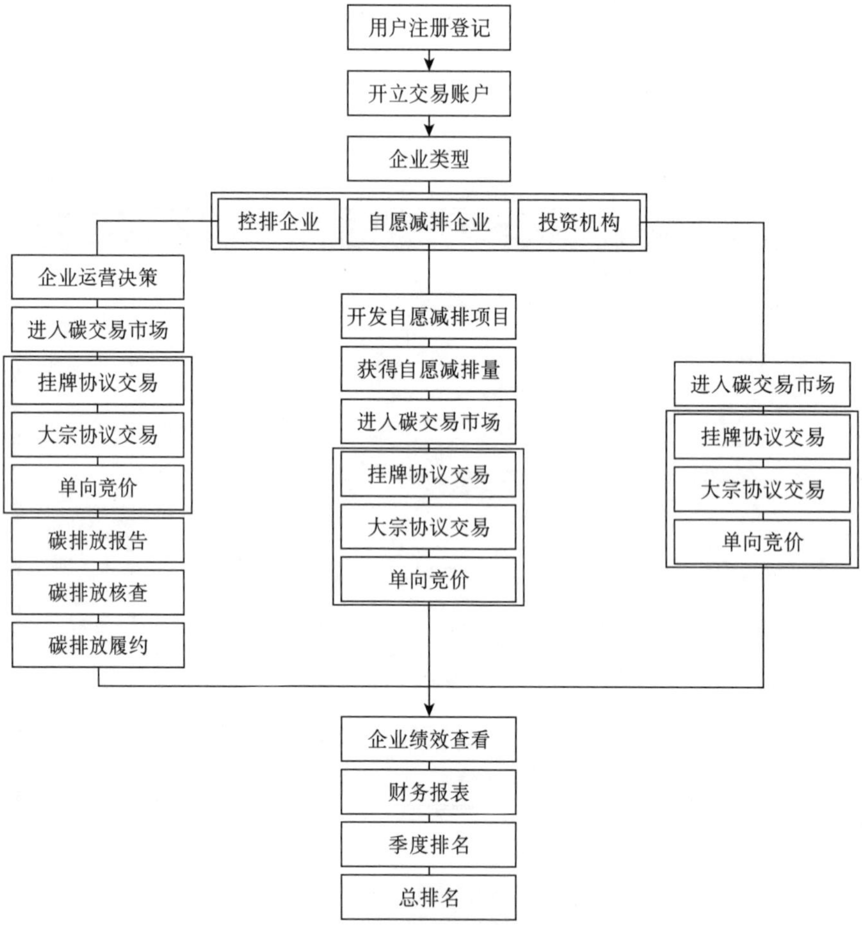

图 7－19　实验平台运行流程

主要的实验步骤如下：

（一）竞赛准备

1. 平台注册与登录

进入平台登录页面，点击“注册”页签，填写注册信息：学校、院系、专业、姓名、手机号、密码等信息，点击“注册”按钮，即可完成手机账号的注册。在登录页面，学生输入手机号和登录密码，点击“立即登录”按钮，进入碳交易中心（见图7－20）。

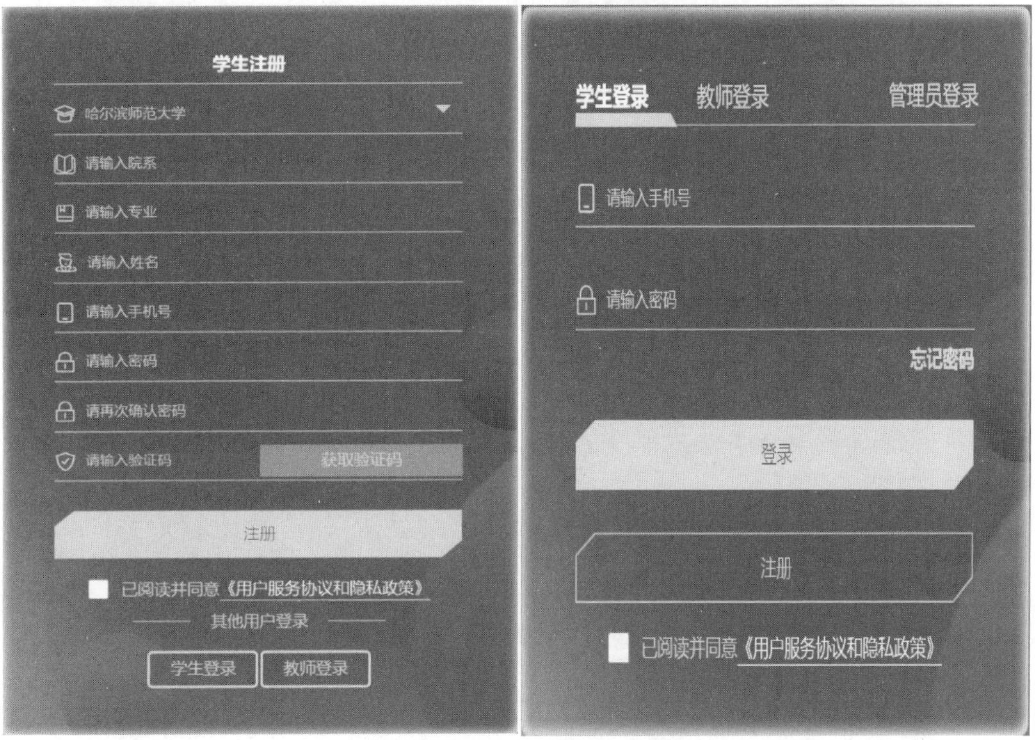

图7－20　学生端注册与登录

2. 注册交易账户

在进行碳交易管理活动过程中，企业应持有3个账户，即碳排放权注册登记账户、碳排放权交易账户、银行资金结算账户。银行资金账户与碳排放权交易账户绑定，实现企业交易资金在两账户间的划转；碳排放权交易账户与碳排放权注册登记账户绑定，实现碳排放权在两账户间的划转（碳排放配额划转）。

学生账户第一次进入碳交易中心时，需注册碳交易账户，注册交易账户需要填写公司名称、支付密码、统一社会信用代码、法人名称，上传营业执照，填写经办人姓名、身份证号码、手机号、电子邮箱、联系地址等企业信息（见图7－21）。

3. 查看交易账户

学生账户完成碳交易账户注册后，可进入碳交易中心大厅界面（见图7－22）。点击碳交易中心页面下方的“查看交易账户”，可以查看注册的交易账户信息，包括公司名称、支付密码、统一社会信用代码、法定代表人、营业执照、经办人姓名、身份证号、手机号、电子邮箱、联系地址等交易账户企业信息（见图7－23）。

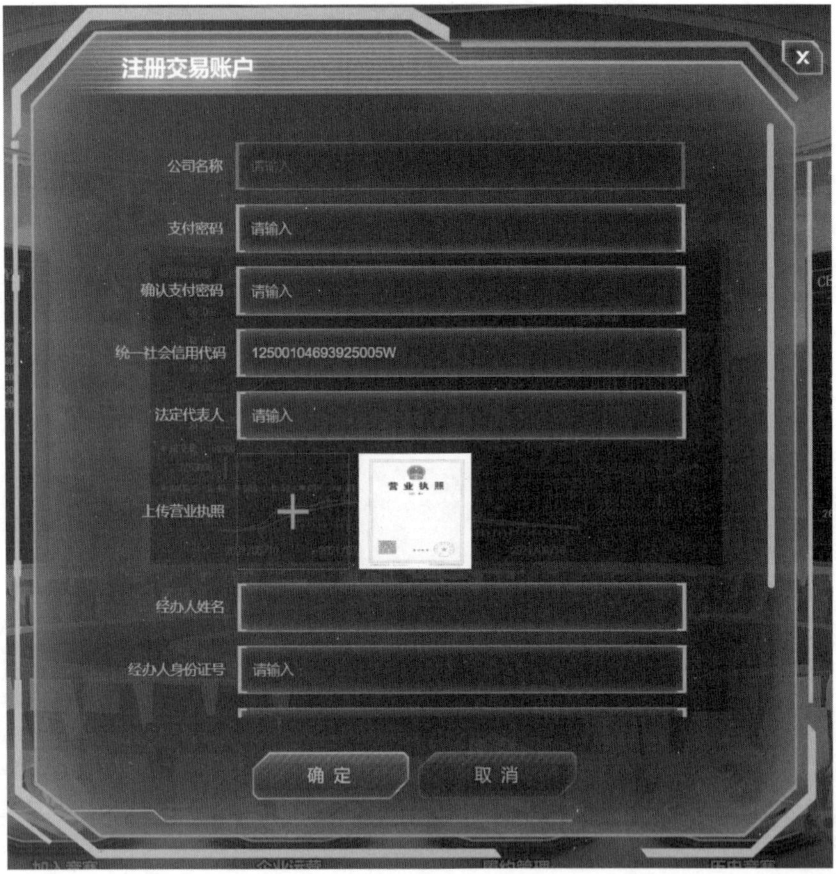

图 7－21　注册碳交易账户

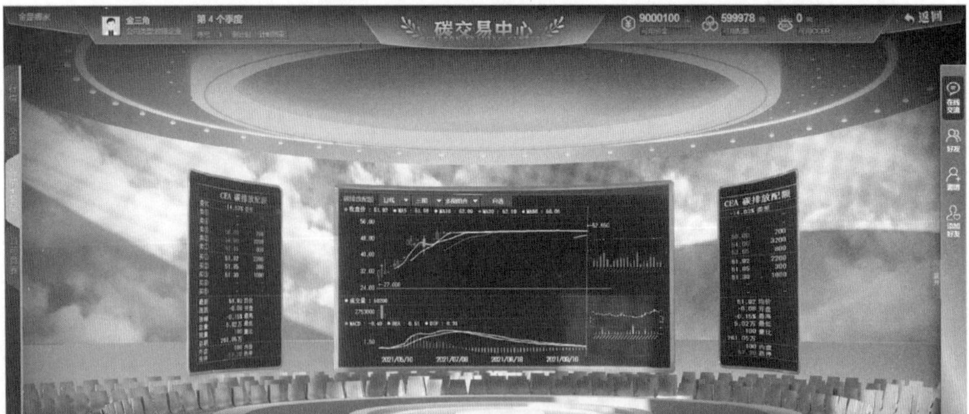

图 7－22　碳交易中心大厅界面

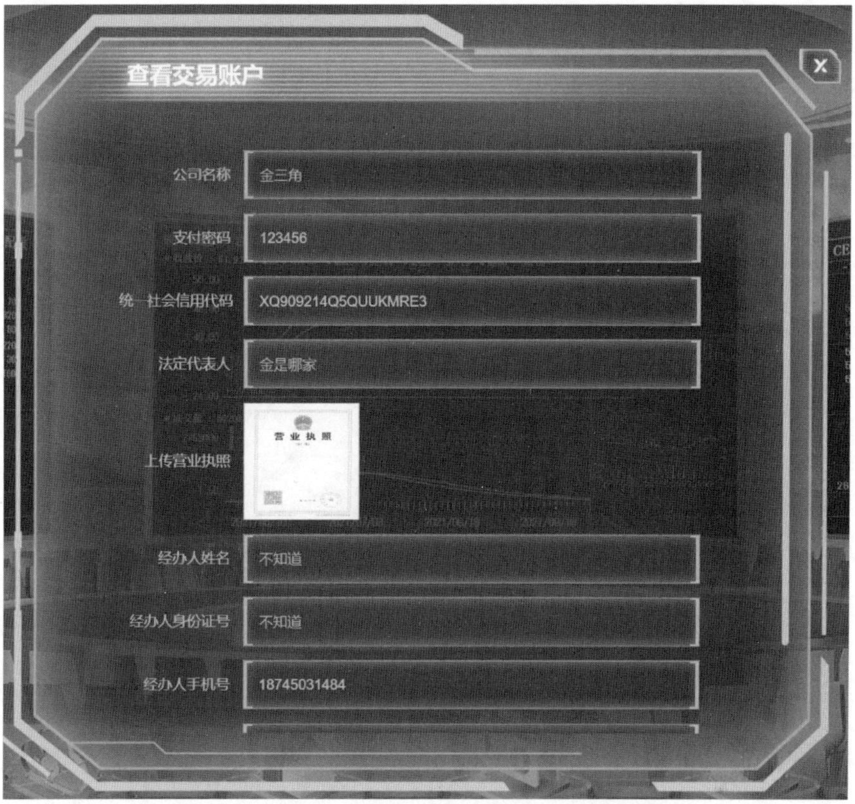

图 7-23　查看交易账户

4. 加入竞赛

用户注册账户后，需加入竞赛，方可进行碳交易与碳履约管理。点击碳交易中心页面下方的“加入竞赛”，进入“加入竞赛”界面，输入教师端发布的“竞赛邀请码”，可搜索相对应正在创建中的竞赛，查看竞赛创建信息，输入学生编号并选择企业类型（可以选择的企业类型包括控排企业、自愿减排企业、投资机构三种），点击“申请加入竞赛”。教师端审核通过后，可等待教师端开启竞赛（见图 7-24）。

（二）企业运营

竞赛开始后，点击碳交易中心页面下方的“企业运营”，可以查看企业的运营决策信息。

1. 控排企业

控排企业角色下，可以查看企业运营决策信息、财务报表信息，并制定生产决策。

点击企业运营页面上方的“运营决策信息”可查看企业运营决策信息，运营决策信息包括企业类型、企业说明、初始资金、单位产品成本、单位产品销售价格、每个季度生产

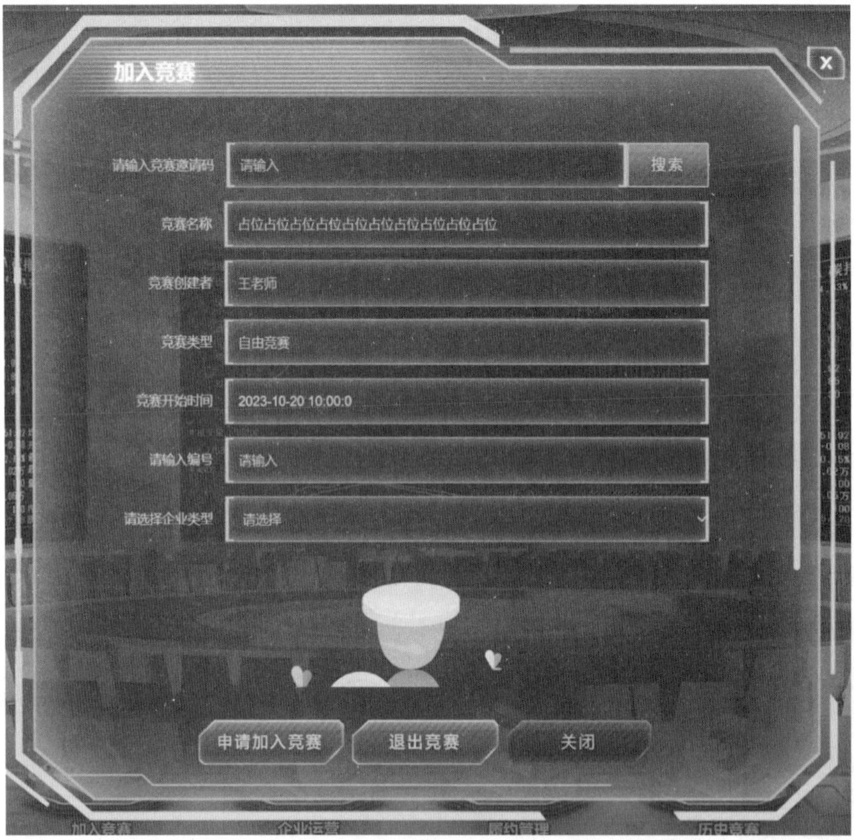

图 7－24　加入竞赛

数量上限、每个季度生产数量下限、季度基础运营成本、生产单位产品的碳排放量、季度碳配额分配量（见图 7－25）。

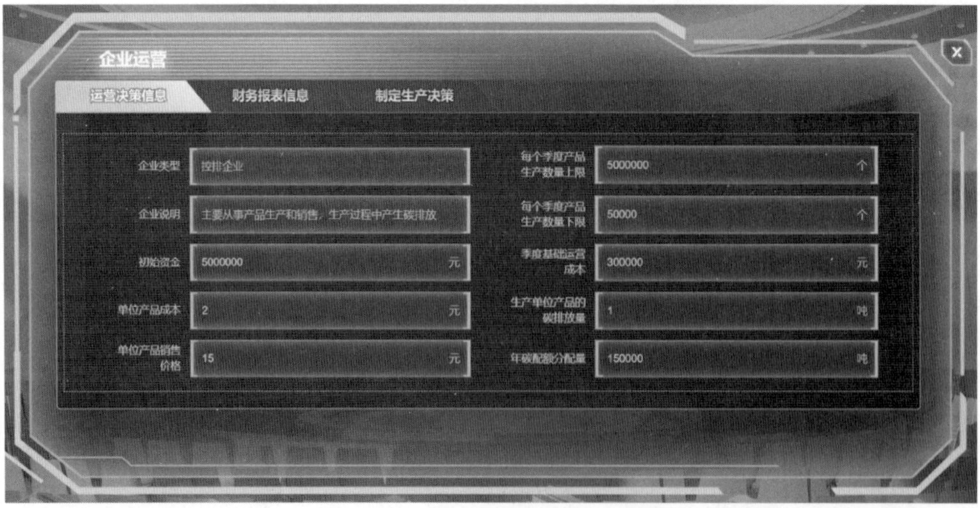

图 7－25　企业运营—运营决策信息

点击企业运营页面上方的“财务报表信息”可查看企业运营中各季度财务报表，包括季初资金、产品成本、基础运营成本、售出投资收入、购入投资支出、交易成本（交易手续费、结算手续费）、未履约罚款、产品销售收入、产品销售利润、季末资金等信息（见图 7－26）。

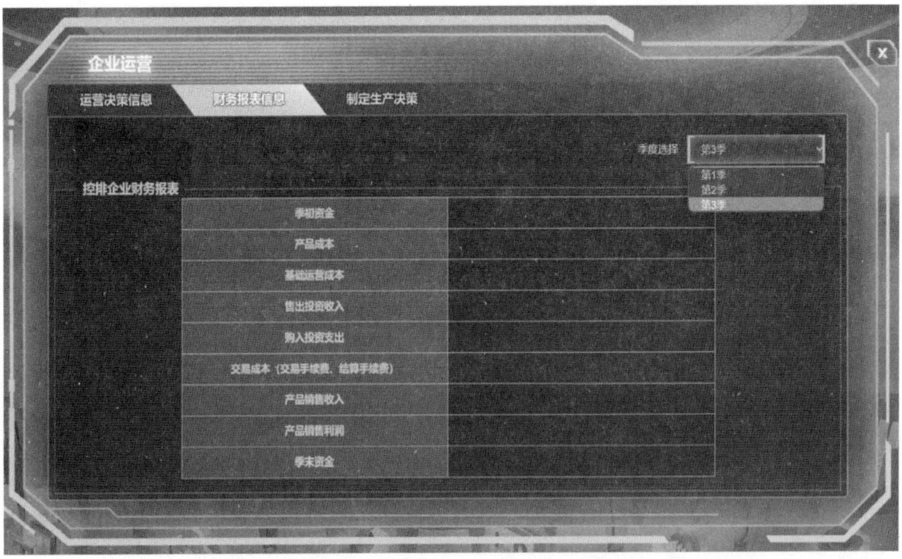

图 7－26 企业运营—财务报表信息

点击企业运营页面上方的“制定生产决策”可查看并制定当季度运营决策，决定本季度产品生产量。运营决策信息和财务报表信息不同，只有控排企业需要制定生产决策（见图 7－27）。

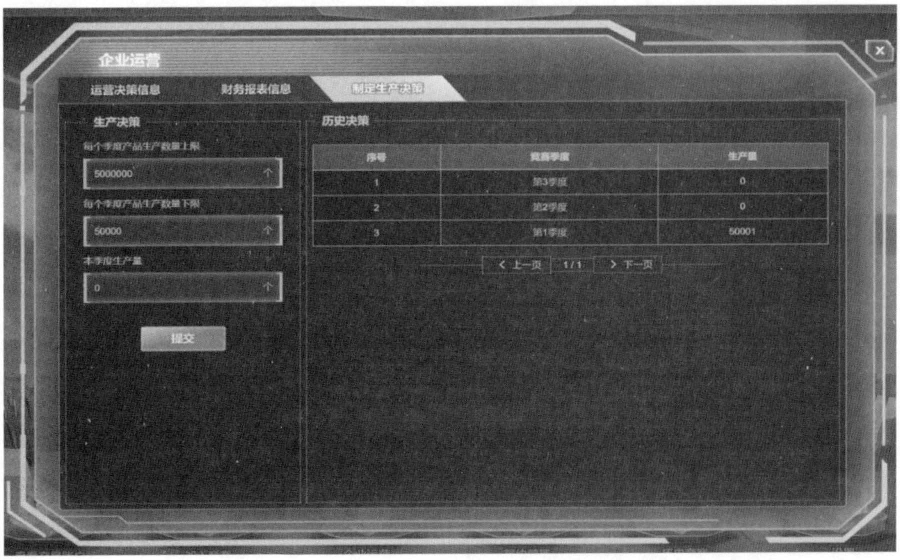

图 7－27 制定生产决策

2. 自愿减排企业

自愿减排企业可以查看企业运营决策信息、财务报表信息。

运营决策信息包括企业类型、企业说明、初始资金、年碳排放量、季度开发自愿减排量、季度基础运营成本、年度开发自愿减排量、季度碳配额分配量。

财务报表信息包括季初资金、基础运营成本、售出投资收入、购入投资支出、交易成本（交易手续费、结算手续费）、季末资金等信息。

3. 投资机构

投资机构可以查看企业运营决策信息、财务报表信息。

运营决策信息包括企业类型、企业说明、初始资金、季度基础运营成本、季度碳配额分配量、年碳排放量。

财务报表信息包括季初资金、基础运营成本、售出投资收入、购入投资支出、交易成本（交易手续费、结算手续费）、季末资金等信息。

（三）履约管理

履约管理包括碳排放报告、碳排放核查、碳排放履约等功能。只有控排企业需要进行履约管理，其他企业不需要进行履约管理。每年第 4 季度初，企业完成第 4 季度生产计划决策后，需提交本年度碳排放信息报告，生态环境主管部门每年度组织开展对控排企业碳排放报告相关内容的核查，完成碳排放核查后，系统发放履约通知，企业须在每年第 4 季度结束前，即履约截止日期前，完成履约。

在完成企业生产决策制定之后，回到碳交易中心大厅页面，点击“履约管理”进入碳排放履约界面。

1. 碳排放报告

碳排放报告是指控排企业根据相关技术规范编制该单位年度碳排放信息报告，并向社会公开不涉及国家秘密和商业秘密的报告内容，接受社会监督。

实验系统按照年度进行碳排放信息报告的编制，即在第 4 季度提交完生产计划决策后，显示第 1 年的碳排放信息报告并填写、提交，在第 8 季度提交完生产计划决策后，显示第 2 年的碳排放信息报告并填写、提交，以此类推。碳排放因子就是生产单位产品的碳排放量，碳排放量 = 产品生产数量 × 碳排放因子（生产单位产品的碳排放量）。

点击履约管理页面上方的“碳排放报告”，根据运营决策填入每季度的产品生产数量，系统自动完成碳排放量计算，完成本年度 4 个季度的碳排放信息报告任务。“碳排放报告”提交完成后，由生态环境主管部门进行核查，核查结果在碳排放核查中查看（见图 7 – 28）。

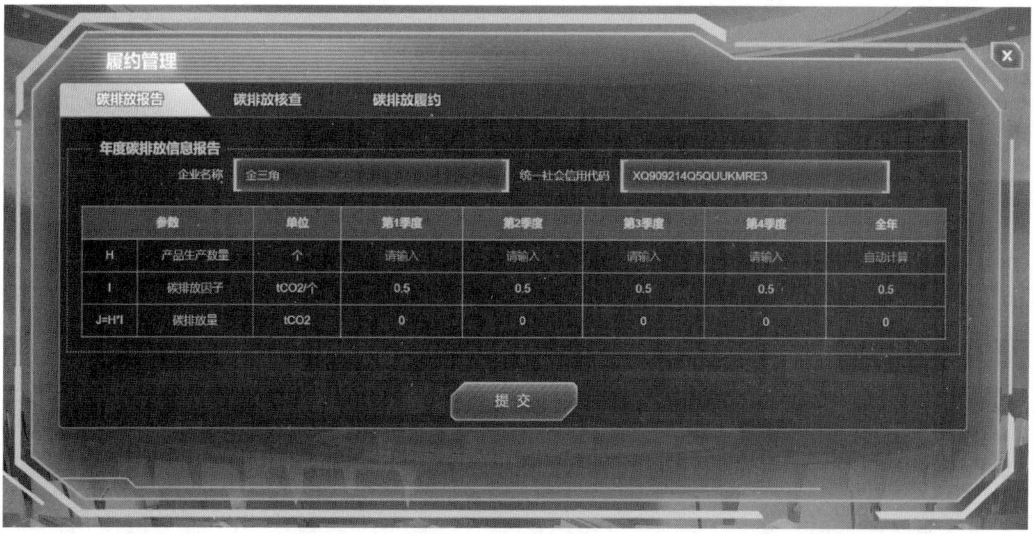

图 7-28 碳排放报告

2. 碳排放核查

碳排放核查是指生态环境主管部门每年度组织开展对控排企业碳排放报告相关内容进行核查（提交报告后系统自动核查）。核查结果是控排企业碳排放配额清缴的依据（见图 7-29）。

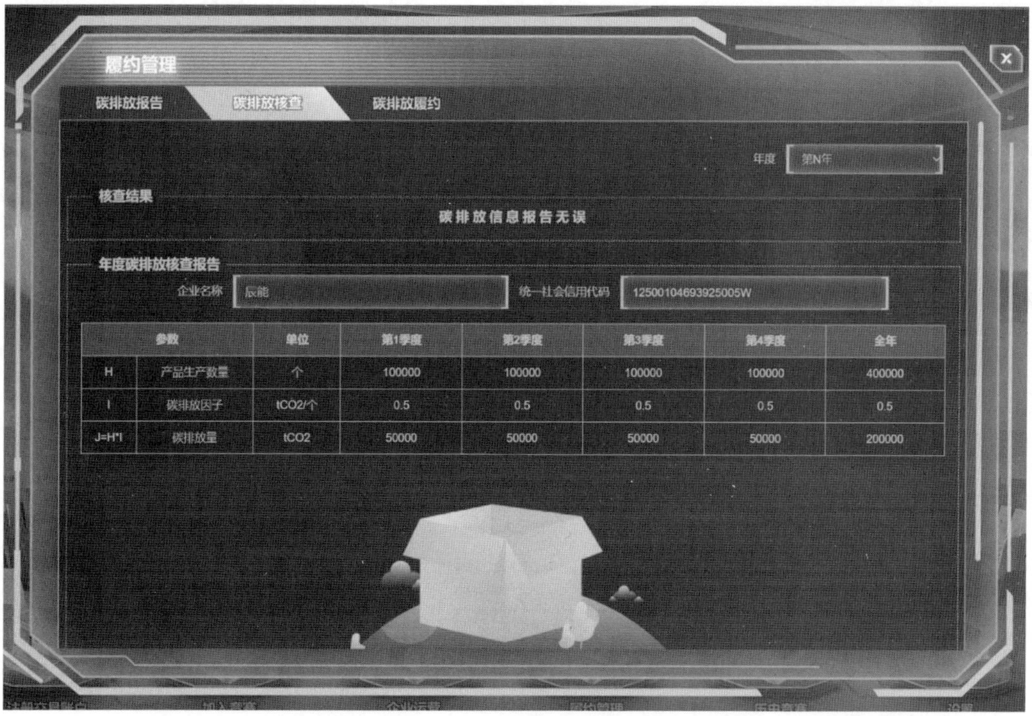

图 7-29 碳排放核查

核查结果有两种情况，一是碳排放信息报告无误；二是碳排放信息报告有误，实际碳排放量为：＊吨（此处调取相关数据）。

3. 碳排放履约

控排企业按照核定的年度实际碳排放量，通过系统上缴足额的配额进行履约。控排企业注册登记账户中配额不足以清缴履约的，应提前在交易平台购买、补足。

碳排放履约模块包括履约管理流程中发放履约通知、申请履约相关内容。

点击“碳排放履约”可查看企业履约信息。碳排放履约页面由履约信息、履约清缴任务、履约清缴记录三部分组成。

履约信息客观显示当前履约内容，包括：应履约量（该年度企业应履约量，即本年度企业的实际碳排放量）、已履约量（该年度已履约量）、未履约量（该年度还未履约量，等于应履约量减已履约量）、CCER 可抵消量［通过教师端设置 CCER 可抵消比例（自愿减排量履约比例），系统计算出该年度可用 CCER 抵消量，该数值是实时变化的，如果已经使用了部分 CCER 抵消量，那么减去该年度已使用 CCER 抵消量后，显示还可用 CCER 抵消量］。

其中，CCER 可抵消量 = 当年实际碳排放量 × 自愿减排量履约比例 - 当年已经使用的 CCER 抵消量（当年 CCER 履约申请提交量之和）

履约清缴任务以列表形式显示，在企业通过碳排放核查模块完成核查后，系统向企业发放履约通知，所有履约通知逐年显示在履约清缴列表中，最新通知显示在最上面。主要信息包括履约通知书名称、年度、应履约量、已履约量、履约截至时间、完成状态，未完成的履约清缴任务可以执行履约申请，已完成的履约任务不可进行操作。用户可以使用碳配额 CEA 或是自愿减排量 CCER 执行履约清缴，当可用量小于未履约量时，支持部分履约，剩余部分份额可以通过在碳交易市场购买后再进行履约。对于未履约的部分，处以当季收盘价格 ×（由教师后台设置倍数）的罚款。

履约清缴记录可以查看用户过往履约记录，支持通过产品编码或年度进行筛选（见图 7 - 30）。

点击履约清缴任务右侧的“履约申请”，输入用于履约的 CEA 和 CCER 等碳资产申请数量，提交履约申请。提交碳排放履约申请需使用登记账户中碳资产（见图 7 - 31）。

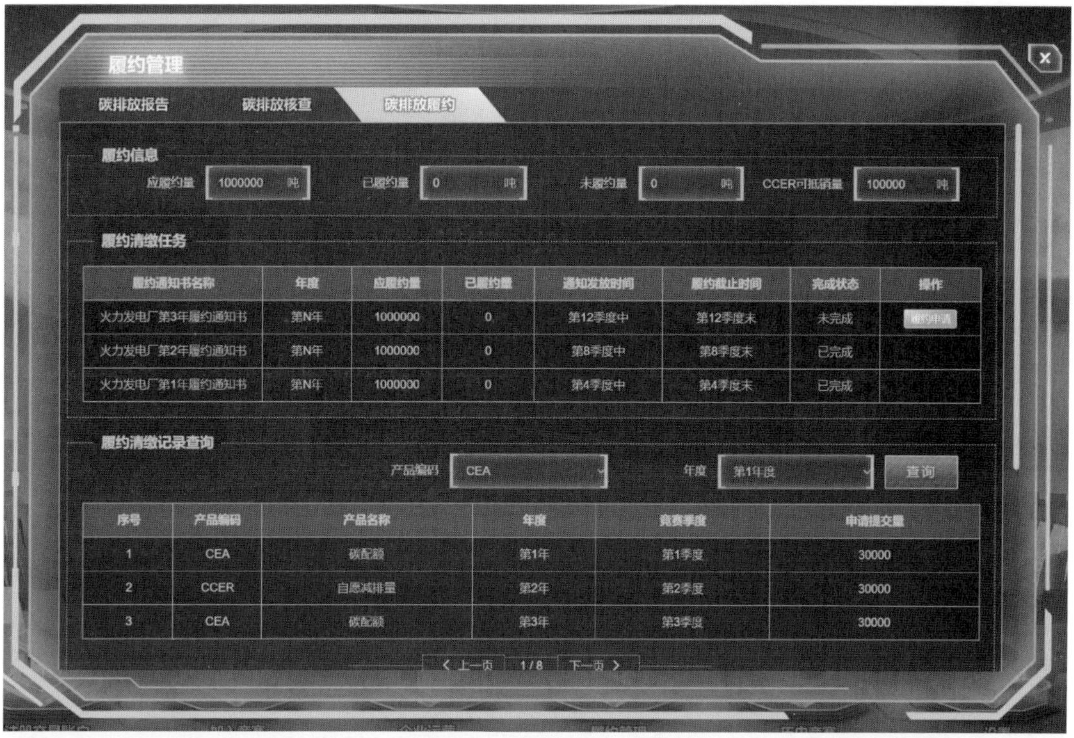

图 7－30　碳排放履约

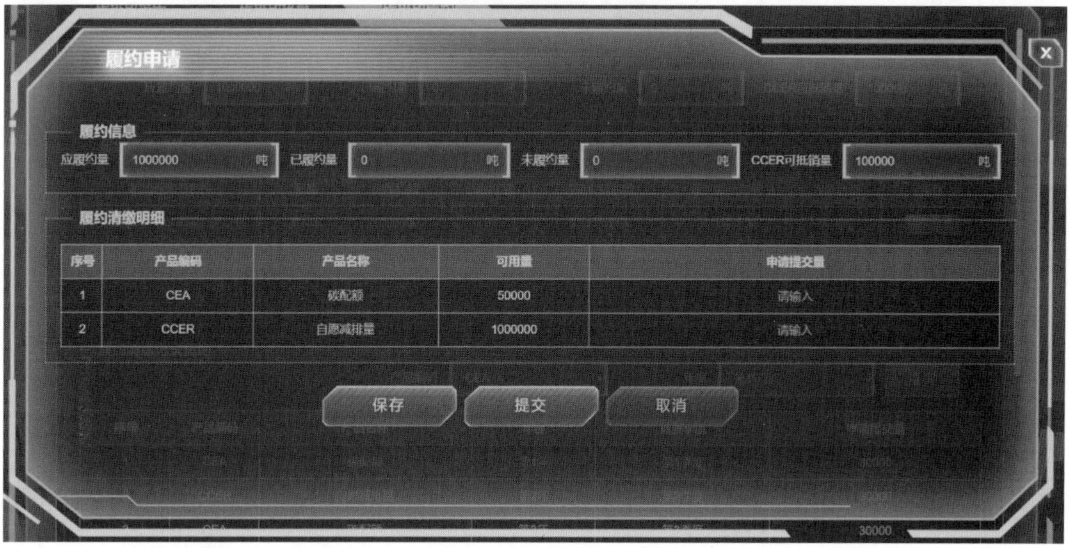

图 7－31　履约申请

（四）碳交易市场

在履约过程中如果需要进入碳交易市场交易配额，回到碳交易中心大厅页面进入碳交易市场。

1. 行情

点击左侧边栏“行情”进入碳交易市场行情界面，可查看市场、分时、K线、分笔及历史行情等。

市场展示交易产品代码、交易产品名称、最新成交价格、涨跌（最新成交价格－前收价，涨跌可以为正数，也可为负数）、涨幅［涨幅＝（涨跌/前收）×100%，用百分数表示，可以为正数，也可为负数］、当季成交量、当季成交额、开盘价（当季成交的第1笔挂牌协议交易的价格）、前收价（表示前一季度的收盘价，收盘价为前一季所有成交的挂牌协议交易的加权平均价格）、当季最高价、当季最低价、买价［当季挂牌协议交易未成交（挂牌中）的最高购买价格］、买量［当季挂牌协议交易未成交（挂牌中）的最高购买价格对应的买入量］、卖价［当季挂牌协议交易未成交（挂牌中）的最低卖出价格］、卖量［当季挂牌协议交易未成交（挂牌中）的最低卖出价格对应的卖出量］、均价、涨停价（当前季度内“允许”出现的最高价）、跌停价（当前季度内“允许”出现的最低价）、成交笔数等信息（见图7－32）。

图7－32　碳市场行情

分时页面实时显示某一种交易产品在当季的交易时间内的价格变化趋势，在第1笔交易成交前，价格按照上一季度收盘价（前收）实时更新显示，交易时段中的任何时间都有相应的价格。

当鼠标沿着时间轴左右移动时，实时显示相应的信息：时间、价格、均价、涨跌、涨幅、成交量、成交额等。

黄线代表平均交易价格，蓝线代表实时成交价格。

在第 1 笔交易成交前，价格按照上一季度收盘价（前收）实时更新显示。

某笔交易成交后、下笔交易成交前，价格、均价、涨跌、涨幅保持不变，成交量、成交额为 0。下方的细线，表示在某时刻发生交易的成交量（见图 7－33）。

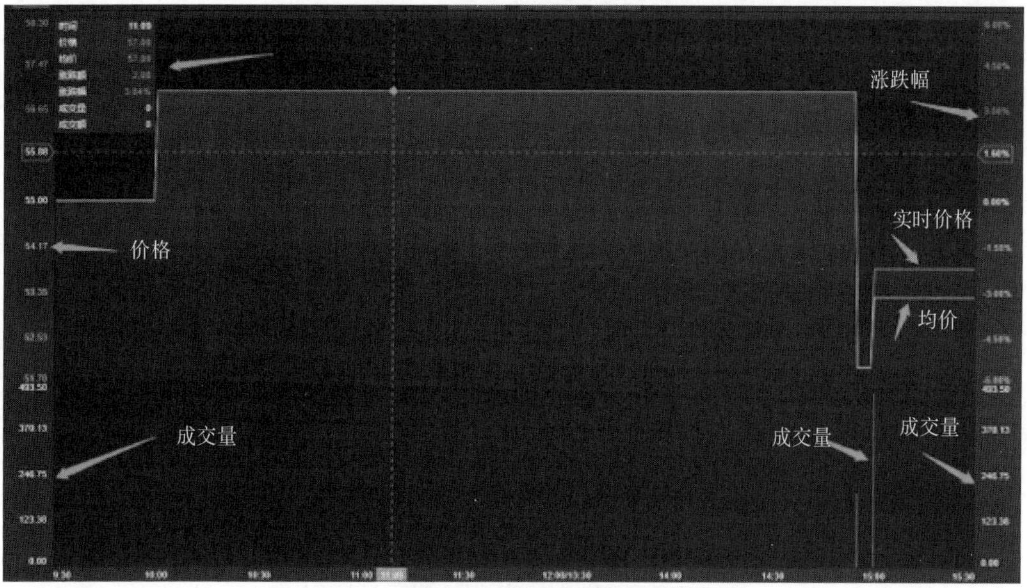

图 7－33 分时信息

K 线以某个交易产品为单位、以季度为统计周期进行显示，从第 1 季度开始，显示每个季度的价格走势，通过 K 线（阴阳线）展示，K 线主要包含四个数据，即开盘价、收盘价、最高价、最低价，所有的 K 线都是围绕这四个数据展开，反映大势的状况和价格信息。

鼠标在 K 线移动时，显示信息实时发生变化，系统中显示的信息主要包括：时间、开盘价、收盘价、最高价、最低价、涨跌、涨幅、成交量、成交额等信息。

其中时间为第 N 季度，从第 1 季度开始。

一般 K 线的颜色会用红色和绿色来分别代表涨跌，红色方框及其上下影线组成了阳线，阳线意味着收盘价高于开盘价。绿色方框及其上下影线组成了阴线，阴线意味着收盘价比开盘价要低。

阴阳线图下方的柱状图表示各个季度对应的成交量（见图 7－34）。

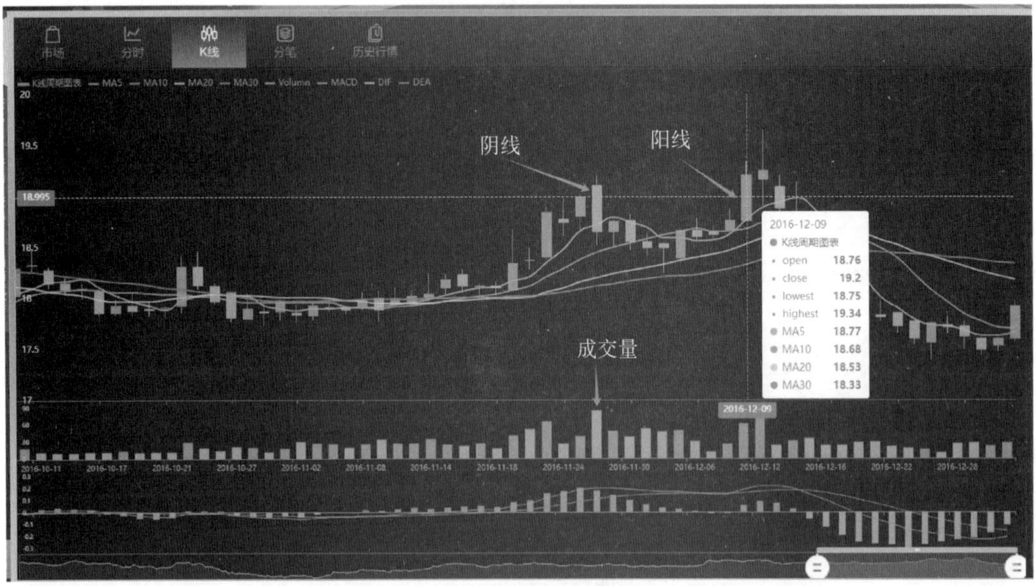

图 7－34　K 线信息

分笔页面显示当前季度的实时成交情况，按照交易时间、成交价格、成交量实时显示当季每笔交易（见图 7－35）。

时间（第N季度）	成交价	成交量
13:09:53	52.00	10000000
13:09:53	52.00	10000000
13:09:53	52.00	10000000
13:09:53	52.00	10000000
13:09:53	52.00	10000000
13:09:53	52.00	10000000
13:09:53	52.00	10000000

图 7－35　分笔信息

历史成交信息按照交易产品为单位进行显示，主要包括时间、交易产品代码、交易产品名称、开盘价、收盘价、最高价、最低价、涨跌、涨跌幅、成交量、成交额等信息，可以按照交易产品代码、交易产品名称进行查询。

盘口实时显示交易产品的行情信息，主要包括：交易产品代码和名称、卖盘五档、买盘五档、最新价、均价、涨跌、开盘价、涨幅、最高价、前收、最低价、成交量、成交额、外盘、内盘、涨停价、跌停价、分时成交记录等信息。盘口显示在分时、K线、分笔、历史行情的右侧（见图7－36）。

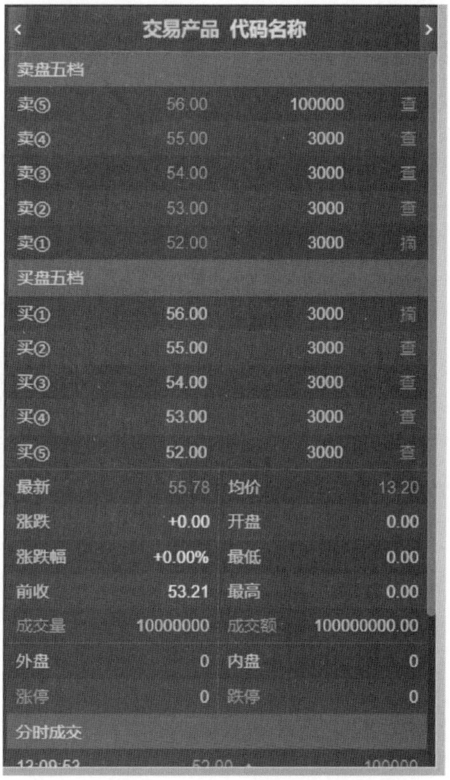

图7－36 盘口信息

卖盘五档中的卖1—5，价格越来越高；买盘五档中的买1—5，价格越来越低。未成交的最低卖价就是卖1，未成交的最高买价就是买1，其余类推。

关于盘口中的“查”和“摘”卖2—4只能查看具体卖方挂牌信息，买2—4只能查看具体买方挂牌信息。“摘”表示摘牌，就是摘掉卖出挂牌或者买入挂牌。只有买卖一档（买1和卖1）可以摘牌，其他档位只能查询。

点击卖2—4后面的“查”，查询相应的卖方挂牌明细信息，卖方挂牌明细包括：序号、挂牌季度、挂牌时间、委托编号、交易产品代码、交易产品名称、客户编号、挂牌数量、挂牌价格、买卖方向等信息。

2. 交易

点击左侧边栏“交易”进入碳交易市场交易界面，可使用挂牌交易、大宗交易、单向竞价三种交易方式，可在交易页面查看成交结果汇总，进行资金管理、持仓管理、用户信息管理等操作（见图7－37）。

图 7－37　碳市场交易

（1）挂牌交易。

挂牌协议交易是指交易主体通过交易系统提交卖出或者买入挂牌申报，意向受让方或者出让方对挂牌申报进行协商并摘牌确认成交的交易方式。挂牌交易用于进行挂牌交易业务，可以对交易中的碳资产进行挂牌交易买入和卖出操作，并查看委托和持仓信息。

挂牌交易分为“买方挂牌”与“卖方挂牌”，买方挂牌是指为了买入交易产品而挂出交易价格、交易量信息的行为。挂牌价格在涨停价和跌停价之间（包括涨停价和跌停价）；挂牌数量小于等于可买数量，同时小于单笔最大申报数量（一般为 10 万吨二氧化碳当量），单笔最大申报数量在教师端设置；挂牌成功后，可用资金减少，挂牌交易额对应的资金暂时被冻结。卖方挂牌是指为了卖出交易产品而挂出交易价格、交易量信息的行为。挂牌价格在涨停价和跌停价之间（包括涨停价和跌停价）；挂牌数量小于等于可卖数量，同时小于单笔最大申报数量（一般为 10 万吨二氧化碳当量），单笔最大申报数量在教师端设置；挂牌成功后，可卖数量减少，挂牌数量暂时被冻结。

系统右侧“交易”界面中的“挂牌交易”用于进行挂牌交易业务，可以对交易中的碳资产进行挂牌买入和卖出操作，并查看委托和持仓信息。

点击“买方挂牌”与“卖方挂牌”进行买入挂牌和卖出挂牌操作。挂牌时，需选择交易产品代码，输入挂牌价格与挂牌数量，并确认买入（卖出）挂牌。可以根据可用资金、可交易产品数量选择全部挂牌、部分挂牌或是自定义数量挂牌。

挂牌后可以在其他用户全部摘牌成交前撤销挂牌。撤销挂牌包括：撤销买方挂牌和卖方挂牌，通过买卖方向区分。

一是只能撤销自己申报的挂牌，并且该挂牌未成交或者未完全成交。

二是挂牌成交后无法撤单，挂牌未成交可以撤单，部分成交可以撤销未成交部分的挂牌；当前交易季度闭市后，未成交的挂牌统一由系统进行自动撤单。

三是委托状态共有 5 个：已挂牌（待摘牌）、部分成交、全部成交、全部撤单和部分成交后撤单。委托状态的变化过程：当挂牌成功后，委托状态为已挂牌（待摘牌）；当挂牌数量全部被摘牌，委托状态为全部成交；当挂牌数量全部被撤销，委托状态为全部撤单；当挂牌数量被部分摘牌，委托状态为部分成交；当挂牌数量被部分摘牌，而后剩余部分被撤销，委托状态为部分成交后撤单。

四是撤销挂牌成功后，相应的被冻结的资金和挂牌数量解冻（见图 7－38）。

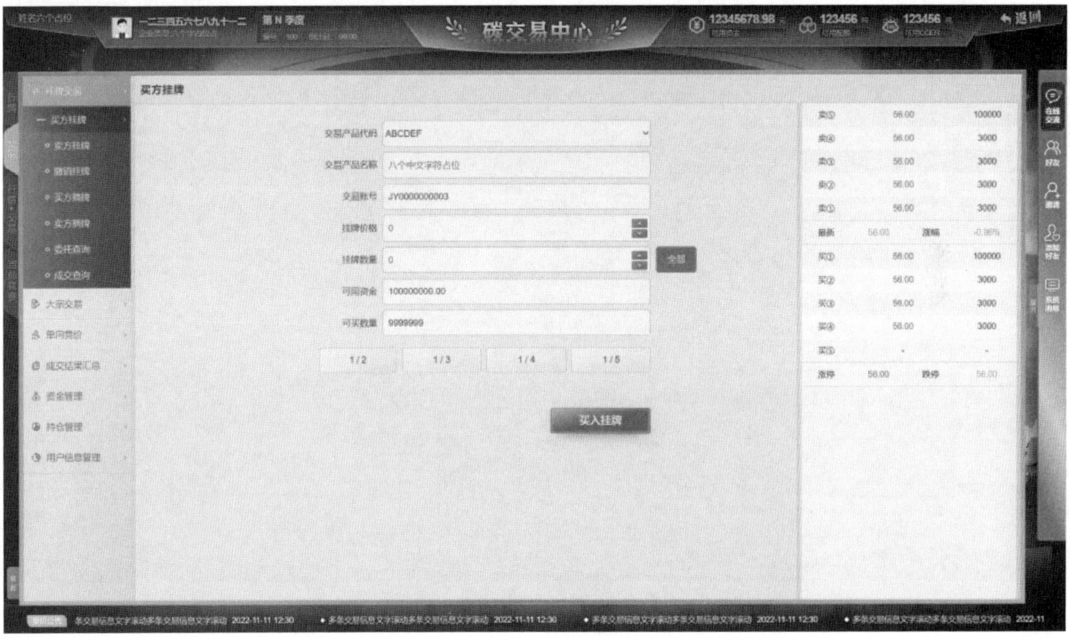

图 7－38 挂牌

摘牌交易分为“买方摘牌”与“卖方摘牌”，买方摘牌是指为了购买产品而对卖方挂牌进行摘牌。该功能和盘口中的卖一档摘牌功能一致。需要注意的是：一是摘牌数量必须小于等于挂牌数量，同时摘牌数量必须小于等于最大可买入量。摘牌成功后，单笔成交量为摘牌数量，同一价位有多个挂牌申报的，交易主体可以选择任意对手方完成交易。二是摘牌时需保证自己持有碳交易账户中有足够的相应碳产品可用数量或可用资金余额，否则摘牌失败。三是不允许对自己挂牌的委托进行摘牌操作。

卖方摘牌是指为了卖出交易产品而对买方挂牌进行摘牌。该功能和盘口中的买一档摘牌功能一致。需要注意的是：一是摘牌数量必须小于等于挂牌数量，同时摘牌数量必须小于等于最大可卖出量。摘牌成功后，单笔成交量为摘牌数量，同一价位有多个挂牌申报的，交易主体可以选择任一对手方完成交易。二是摘牌时需保证自己持有碳交易账户中有足够的相应碳产品可用数量和可用资金余额，否则摘牌失败。三是不允许对自己挂牌的委托进行摘牌操作。

摘牌时，用户需选择挂牌列表中的挂牌项目，点击“摘牌”按钮进入摘牌界面，界面显示交易方向、交易产品代码、交易产品名称、挂牌数量、挂牌价格、对手方客户编号、交易账号等信息，可以选择部分摘牌或者全部摘牌。部分摘牌的挂牌项目会继续保留在挂牌列表中，直至被全部摘牌（见图 7－39）。

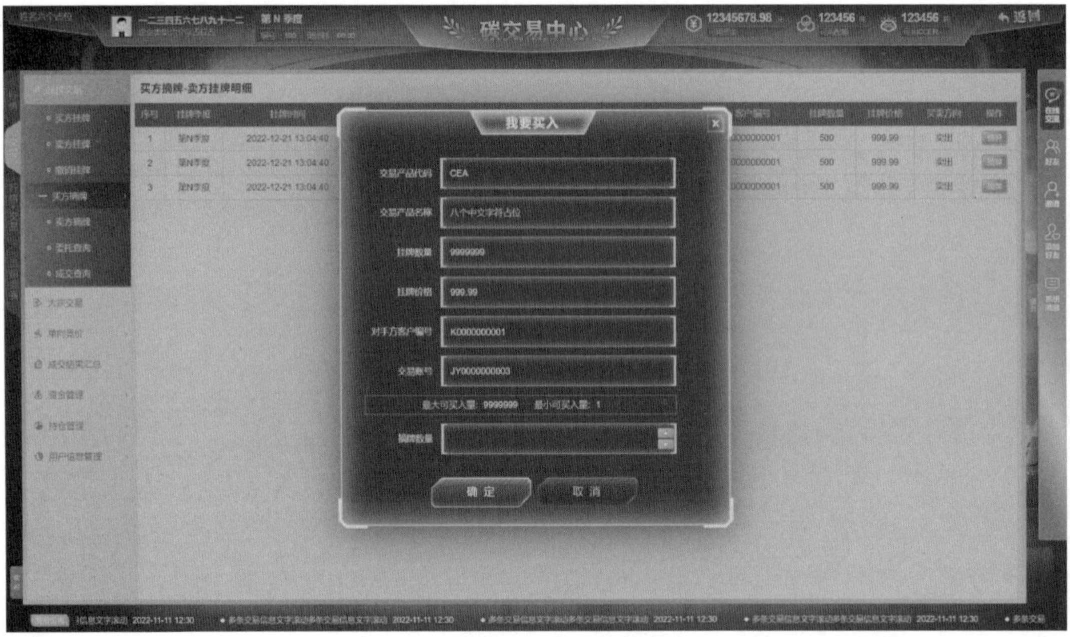

图 7－39　摘牌

用户挂牌后可以在其他用户全部摘牌成交前撤销挂牌，用户可以选择自己已经挂牌且未全部成交的项目，进行撤销操作。已撤销的挂牌不会出现在挂牌列表中被其他用户摘牌。

委托查询可以查看各次挂牌交易的过程信息，用户每进行一次挂牌，系统会添加一条委托交易信息。主要包括委托编号、委托状态、买卖方向、挂牌季度、挂牌时间、交易产品代码、交易产品名称、交易账号、挂牌价格、挂牌数量、成交数量、剩余挂牌数量、撤单数量、撤单时间等信息。

委托共有5种状态：已挂牌（待摘牌）、部分成交、全部成交、全部撤单和部分成交后撤单。委托状态的变化过程：当挂牌成功后，委托状态为已挂牌（待摘牌）；当挂牌数量全部被摘牌，委托状态为全部成交；当挂牌数量全部被撤销，委托状态为全部撤单；当挂牌数量被部分摘牌，委托状态为部分成交；当挂牌数量被部分摘牌，而后剩余部分被撤销，委托状态为部分成交后撤单。

成交查询可以对用户参与的每一次成交信息进行查询，成交查询信息包括：成交季度、成交时间、交易产品代码、交易产品名称、交易账号、成交方式、买卖方向、成交价格、成交数量、成交金额、交易手续费、结算手续费、对手方客户编号、对手方客户名称等。每次成交均会扣除双方手续费，一般交易手续费比例为0.6%、结算手续费比例为0.2%，由教师设置。

（2）大宗交易。

“大宗交易”是大宗协议交易的简称。大宗协议交易是指交易双方通过交易系统进行报价、询价并确认成交的交易方式。交易主体可发起买卖申报，或与已发起申报的交易对手方进行对话议价或直接与对手方成交。交易双方就交易价格与交易数量等要素协商一致后确认成交。大宗协议交易单笔买卖最小申报数量在教师端设置，单笔买卖最小申报数量一般应当不小于10万吨二氧化碳当量。大宗协议交易的成交价格一般在上一个交易日收盘价的±30%之间确定，大宗协议交易成交价格范围在教师端设置。目前大宗协议交易成交信息不纳入交易中心发布的即时行情，成交量、成交额在交易结束后计入当季成交总量、成交总额。

系统右侧“交易”界面中的“大宗交易”用于进行大宗协议业务，可以对交易中的碳资产进行大宗协议报价、询价和议价，并查看委托和成交信息。

大宗协议交易为全额交易，买方进行报价或议价时需要有充足的资金，卖方进行报价或议价时需要有充足的持仓，否则报价或议价失败。

对于正在进行的报价，可通过点击洽谈、修改、撤回执行相应操作，对于已经完成或终止的报价，可通过点击洽谈查询查看洽谈信息（见图7-40）。

点击“大宗交易报价”可进入报价界面。大宗交易报价包括定向报价和群组报价两类。其中，定向报价需指定特定企业交易账户后才能报价，且只有定向企业交易账户才能看到并加入询价，成交时一方确认成交即可成交。定向报价页面信息包括：交易产品代码、交易产品名称、交易账号、买卖方向、可用数量、可用资金、价格、数量、定向客户等信息。报价或询价成功时，相应的部分资金和持仓将被冻结。群组报价需指定群组后才能报价，群组内无成员时无法报价，报价后只有群组内成员才能看到该报价并进行询价，成交时需双方确认才能成交。报价或询价成功时，相应的部分资金和持仓将被冻结。

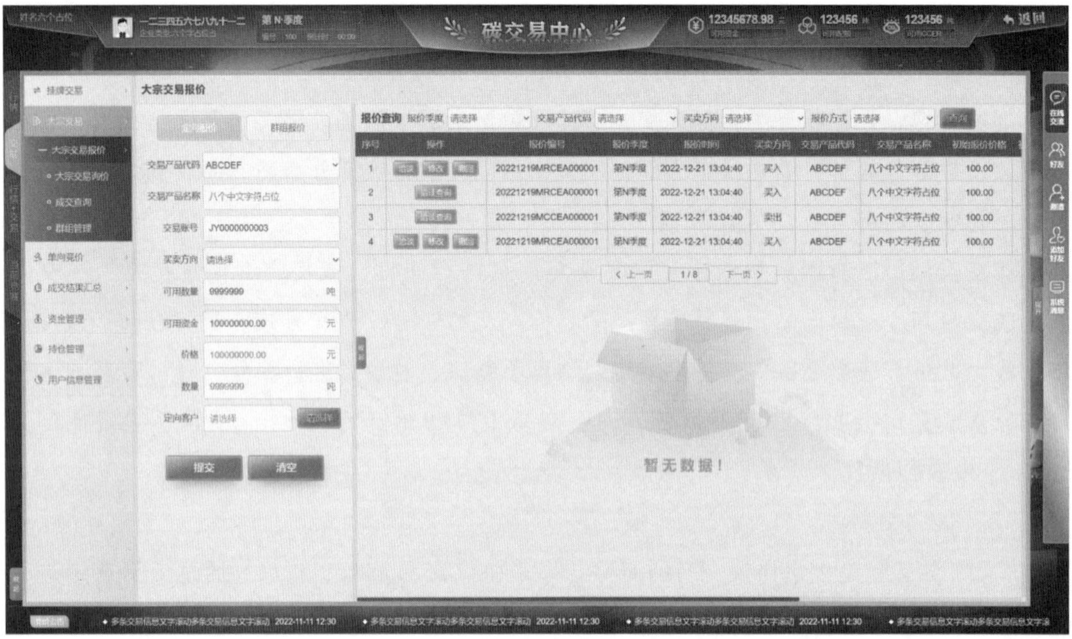

图 7－40　大宗交易界面

点击“大宗交易询价”可进入询价界面，查看接收到的报价信息。大宗交易询价是指对手方通过定向报价或群组报价，发起报价申报，己方对收到的报价进行询价、协商洽谈，最后确认成交。定向报价只有定向客户才能看到并加入询价，成交时一方确认即可成交。群组报价只有群组内成员才能看到该报价并进行询价，成交时需双方确认才能成交（即一方成交、另一方确认成交）。大宗协议群组报价可以同时和多个客户进行议价，但只能成交一次。大宗交易询价页面主要包括：操作（加入询价、洽谈）、询价季度、交易产品代码、交易产品名称、对手方客户编号、对手方客户名称、对手方买卖方向、初始报价价格、初始报价数量、初始报价金额、报价方式、报价状态、询价状态等信息（见图 7－41）。

点击“加入询价”时，显示“确定加入询价”“加入询价成功”等提示信息。大宗协议交易为全额交易，买方进行报价或议价时需要有充足的资金，卖方进行报价或议价时需要有充足的持仓，否则报价或议价失败。

点击操作中的“洽谈”时，进入询价方的“协商洽谈”页面。询价方协商洽谈页面包括交易信息和报价记录，注意：协商洽谈是针对某一次报价进行的。其中，交易信息包括报价编号、交易产品代码、交易产品名称、对手方客户编号、对手方客户名称、对手方买卖方向、报价方式等信息（见图 7－42）。

图 7 - 41　大宗交易询价

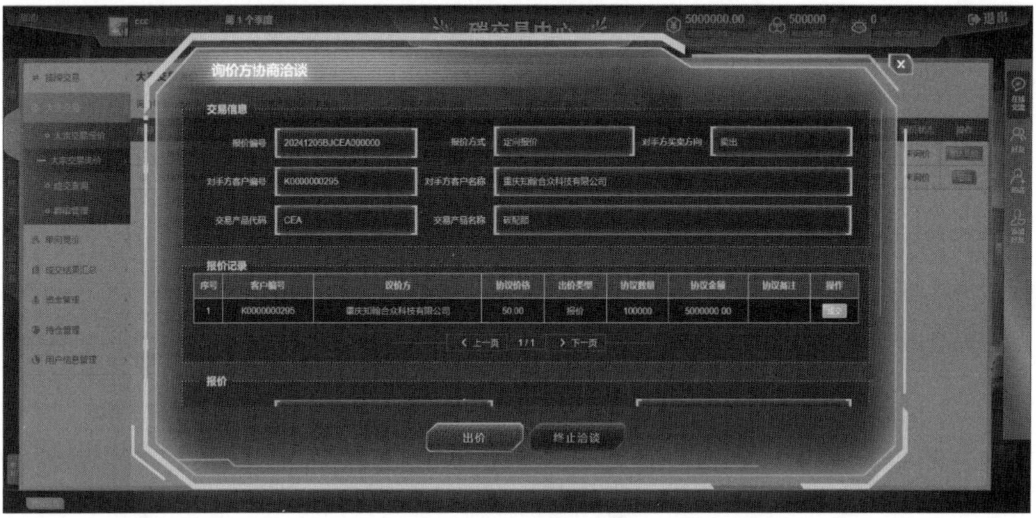

图 7 - 42　询价洽谈

点击“成交查询”可查看已经完成的大宗交易委托。大宗交易成交查询是指对大宗交易报价申报（己方主动发起）成交信息和大宗交易询价（对手方主动发起）成交信息进行查询。成交查询信息包括成交季度、成交时间、交易产品代码、交易产品名称、交易账号、成交方式、买卖方向、成交价格、成交数量、成交金额、交易手续费、结算手续费、对手方客户编号、对手方客户名称等。每次成交均会扣除双方手续费，一般交易手续费比例为 0.6%、结算手续费比例为 0.2%，由教师设置（见图 7 - 43）。

图 7－43　成交查询

点击“群组管理”可进入群组管理界面，查看或管理已经加入的群组，创建新的群组。点击“创建群组”，输入群组名称，可创建新的群组。对于已经创建的群组，可修改群组信息、查看已加入群组的成员、删除群组（见图 7－44）。

图 7－44　群组管理

（3）单向竞价。

单向竞价是指交易主体向交易机构提出卖出或买入申请，交易机构发布竞价公告，多个意向受让方或者出让方按照规定报价，在约定时间内通过交易系统成交的交易方式。

根据市场发展情况，交易系统目前提供单向竞买功能。交易机构根据主管部门要求，组织开展配额有偿发放，适用单向竞价相关业务规定。一级市场单向竞价碳交易只能由生态环境局发起（教师端进行设置），二级市场单向竞价碳交易可以由普通控排企业发起（学生端进行设置）。参与企业向碳交易中心提出卖出或买入单向竞价申请，碳交易中心发布相应的单向竞价公告，符合条件的意向方按照规定报价，在约定时间内通过交易系统成交。默认情况，买卖方向为“卖出”，买卖方向选择“卖出”时，对应信息为竞价最低价、最小加价幅度等；买卖方向选择“买入”时，对应信息为竞价最高价、最小减价幅度等。加价或减价量为最小加价幅度或最小减价幅度的正整数倍。每个参与竞价的企业可以多次进行竞价申报，对应竞价发起人买卖方向为卖出的，每次新的报价要高于上次报价；对应竞价发起人买卖方向为买入的，每次新的报价要低于上次报价，实时更新显示其最新报价。此部分功能可通过系统右侧“交易”界面中的“单向竞价”实现。

点击“单向竞价”中的“发起竞价”可查看、修改、删除正在进行的单向竞价委托并发起竞价。发起竞价需选择买卖方向、交易产品代码，竞价总量、竞价最低价、最小加价幅度和竞价时长等竞价信息，竞价时长不能高于当前季度剩余时长。竞价发起后，其他用户可以在竞价申报中发起申报。发起竞价的用户可以在竞价列表中查看发起的竞价，包括竞价信息、报价信息等，报价信息包括竞价编号、客户编号、客户名称、申报价格、申报数量、申报时间等（见图 7－45）。

图 7－45　发起竞价

竞价申报就是企业可以参与其他控排企业、机构或组织发起的竞价，并进行竞价申报（申请报价）。竞价发起人买卖方向为卖出时，申报价格要大于等于竞价最低价，再次报价时申报报价要高于上次报价，申报数量小于等于竞价总量（如果为生态环境局发起竞价，申报数量还要小于等于单个企业最大申报竞买量），大于等于 1 吨；竞价发起人买卖方向为买入时，申报价格要小于等于竞价最高价，再次报价时申报报价低于上次报价，申报数量小于等于竞价总量（购买总量）。每个参与竞价的企业可以多次进行竞价申报，对应竞价发起人买卖方向为卖出的，每次新的报价要高于上次报价；对应竞价发起人买卖方向为买入的，每次新的报价要低于上次报价，实时更新显示其最新报价，同一竞价参与人的报价信息将覆盖自己上次的报价信息。申报成功后，相应的申报金额和申报交易数量将被暂时冻结，竞价结束后根据实际成交量和实际成交额进行解冻和结算。

点击“竞价申报”可进入申报界面，查看所有单向竞价申报信息。竞价申报需要填写申报价格与申报数量，申报数量不能大于竞价信息中单个企业最大申报竞买量，且申报价格 × 申报数量金额不能大于可用资金数量。不能对已有的报价进行撤销操作，用户可以对一项竞价进行多次申报。申报时可以查看其他用户报价信息，报价信息包括竞价编号、客户编号、客户名称、申报价格、申报数量、申报时间等（见图 7－46）。

图 7－46　竞价申报

点击“查看申报信息”可查看单个申报委托已经参与申报的客户申报价格与数量（见图 7－47）。

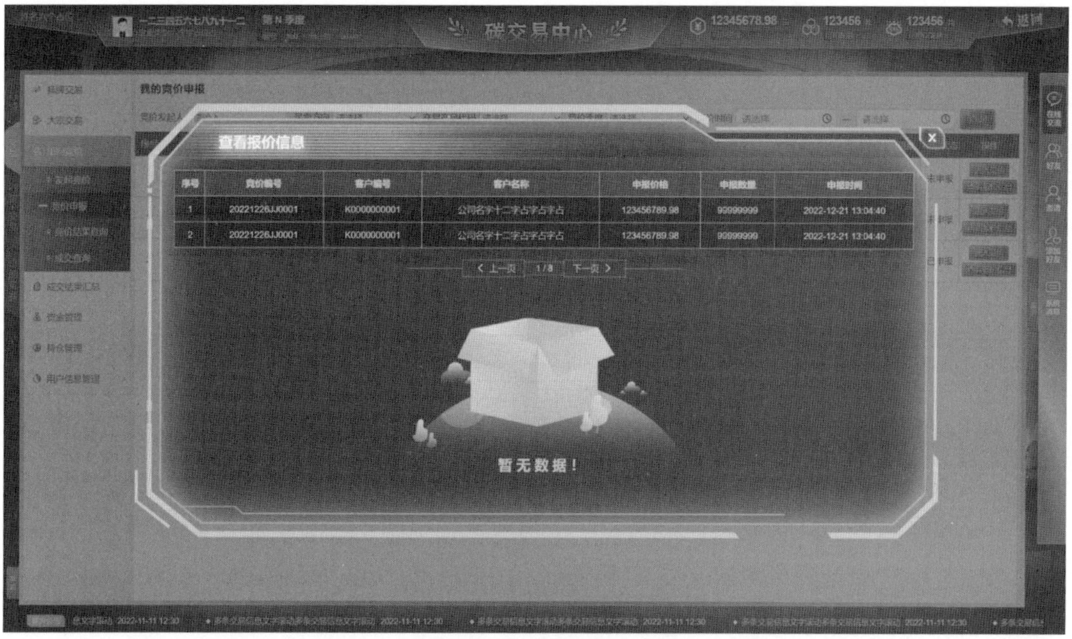

图 7-47 查看报价信息

点击“进入竞价”可查看单个竞价申报委托的详细信息并提出申报申请，参与竞价（见图 7-48）。

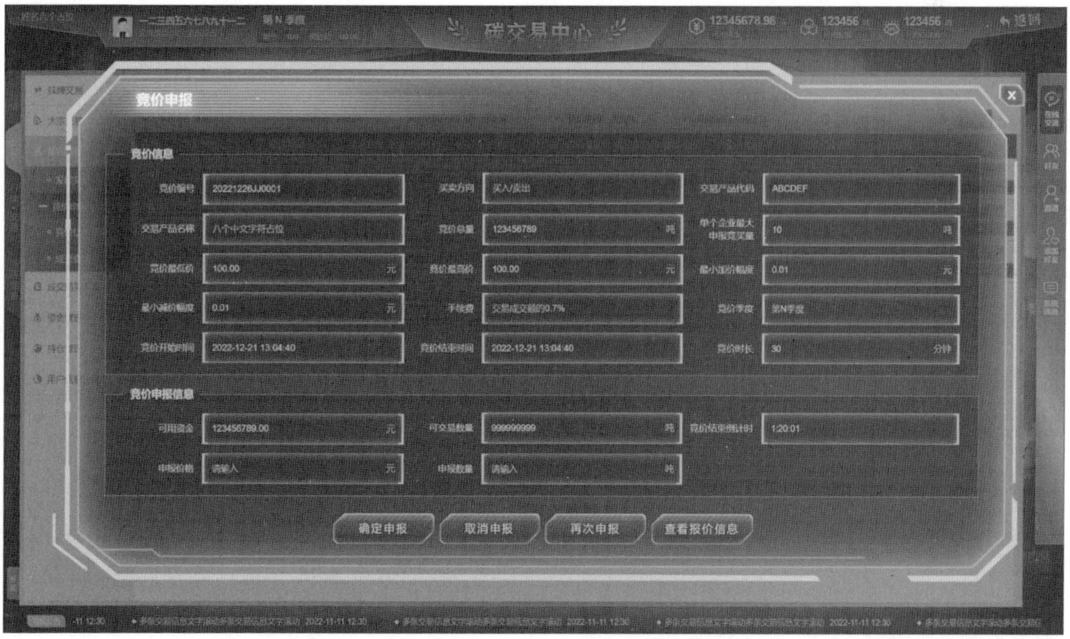

图 7-48 进入竞价

点击“竞价结果查询”可查看学生账户已发起的及参与的单向竞价结果。查询分为我发起的、我加入的两种情况。竞价成交规则分为两种情况：竞价发起人买卖方向为卖出、竞价发起人买卖方向为买入。

情况1：竞价发起人买卖方向为卖出

具体成交规则：竞价申报结束后，交易系统按照价格优先、时间优先的原则对所有有效申报进行排序，以发放总量的最低申报价作为竞买统一价成交。

第一，竞价申报时间结束后，系统按价格优先（竞买价格高的靠前）的原则对所有有效申报进行排序，对于价格相同的申报按照时间优先（先申报的靠前）原则进行排序。

第二，根据排列结果，以发放总量内最低的申报价作为竞买统一价，并按照排列顺序根据竞买人的申报数量逐一成交。

第三，当竞买申报量小于或等于发放总量时，所有有效申报按照竞买人申报数量成交；当竞买申报量大于发放总量时，排列末位的可成交申报，按实际可竞得数量成交。

情况2：竞价发起人买卖方向为买入

具体成交规则：竞价申报结束，交易系统按照价格优先、时间优先的原则对所有有效申报进行排序，以竞价总量（购买总量）内最高申报价作为竞卖统一价成交。

第一，竞价申报时间结束后，系统按价格优先（竞卖价格低的靠前）的原则对所有有效申报进行排序，对于价格相同的申报按照时间优先（先申报的靠前）原则进行排序。

第二，根据排列结果，以购买总量内最高的申报价作为竞卖统一价，并按照排列顺序根据竞卖人的申报数量逐一成交。

第三，当竞卖申报量小于或等于竞价总量（购买总量）时，所有有效申报按照竞卖人申报数量成交；当竞卖申报量大于发放总量时，排列末位的可成交申报，按实际可竞得数量成交。

系统中竞价结果查询列表信息包括竞价编号、竞价发起人、买卖方向、交易产品代码、交易产品名称、竞价总量、竞价季度、竞价开始时间、竞价结束时间、查看竞价结果。查看竞价结果页面信息包括：序号、竞价发起人、买卖方向、交易产品代码、交易产品名称、竞价季度、竞价成交时间、竞价申报人、申报价格、申报数量、成交价格、成交数量、成交金额、手续费等信息（见图7-49）。

点击“成交查询”可查看所有学生参与且成交的所有已结束单向竞价，成交信息包括成交季度、成交时间、交易产品代码、交易产品名称、交易账号、成交方式、买卖方向、成交价格、成交金额、成交数量、交易手续费、结算手续费、对手方客户编号、对手方客户名称等。

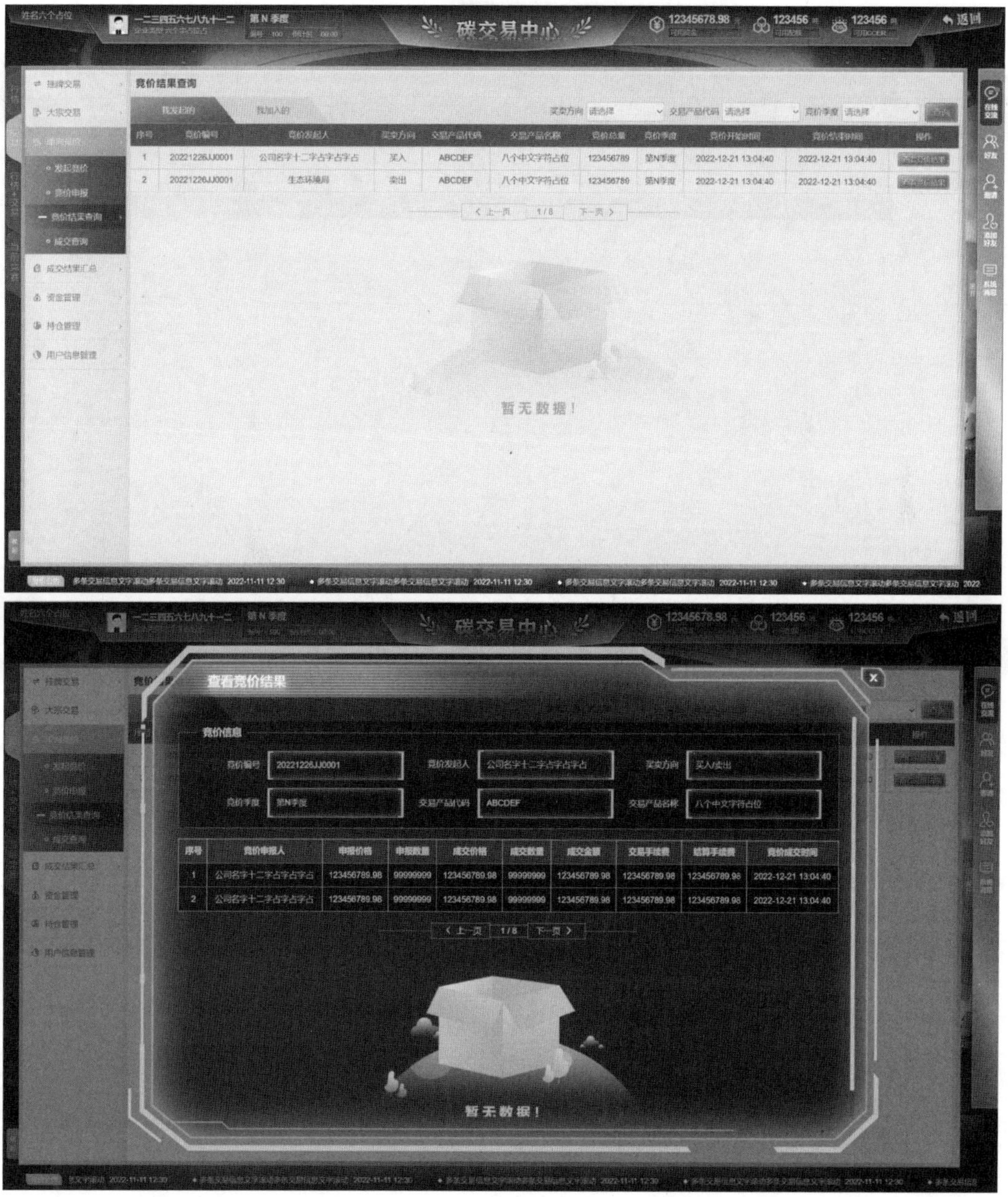

图 7－49　竞价结果查询

（4）成交结果汇总。

点击“交易”界面的“成交结果汇总”可进入成交结果界面，查看所有学生账户参与且成交的所有已结束碳交易项目，包括挂牌交易、大宗交易和单向竞价，成交信息包括成交季度、成交时间、交易方式、交易产品代码、交易产品名称、交易账号、成交方式、买卖方向、成交价格、成交金额、成交数量、交易手续费、结算手续费、对手方客户编号、对手方客户名称等（见图 7－50）。

图 7－50　成交结果汇总

（5）资金管理。

学生可以在资金管理页面对银行资金账户和碳交易账户进行管理，允许用户划拨资金、查询资金详情和查询收支明细。“交易”界面的“资金管理”功能涉及入金/出金、资金查询、持仓管理等。

点击“入金/出金”可进入资金划转界面，可将银行资金转入碳交易账户或将资金从碳交易账户转出银行账户。入金（资金从银行转登记）：划转金额不能超过银行剩余现金；资金划转成功后，银行剩余现金减少、交易中心资金账号现金增加。出金（资金从登记转银行）：划转金额不能超过可取现金金额（就是交易中心的可用现金，不包括被冻结的资金）；资金划转成功后，银行剩余现金增加、交易中心资金账号现金减少。

只有将资金转入碳交易账户，才可以在碳交易市场使用资金进行挂牌交易、大宗交易、单向竞价等碳交易（见图 7－51）。

点击“资金查询”可查看学生账户持有的各个账户中的总资金及已被冻结的资金明细。资金信息包括交易资金账号、可用交易资金、银行账户余额、可用资金总量、冻结资金。冻结资金明细包括当前季度、冻结时间、交易方式、交易产品代码、交易产品名称、交易金额、冻结资金。已经询价且未成交的大宗交易或已竞价且未成交的单向竞价，交易额对应的资金暂时被冻结，直至交易成功或者交易取消（见图 7－52）。

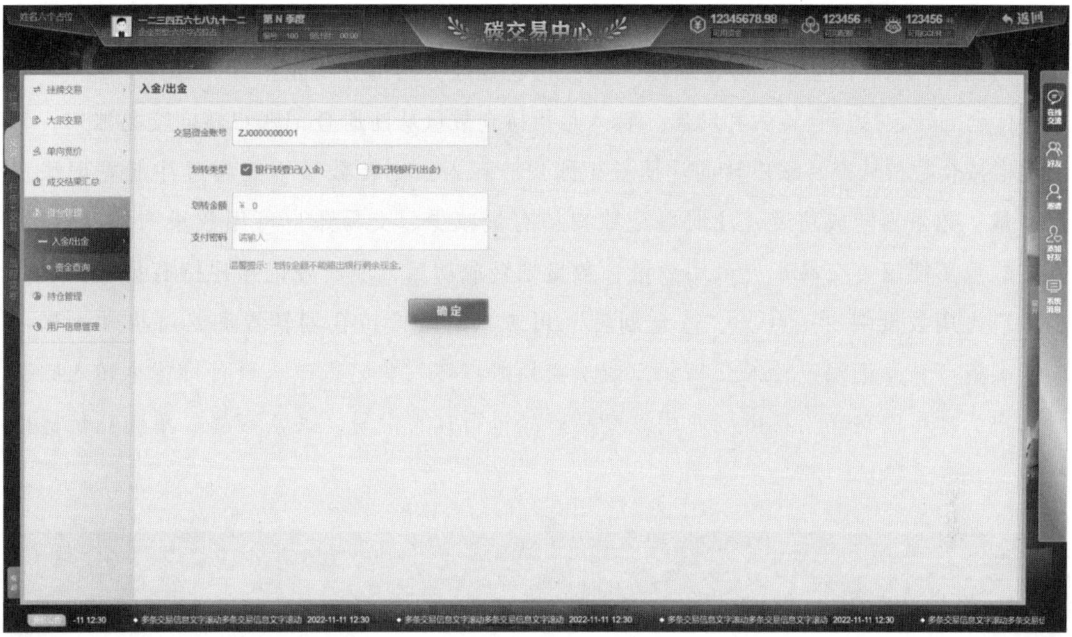

图 7－51　入金/出金

图 7－52　资金查询

学生可以在“收支明细”查看交易资金收支明细和银行账户收支明细，交易资金收支明细包括交易季度、交易时间、交易名称、收入、支出、可用交易资金。银行账户收支明细包括交易季度、交易时间、交易名称、收入、支出、银行账户余额。

（6）持仓管理。

“持仓管理”中包括“持仓划转”和“持仓查询”两部分功能。

持仓划转包括持仓转入和转出，转入是指持仓数量从注册登记账户转向交易账户，转出是指持仓数量从交易账户转向注册登记账户。转入：划转数量不能超过注册登记账户持有量；数量划转成功后，注册登记账户持有量减少、交易账户可用数量增加。转出：划转数量不能超过交易账户可用数量；数量划转成功后，注册登记账户持有量增加、交易账户可用数量减少。点击“持仓划转”可进入碳资产持仓划转界面，可将学生账户中的碳资产从登记账户转入交易账户或从交易账户转入登记账户。只有将资金转入碳交易账户，才可以在碳交易市场使用碳交易产品进行挂牌交易、大宗交易、单向竞价等操作（见图 7－53）。

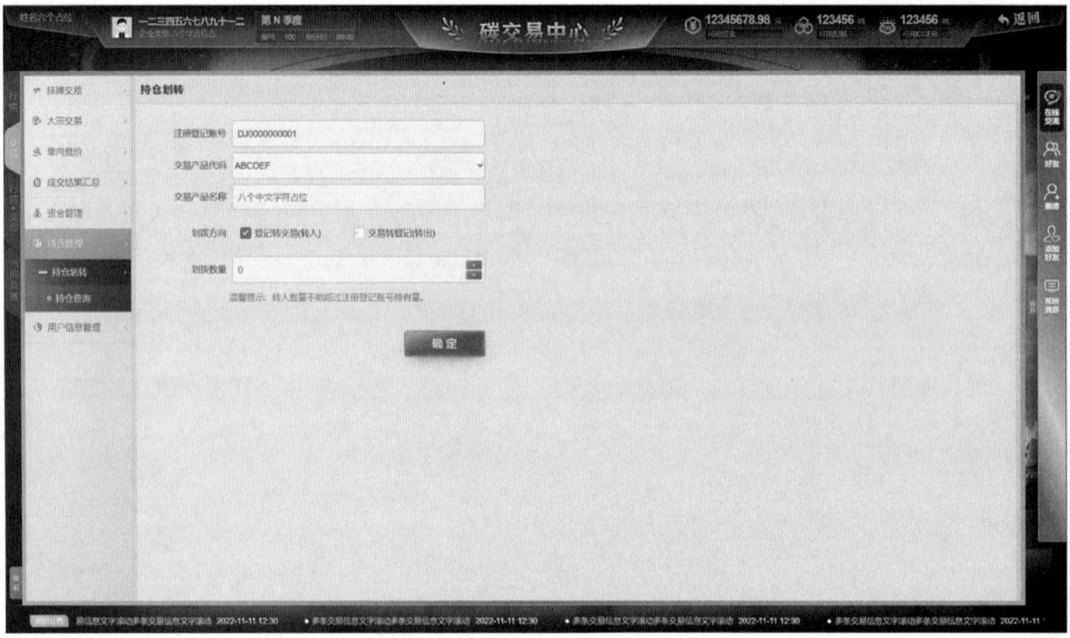

图 7－53　持仓划转

点击“持仓查询”可查看学生账户登记账户及交易账户中持有的碳资产总量。持仓信息包括交易产品代码、交易产品名称、总持有量、登记账户持有量、交易可用数量、交易冻结数量。冻结数量明细包括当前季度、冻结时间、交易方式、交易产品代码、交易产品名称、交易数量、交易金额、冻结数量。已经询价且未成交的大宗交易或已竞价且未成交的单向竞价，交易数量对应的交易产品数量暂时被冻结，直至交易成功或者交易取消（见图 7－54）。

图 7－54　持仓查询

（五）竞赛结果

当竞赛进行到一定时间后，教师可以结束竞赛并进行结算，用户可以在历史竞赛中查看结算结果，竞赛结果包括竞赛名称、竞赛创建者、企业类型、参与人数、竞赛开始时间、竞赛结束时间、竞赛进度、竞赛参数和竞赛排名等信息，竞赛排名分为控排企业排名、自愿减排企业排名、投资机构排名三个榜单。

当前竞赛排名按照所有者权益进行，所有者权益 = 季初资金总量 + CEA 季初持有量 × 当前季度行情中的前收 + CCER 季初持有量 × 当前季度行情中的前收。

竞赛总排名在历史竞赛中进行查看，竞赛总排名是按照企业类型（控排企业、自愿减排企业、投资机构）分别进行排名。排名按照所有者权益进行，所有者权益 = 可用资金总量 + CEA 持有量 × 近 3 个季度收盘价的均值 + CCER 持有量 × 近 3 个季度收盘价的均值（见图 7－55）。

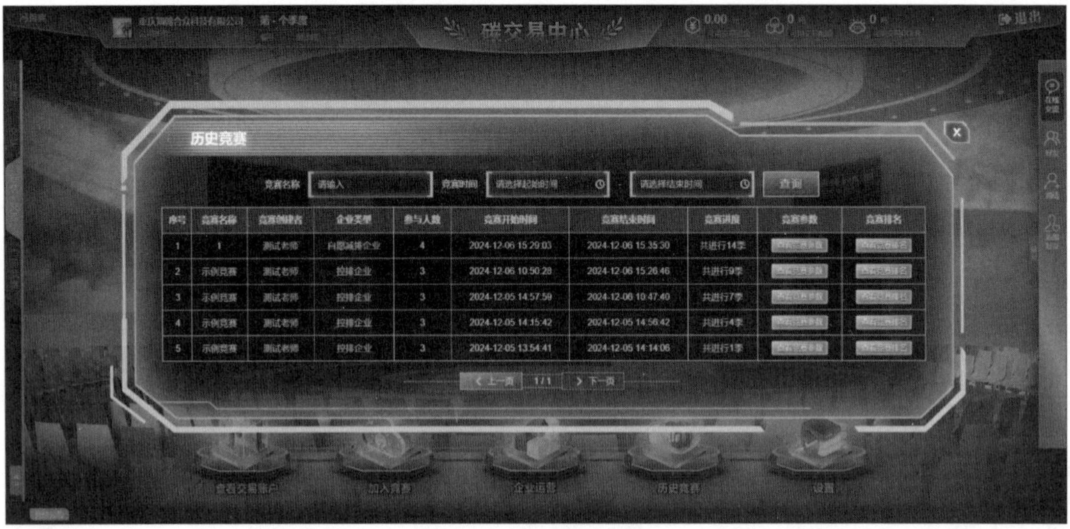
碳交易中心
退出
历史竞赛
竞赛名称
请输入
竞赛时间
请选择起始时间
请选择结束时间
查询
序号
竞赛名称
竞赛创建者
企业类型
参与人数
竞赛开始时间
竞赛结束时间
竞赛进度
竞赛参数
竞赛排名
1
1
测试老师
自愿减排企业
4
2024-12-06 15:29:03
2024-12-06 15:35:30
共进行14季
2
示例竞赛
测试老师
控排企业
3
2024-12-06 10:50:28
2024-12-06 15:26:46
共进行9季
3
示例竞赛
测试老师
控排企业
3
2024-12-05 14:57:59
2024-12-06 10:47:40
共进行7季
4
示例竞赛
测试老师
控排企业
3
2024-12-05 14:15:42
2024-12-05 14:56:42
共进行4季
5
示例竞赛
测试老师
控排企业
3
2024-12-05 13:54:41
2024-12-05 14:14:06
共进行1季
上一页
1/1
下一页
查看交易账户
加入竞赛
企业运营
历史竞赛
设置

图 7－55　竞赛结果查询

参 考 文 献

［1］白鸽．碳市场启动对企业 ESG 表现的影响——基于上市公司的实证分析［J］．技术经济与管理研究，2024（10）：103－109.

［2］包永康．我国碳交易面临的法律问题及建议［J］．法制博览，2024（01）：163－165.

［3］本刊记者．应对气候变化战略研究和碳市场能力建设青岛中心成立［J］．宏观经济管理，2017（04）：92.

［4］本刊讯．应对气候变化战略研究和碳市场能力建设青岛中心揭牌仪式在青成功举办［J］．中国经贸导刊，2017（10）：61.

［5］毕马威．2023 年中国碳金融创新发展白皮书［R］．2023.

［6］宾晖，张蕊娇，桑懿等．控排企业的碳市场建设能力构成与数据库开发［J］．投资与合作，2020（11）：12－13.

［7］曾盈盈，冯帅．中国特色的碳市场国际化路径选择——气候与贸易政策联动的视角［J］．中国人口·资源与环境，2024，34（05）：80－91.

［8］陈操操，于凤菊，张悦等．国内碳交易试点政策减排效应实证评估及机制分析［J/OL］．中国环境科学，（2023－01－15）［2024－12－08］．http：//www.cjees.com/article/doi/10.19674/j.cnki.issn000.

［9］陈海鸥，葛兴安．论碳交易平台对碳交易成本的影响——以深圳碳排放权交易体系为例［J］．开放导报，2013（03）：99－104.

［10］陈虹铮．我国碳排放权交易监管制度研究［D］．福州：福建农林大学，2023.

［11］陈曦，岳文飞，赵玉辉．中国碳金融交易市场的风险及防控［M］．长春：吉林科学技术出版社，2023.

［12］陈醒，余晓非．中国碳交易市场的减排效果：基于合成控制法的实证分析［J］．复旦公共行政评论，2023（01）：207－240.

［13］陈雅琪．中国碳交易市场波动特征及影响因素研究［D］．武汉：中南财经政法大学，2023.

［14］陈志祥，李全伟，吴迪等．基于碳市场的气候投融资体系建设［J］．中国环保产业，2022（12）：29－32.

[15] 程清源．国际碳交易市场衔接法律制度研究［D］．天津：天津财经大学，2020.

[16] 程荃．欧盟新能源法律与政策研究［D］．武汉：武汉大学，2012.

[17] 楚海虹．碳市场：创新擦亮石油“金”字招牌［N］．中国石油报，2021－08－05（005）.

[18] 创新开展碳交易压力测试强化金融机构风险管理——工商银行火电行业碳交易压力测试案例［J］．产权导刊，2022（10）：42－45.

[19] 德国国际合作机构，国际碳行动伙伴组织，世界银行．碳排放权交易实践手册设计与实施（第二版）［R］．2021.

[20] 第一财经研究院．中国碳市场年报 2022 年 &2023 年［R］．2024.

[21] 董丽．促进绿色低碳转型提升碳市场活跃度［N］．中国财经报，2024－11－28（007）.

[22] 董馨月，杨金鹏，张金良．碳市场政策对发电企业碳排放量及利润的影响：基于多主体模拟的分析方法［J］．中国电机工程学报，2024，44（20）：8049－8061.

[23] 杜川，章轲．全国碳市场即将上线交易央行碳减排支持工具呼之欲出［N］．第一财经日报，2021－07－14（A01）.

[24] 樊东星．全国碳市场迎来首次扩围进一步激发市场活力［J］．中国电力企业管理，2024（25）：61－64.

[25] 樊金璐，平安证券研究院．碳中和系列报告——碳监测篇 碳监测蓄势待发，市场空间广阔［R］．2021.

[26] 樊金璐，平安证券研究院．碳中和专题报告：碳市场参与者众多，新市场带来新机遇［R］．2021.

[27] 樊三彩．碳交易市场是落实碳双控的市场化途径［N］．中国冶金报，2023－07－27（019）.

[28] 方丽婷，张芳芳．碳交易试点政策对地区产业结构升级的影响研究［J］．当代金融研究，2024，7（03）：1－16.

[29] 方霞，张云，赵平．数字经济时代金融人才数据素养培养困境与对策研究［J］．中国大学教学，2022（09）：23－27.

[30] 冯浩博．上海市碳交易市场波动性特征分析及价格预测［J］．生产力研究，2023（12）：37－43＋161.

[31] 冯子航．碳交易制度中碳配额初始分配的法律规制［D］．合肥：安徽大学，2022.

［32］龚振庭．中国碳交易市场与能源市场的时变溢出效应——基于联合溢出指数模型的实证研究［J］．西部经济管理论坛，2023，34（02）：49－63.

［33］管河山，王培，王谦．我国碳排放权交易市场的有效性研究［J］．金融经济，2020（11）：8－17.

［34］郭喜燕，刘嘉康，白雪等．基于碳排放特性及碳交易规则的热电联产机组经济性分析［J］．热力发电，2023，52（04）：14－23.

［35］郭晓华．发挥金融工具的作用，降低碳交易风险［J］．现代经济信息，2010（20）：155.

［36］郭晓乐，杨潇．政府工具视角下中国碳市场政策文本分析［J］．节能与环保，2024（06）：12－19.

［37］中华人民共和国国务院．碳排放权交易管理条例：国令第775号［Z］．2024－01－25.

［38］韩国庆．全国统一碳交易市场交易机制构建博弈分析［D］．北京：首都经济贸易大学，2016.

［39］韩学义．中国碳金融衍生品市场发展的几点思考［J］．中国产经，2020（08）：151－154.

［40］郝婷婷．碳交易规则下考虑社会偏好和服务竞争的供应链优化研究［D］．天津：天津财经大学，2018.

［41］郝章程．碳交易或成为企业获利工具［J］．中国橡胶，2017，33（14）：4－5.

［42］湖北：创新“碳市场＋碳金融＋碳普惠”模式助推绿色低碳高质量发展［J］．中国环境监察，2024（09）：41－42.

［43］华宇闻．我国将建统一的碳交易市场全国碳交易平台将在上海设立［J］．上海化工，2018，43（01）：4.

［44］霍敬裕，孙梦园，杨斐．上市公司碳信息披露合规性路径研究——基于碳交易行业中长三角上市公司样本的评估分析［J］．环境保护，2023，51（17）：68－74.

［45］吉宇．基于计算实验的制造商碳交易与减排决策的演化研究［D］．镇江：江苏大学，2023.

［46］贾梦峣．碳排放权交易试点政策对企业海外业务发展的影响研究［D］．北京：商务部国际贸易经济合作研究院，2024.

［47］蒋超．考虑市场参与者行为的碳市场风险防控方法研究［D］．南京：南京理工大学，2018.

［48］缴翼飞，李德尚玉．COP29的新突破：全球碳市场正式启动，程序正当性仍受

争议［N］. 21 世纪经济报道，2024 - 11 - 13（001）.

［49］解学成，银河证券研究院 . ESG：《碳排放权交易管理暂行条例》颁布，碳市场交易活跃度有望提高［R］. 2024 - 02 - 06.

［50］金迪 . 首份碳市场能力提升方案在川发布［N］. 中国电力报，2022 - 11 - 21（002）.

［51］柯慧林 . 碳排放权交易试点政策对企业 ESG 表现的影响研究［D］. 重庆：重庆理工大学，2024.

［52］寇江泽 . 全国碳市场第三个履约期清缴启动［N］. 人民日报，2024 - 11 - 14（014）.

［53］蓝虹，束兰根 . 碳金融概论［M］. 北京：中国金融出版社，2023.

［54］蓝虹，束兰根 . 碳交易市场概论［M］. 北京：中国金融出版社，2022.

［55］蓝虹 . 碳金融征战的金戈铁马［J］. 中国金融，2022（14）：104.

［56］雷椰，李德尚玉 . 企业能否在全国碳市场获益取决于低碳生产水平［N］. 21 世纪经济报道，2024 - 10 - 17（006）.

［57］李传轩 . 碳金融法律制度的创新与发展［M］. 北京：知识产权出版社，2023.

［58］李丹蕾 . 生态环境部：全国碳市场建设进展显著［J］. 精细与专用化学品，2024，32（09）：58.

［59］李德尚玉 . 全球绿色低碳转型是不可逆转的世界潮流对全球碳市场达成充满信心［N］. 21 世纪经济报道，2024 - 11 - 22（001）.

［60］李德尚玉 . 应对气候与环境风险碳市场、绿色投融资等金融手段支持是关键［N］. 21 世纪经济报道，2022 - 06 - 02（012）.

［61］李获一，万立全，唐雪玮 . 碳交易市场研究热点及发展趋势［J］. 合作经济与科技，2024（09）：78 - 80.

［62］李玲 . 我国碳市场迎来新里程碑［N］. 中国能源报，2024 - 09 - 16（012）.

［63］李枚娜 . 有效发挥碳市场减排工具效应［J］. 环境经济，2022（02）：44 - 49.

［64］李琪 . 碳金融：盘活碳资产活跃碳交易——中国银行业绿色低碳金融产品创新系列典型案例［J］. 中国银行业，2021（12）：83 - 85.

［65］李善燊，赵蓉，郝琪梦 . 碳市场试点促进企业绿色投资增长吗？——基于融资约束和风险承担的视角［J］. 征信，2024，42（01）：79 - 87.

［66］李彦斌 . 碳管理学［M］. 北京：中国电力出版社，2023.

［67］李艳芹，李宗尧，梁淑琪 . 碳减排的有效工具：绿色财政还是碳交易？——环境库兹涅茨曲线框架下的实证研究［J］. 经济视角，2020（03）：34 - 41.

［68］李振华，马慧，王志魁．碳交易市场对石化企业财务效率的影响研究［J］．内蒙古科技与经济，2023（20）：83－85＋98．

［69］联合国：启动全球碳市场［J］．上海节能，2024（11）：1886＋1885．

［70］林坤邑．基于环境政策工具视角的碳交易市场构建研究［J］．海峡科学，2016（06）：116－118＋125．

［71］林琳．思考构建完善的碳交易市场及碳金融体系［J］．中国银行业，2023（01）：94－96．

［72］林水静．地方碳市场进一步探路机制建设［N］．中国能源报，2024－09－09（010）．

［73］林水静．全国碳市场列出扩围计划表［N］．中国能源报，2024－09－23（012）．

［74］林水静．碳排放核查管理进一步趋严［N］．中国能源报，2024－06－03（11）．

［75］林永生，王雪磊．碳金融市场：理论基础、国际经验与中国实践［J］．河北经贸大学学报，2012，33（01）：54－58＋64．

［76］刘慧雯，第一财经研究院．一财碳市场月报：1月全国碳市场热度继续下降，温室气体自愿减排交易启动［R］．2024．

［77］刘娜，宋福铁．碳交易市场最优减排量与碳排放权均衡价格研究［J］．运筹与管理，2023，32（08）：65－70．

［78］刘诗萌．全国碳市场首次扩围［N］．华夏时报，2024－09－23（006）．

［79］刘伟．“双碳”背景下我国碳市场发展现状及政策建议［J］．公关世界，2024（09）：12－14．

［80］刘杨．钢铁等重点排放行业将纳入全国碳市场［N］．中国证券报，2024－09－09（A02）．

［81］刘杨．生态环境部：完善碳排放统计核算制度［N］．中国证券报，2024－09－26（A02）．

［82］刘颖．欧盟气候治理政策框架、现实挑战及对中国的启示［J］．价格理论与实践，2024（05）：134－139＋223．

［83］刘志强，唐艺芳，谢伟伟．碳交易理论、制度和市场［M］．长沙：中南大学出版社，2019．

［84］龙丽宇．碳交易对企业研发绩效的影响研究［D］．长沙：长沙理工大学，2022．

［85］罗良文，雷朱家华．中国碳市场政策的减污降碳协同效应［J］．资源科学，2024，46（01）：53－68．

［86］罗天宇，秦倩．国家形象、规则塑造能力与中国碳市场演进［J］．复旦国际关

系评论，2021（02）：255－271.

［87］罗晓燕．韩峰：要进一步规范碳交易市场规则［N］．中国高新技术产业导报，2023－03－13（008）.

［88］绿金委碳金融工作组．中国碳金融市场研究［R］．2016.

［89］马玲．周小川：应构建全球碳市场可控连接实现金融融资转向［N］．金融时报，2022－12－12（001）.

［90］马勇，李美仪．中国碳交易市场的运行效率与风险测算［J］．国际金融研究，2023（08）：17－29.

［91］马跃，方瑞瑞，苗玲等．中国碳市场运行状况与对策分析［J］．全球能源互联网，2024，7（06）：675－683.

［92］孟昊，刘懿．构建滨海新区以CDM为基础的碳金融发展模式［J］．港口经济，2011（02）：5－8.

［93］墨芊羽，海南省绿色金融研究院．加强企业碳排放核算能力建设［EB/OL］.（2023－02－13）．https：//m. thepaper. cn/baijiahao_21915382.

［94］欧丽萍，朱向萍，胡畔．我国碳交易市场会计核算研究探析［J］．中国市场，2024（22）：129－132.

［95］彭强．率先纳入碳市场电力企业碳资产管理能力迎考［N］．21世纪经济报道，2021－07－19（003）.

［96］彭子萱．碳排放交易平台法律问题研究［D］．贵阳：贵州师范大学，2023.

［97］戚夜云，金改实验室．探路东方之二丨碳交易市场“争先”：多个首单背后，东方证券为何能有“东方速度”［EB/OL］．（2024－05－27）．https：//m. thepaper. cn/newsDetail_forward_27522231.

［98］齐绍洲，程师瀚．中国碳市场建设的经验、成效、挑战与政策思考［J］．社会科学文摘，2024（07）：91－93.

［99］乔海曙，谭烨，刘小丽．中国碳金融理论研究的最新进展［J］．金融坛，2011，16（02）：35－41.

［100］清华大学能源环境经济研究所．《全国碳排放交易体系实务手册》［R］．2019.

［101］全国首个碳交易平台启动［J］．绿色中国，2014（01）：25.

［102］深耕碳市场能力建设补齐碳交易人才短板［J］．产权导刊，2023（03）：55－58.

［103］沈满洪．论碳市场建设［J］．中国人口·资源与环境，2021，31（09）：86－91.

［104］生态环境部．《全国碳市场发展报告（2024）》［R］．2024.

［105］生态环境部办公厅．《关于全国碳排放权交易市场2021、2022年度碳排放配

额清缴相关工作的通知》环办气候函〔2023〕237 号 [Z]. 2023 - 07 - 17.

[106] 生态环境部办公厅.《关于做好 2022 年企业温室气体排放报告管理相关重点工作的通知》环办气候函〔2022〕111 号 [Z]. 2022 - 03 - 15.

[107] 生态环境部办公厅.《关于做好 2023—2025 年部分重点行业企业温室气体排放报告与核查工作的通知》[Z]. 2023 - 10 - 18.

[108] 生态环境部办公厅.《碳排放权交易管理办法（试行)》(部令第 19 号) [Z]. 2021 - 01 - 05.

[109] 史乐蒙. 北京绿色交易所加快碳市场能力建设 [N]. 期货日报, 2022 - 12 - 23 (007).

[110] 世界银行, 广州东润发环境资源有限公司. 碳金融十年 [M]. 北京: 石油工业出版社, 2011.

[111] 世界银行称碳融资成为全球碳市场的基石 [J]. 节能与环保, 2010 (06): 11.

[112] 宋冰. 发展碳交易需要好的测量工具 [N]. 第一财经日报, 2010 - 08 - 25 (C02).

[113] 宋薇萍, 梁蕾. 全国碳交易市场活跃度亟待提升 [N]. 上海证券报, 2023 - 06 - 15 (007).

[114] 苏靖淇. 碳交易政策对企业技术创新的影响研究——基于碳交易试点省市的准自然实验 [J]. 科技和产业, 2023, 23 (18): 61 - 67.

[115] 苏南, 林水静. 四川率先启动全国碳市场能力提升"一企一策" [N]. 中国能源报, 2023 - 07 - 31 (002).

[116] 孙东旭. 碳排放权期货交易法律制度研究 [D]. 长春: 吉林大学, 2023.

[117] 孙明茜. 中国碳排放权交易价格机制研究 [D]. 成都: 四川大学, 2023.

[118] 孙文娟, 门秀杰, 张胜军. 全国碳排放权交易市场第二个履约周期运行情况及相关政策建议 [J]. 国际石油经济, 2024, 32 (03): 55 - 61.

[119] 孙雪巍. 欧盟碳交易市场体系建设分析及启示 [J]. 国际商务财会, 2024 (09): 12 - 19.

[120] 孙奕臻. 浅析我国碳交易法律制度的问题及建议 [J]. 法制博览, 2017 (07): 149 - 150.

[121] 孙逸群. 碳市场避险能力研究 [D]. 杨陵: 西北农林科技大学, 2024.

[122] 谭柏平. 碳交易政策与法律问题研究 [M]. 北京: 法律出版社, 2023.

[123] 唐葆君, 王璐璐. 碳金融学 [M]. 北京: 中国人民大学出版社, 2023.

[124] 唐城杰. 碳市场试点引导省域减碳实证研究 [J]. 合作经济与科技, 2024

(23)：62－64.

［125］唐人虎，陈志斌．中国碳排放权交易市场 从原理到实践［M］．北京：电子工业出版社，2022－06－01.

［126］陶贻功，银河证券研究院．CCER 重启，绿电、减碳市场迎新机遇［R］．2024.

［127］汪军．碳管理：从零通往碳中和［M］．北京：电子工业出版社，2022.

［128］王晨，李德尚玉，孙煜．全国碳市场将启动国常会提设立碳减排货币政策工具［N］．21 世纪经济报道，2021－07－08（001）.

［129］王科，吕晨．中国碳市场建设成效与展望（2024）［J］．北京理工大学学报（社会科学版），2024，26（02）：16－27.

［130］王磊，刘文超．辽宁省碳市场能力建设现状与对策研究［J］．辽宁经济，2019（05）：25－27.

［131］王丽．中国区域碳交易市场的运行机制及实践分析［D］．广州：广东外语外贸大学，2017.

［132］王利．我国碳交易实践及其法律促导机制分析——以《巴黎协定》为背景［J］．太原师范学院学报（社会科学版），2019，18（01）：70－75.

［133］王莉，闫媛媛．碳交易第三方核查法律规制的反身法健全路向［J］．福州大学学报（哲学社会科学版），2022，36（02）：86－94.

［134］王蒙蒙．我国碳排放权交易价格影响因素研究［D］．上海：上海财经大学，2022.

［135］王明喜，罗昊．创新视角下碳市场推动经济体绿色转型的微观机理［J］．中国人口·资源与环境，2024，34（09）：10－21.

［136］王宁．德国能源转型的经济分析及启示［D］．长春：吉林大学，2019.

［137］王伟，邹志勇，王蕾．我国碳交易市场信息披露改进思考［J］．合作经济与科技，2024（22）：74－76.

［138］王相南．中国碳金融基础运行机制问题研究［D］．长春：吉林大学，2013.

［139］王雪峰，盘明萍．“碳交易试点政策”对海洋产业结构转型升级的驱动效应研究——基于准自然实验的实证研究［J］．海洋经济，2024，14（04）：24－33.

［140］王一宁．中国碳交易市场价格波动特征及其影响因素研究［D］．长春：吉林大学，2024.

［141］魏琦，张兆钰，王乐乐．电力行业碳交易和企业策略的实验研究［J］．软科学，2015，29（11）：115－118.

［142］魏琦，张兆钰．初始分配对电力行业碳交易效率影响的实验研究［J］．科技管

理研究，2016，36（03）：206－211.

［143］魏庆坡．碳交易市场跨国合作中的法律原则初探［J］．南开法律评论，2016（00）：157－169.

［144］魏长升，郁之仪．我国碳交易市场衔接：现实阻碍与实现路径［J］．财会月刊，2023，44（17）：113－120.

［145］温梦瑶．我国碳交易市场现状与发展趋势［J］．中国货币市场，2023（04）：71－75.

［146］文惠茹．“双碳”目标下我国碳排放权交易制度的完善［D］．绵阳：西南科技大学，2023.

［147］文书洋，王擎，盛依佳等．全球绿色金融政策：梳理、分类与对比［J］．金融市场研究，2024（11）：27－43.

［148］文亚，张弢．中国与欧盟碳市场建设理念与实践比较研究：历史沿革、差异分析与决策建议［J］．中国软科学，2023（05）：12－22.

［149］邬嘉烨，安永（中国）企业咨询有限公司．浅谈碳普惠机制的应用及其挑战［EB/OL］．（2023－09－04）．https：//www.sohu.com/a/717815087_676545.

［150］吴斌，曹丽萍，沃鹏飞．复合的碳税和碳排放权交易政策：欧盟的经验与启示［J］．广西师范大学学报（哲学社会科学版），2020，56（4）：84－94.

［151］吴大磊，赵细康，王丽娟．美国区域碳市场的运行绩效——以区域温室气体减排行动（RGGI）为例［J］．生态经济，2017，33（2）：49－53.

［152］吴莉．进一步规范交易规则推进碳交易市场发展壮大［N］．中国能源报，2023－03－13（005）.

［153］吴树义．信息工具赋能碳市场建设的功能定位及效能保障［J］．中国人口·资源与环境，2024，34（03）：30－38.

［154］吴巍．我国碳交易市场的发展与展望［J］．上海国资，2024（03）：17.

［155］武英涛，张云，倪道涵．绿色金融能够实现城市生态效益与经济效益的双赢吗？——基于环境规制与资本配置的双重视角［J］．上海财经大学学报，2024，26（05）：46－59.

［156］夏颖哲．碳市场：有效推进绿色低碳转型和温室气体减排［J］．中国财政，2022（15）：7－9.

［157］肖倩，王添炜，梅豪．我国“碳交易政策”对碳交易的影响分析——以深圳市、广东省、全国性碳市场为例［J］．节能与环保，2024（08）：5－11.

［158］肖忠湘．一本书读懂碳交易［M］．杭州：浙江大学出版社，2022－11－01.

［159］熊晓炼，张彬．碳交易试点政策对区域制造业绿色化发展的影响研究——基于试点省市的准自然实验分析［J］．生态经济，2023，39（05）：69－77.

［160］徐军华，易倩．价值回归背景下国际碳交易制度的完善［J］．中国地质大学学报（社会科学版），2024，24（06）：37－50.

［161］徐军委，刘志华．碳交易试点政策、能源消费与区域低碳经济转型［J］．统计与决策，2024，40（20）：172－177.

［162］徐鑫鑫．基于华润电力案例分析的碳排放权交易合规性研究［D］．包头：内蒙古科技大学，2022.

［163］许林艳，向炎涛．全国碳市场迎首轮扩围行业上市公司积极行动［N］．证券日报，2024－09－12（B02）.

［164］央广网．绿色发展激活人才引擎，天津排放权交易所启动碳交易员培育工作［EB/OL］．（2023－02－14）．https：//tech. cnr. cn/techph/20230214/t20230214_526153962. shtml.

［165］杨金梅．欧盟碳交易市场监管制度研究［D］．深圳：深圳大学，2023.

［166］杨丽媛，陈婷婷，孙华平等．数字金融应用于碳交易市场的减排效应［J］．煤炭经济研究，2024，44（05）：38－45.

［167］杨霞，何刚，张世玉等．碳减排政策组合使用对企业碳减排的影响及效能提升策略［J/OL］．中国环境科学，（2024－12－08）．https：//doi. org/10. 19674/j. cnki. issn1000－6923. 20241119. 004.

［168］杨晓舒．碳交易市场背景下碳排放与企业绩效研究［J］．价值工程，2023，42（10）：20－22.

［169］杨毅．“碳”路四年绿色“蝶变”［N］．金融时报，2024－09－24（007）.

［170］姚彤霏．湖北省碳交易市场的减排效应研究［D］．武汉：武汉工程大学，2023.

［171］易兰，李朝鹏，杨历等．中国7大碳交易试点发育度对比研究［J］．中国人口·资源与环境，2018，28（02）：134－140.

［172］尹剑斌．加快构建自主可控多层次碳交易平台体系［J］．浙江经济，2021（10）：46－47.

［173］袁超，郝芸芸，国信证券股份有限公司．证券公司参与碳交易市场路径探索［EB/OL］．（2024－04－01）．https：//finance. china. com. cn/roll/20240401/6100098. shtml.

［174］袁晨浩．碳交易市场的法律机制缺陷及对策研究［D］．上海：华东政法大学，2022.

［175］袁晓玲，韩宝晶，张江洋．碳市场试点政策提高区域碳汇的机理研究［J］．管理学刊，2024，37（02）：1－15.

［176］袁征宇，蔡琦晟．气候政策与商业银行资产负债动态［J］．现代金融研究，2024，29（11）：25－35＋69.

［177］张卜元，张宏凯，侯宪东．低碳农业在我国碳交易市场中的现状及发展探析［J］．环境工程，2016，34（S1）：895－899＋819.

［178］张晨冉．碳交易的法律风险识别与防范［J］．产权导刊，2023（09）：67－69.

［179］张方，国文婷，张云．经济政策不确定性对企业并购行为的影响研究——基于宏观政策“逆周期”调节精准性的视角［J］．金融经济学研究，2024，39（02）：3－26.

［180］张红，陈敬林．论碳交易市场中的碳排放权［J］．贵州师范大学学报（社会科学版），2023（03）：113－122.

［181］张宏翔．德国排污制度环境税的经济效应与制度启示［J］．华侨大学学报（哲学社会科学版），2015（04）：50－59.

［182］张军．生态环境部：深化气候投融资工作［N］．中国证券报，2022－10－28（A02）.

［183］张宁．全国碳市场与发电企业的低碳转型和融资［D］．北京：中央财经大学，2023.

［184］张维．中国碳市场政策法规基础框架搭建完成［N］．法治日报，2024－07－26（006）.

［185］张文等．从新版碳配额分配方案看全国碳市场的变化［J］．中国电力企业管理，2024.

［186］张希良，马爱民．中国全国碳市场总体方案与关键制度研究［M］．北京：中国市场出版社，2023.

［187］张旭，于谦龙．投资者关注对碳交易市场的影响研究［J］．科技与经济，2023，36（03）：81－85.

［188］张怡，刘静，刘凌青．碳交易规则下的企业合规你准备好了吗［J］．中国商人，2023（07）：82－83.

［189］张莹．四大金融工具激活碳市场［J］．中国石油石化，2021（17）：32－33.

［190］张玉梅．加快成立集团碳交易平台应对双碳经营环境［J］．中国石化，2021（07）：40－41.

［191］张玉琪．完善碳交易法律制度，助推碳市场健康发展［J］．石油石化绿色低碳，2024，9（04）：32－37.

[192] 张云，方霞，杨振宇．数字金融、企业风险承担与技术创新［J］．系统工程理论与实践，2023，43（08）：2284－2303.

[193] 张云，方霞，杨振宇．外商直接投资的碳排放效应与影响机制［J］．上海经济研究，2023（08）：70－84.

[194] 张云，郭晨，文凤华等．信贷违约冲击下银行系统性风险形成机制与动态演变研究——基于银行资产抛售行为的风险传染效应［J/OL］．财贸经济，2024（10）：1－19.

[195] 张云，韩云，吕纤．机构投资者绿色关注的减排作用与溢出效应［J］．经济学动态，2023（10）：90－107.

[196] 张云，吕纤，韩云．机构投资者驱动企业绿色治理：监督效应与内在机理［J］．管理世界，2024，40（04）：197－221.

[197] 张云，宋贺，文凤华．定向增发中风险投资的角色：制衡抑或串谋？［J］．管理科学学报，2024，27（09）：98－123.

[198] 张云，王祎，刘新恒等．资本市场开放与企业绿色全要素生产率——来自A股纳入MSCI指数的经验证据［J］．上海经济研究，2024（10）：116－128.

[199] 张云，杨凌霄，张紫婷等．股权质押、融资约束与企业绿色技术创新［J］．华东师范大学学报（哲学社会科学版），2022，54（05）：175－187.

[200] 赵磊，柏添乐．七试点地区碳交易平台或将年底全部上线碳交易统一市场暂难形成？［J］．中国经济周刊，2013（38）：58－59.

[201] 赵盟，廖虹云．积极发挥碳市场在碳达峰碳中和中的作用［J］．中国能源，2021（09）：57－60.

[202] 郑守忠，郑悦，周海洋等．发电企业集团化碳交易规则应对碳市场机制的策略研究［C］//中国企业改革与发展研究会．中国企业改革发展优秀成果2019（第三届）下卷．大唐碳资产有限公司，2019：9.

[203] 郑许林，赵文会．碳排放权交易理论与电力应用［M］．北京：中国电力出版社，2023.

[204] 郑芷妍．碳交易市场支持“双碳”目标的实现路径研究［J］．长春工程学院学报（社会科学版），2023，24（04）：42－46.

[205] 中华人民共和国生态环境部．全国碳市场发展报告（2024）［R］．2024.

[206] 周尚仔，方凌晨．强化综合金融服务能力券商“有序入局”碳市场［N］．证券日报，2023－02－10（A03）.

[207] 朱萃．全国碳交易市场的发展现状、问题及对策［J］．可持续发展经济导刊，2023（05）：22－24.

[208] 朱民，亓艳，宗喆．构建全球领先的碳中和转型金融 [J]. 中国金融，2022 (02)：20－21.

[209] 朱民．“双碳”目标下金融进入零碳金融时代 [J]. 新金融，2023 (09)：4－7.

[210] 朱琪超．基于广东碳交易市场案例的碳市场活跃度提升策略研究 [D]. 广州：广东工业大学，2021.

[211] 朱妍．为碳减排提供低成本高效率工具 [N]. 中国能源报，2023－01－02 (010).

[212] European Commission. 2050 long－term strategy. https：//ec. europa. eu/clima/policies/strategies/2050_en.

[213] European Commission. European Climate Change Programme. https：//ec. europa. eu/clima/policies/eccp_en#tab－0－1.

[214] European Commission. LEILAC. https：//ec. europa. eu/inea/en/horizon－2020/projects/h2020－energy/carbon－capture－and－storage/leilac.

[215] IEA. 250 MW Wind Programme. https：//www. iea. org/policies/3857－250－mw－wind－programme? country = Germany&page = 2&qs = ger&topic = Renewable% 20Energy.

[216] IEA. Federal States (Länder) Support for Renewable Energy. https：//www. iea. org/policies/4058－federal－states－lander－support－for－renewable－energy? country = Germany&page = 3&qs = ger&topic = Renewable% 20Energy.

[217] Kingston S. The polluter pays principle in EU climate law：an effective tool before the courts? [J]. Climate Law, 2020, 10 (1)：1－27.

[218] Netherlands Enterprise Agency. Stimulation of sustainable energy production and climate transition (SDE＋＋). https：//english. rvo. nl/subsidies－programmes/sde.